건축구조

기출문제 정복하기

KB158999

9급 공무원 건축직

건축구조 기출문제 정복하기

초판 인쇄   2022년 1월 5일
초판 발행   2022년 1월 7일

편 저 자 | 주한종
발 행 처 | ㈜서원각
등록번호 | 1999-1A-107호
주   소 | 경기도 고양시 일산서구 덕산로 88-45(가좌동)
교재주문 | 031-923-2051
팩   스 | 031-923-3815
교재문의 | 카카오톡 플러스 친구[서원각]
영상문의 | 070-4233-2505
홈페이지 | www.goseowon.com
책임편집 | 정유진
디 자 인 | 이규희

모든 시험에 앞서 가장 중요한 것은 출제되었던 문제를 풀어봄으로써 그 시험의 유형 및 출제경향, 난도 등을 파악하는 데에 있다. 즉, 최단시간 내 최대의 학습효과를 거두기 위해서는 기출문제의 분석이 무엇보다도 중요하다는 것이다.

9급 공무원 건축직 건축구조 기출문제 정복하기는 이를 주지하고 그동안 시행되어 온 지방직 및 서울시 기출문제를 연도별로 수록하여 수험생들에게 매년 다양하게 변화하고 있는 출제경향에 적응하여 단기간에 최대의 학습효과를 거둘 수 있도록 하였다.

건축직 공무원 시험의 경쟁률이 해마다 점점 더 치열해지고 있다. 이럴 때일수록 기본적인 내용에 대한 탄탄한 학습이 빛을 발한다. 수험생 모두가 자신을 믿고 본서와 함께 끝까지 노력하여 합격의 결실을 맺기를 희망한다.

1%의 행운을 잡기 위한 99%의 노력! 본서가 수험생 여러분의 행운이 되어 합격을 향한 노력에 힘을 보탤 수 있기를 바란다.

Structure

● 기출문제 학습비법

step 01
실제 출제된 기출문제를 풀어보며 시험 유형과 출제 패턴을 파악해 보자. 스톱워치를 활용하여 풀이시간을 체크해 보는 것도 좋다.

step 02
정답을 맞힌 문제라도 꼼꼼한 해설을 통해 기초부터 심화 단계까지 다시 한 번 학습 내용을 확인해 보자!

step 03
오답분석을 통해 내가 취약한 부분을 파악하자. 직접 작성한 오답노트는 시험 전 큰 자산이 될 것이다.

step 04
합격의 비결은 반복학습에 있다. 집중하여 반복하다보면 어느 순간 모든 문제들이 내 것이 되어 있을 것이다.

● 본서의 특징 및 구성

기출문제분석
최신 기출문제를 비롯하여 그동안 시행된 기출문제를 수록하여 출제경향을 파악할 수 있도록 하였습니다. 기출문제를 풀어봄으로써 실전에 보다 철저하게 대비할 수 있습니다.

상세한 해설
매 문제 상세한 해설을 달아 문제풀이만으로도 학습이 가능하도록 하였습니다. 문제풀이와 함께 이론정리를 함으로써 완벽하게 학습할 수 있습니다.

Contents

기출문제

Success is the ability to go from one failure
to another with no loss of enthusiasm.

Sir Winston Churchill

공무원 시험
기출문제

건축구조

1 철근콘크리트 휨 및 압축 부재의 설계를 위한 가정으로 옳지 않은 것은?

① 프리스트레스트 콘크리트의 일부 경우를 제외하면 콘크리트의 인장강도는 무시할 수 있다.

② 휨모멘트 또는 휨모멘트와 축력을 동시에 받는 부재의 콘크리트 압축연단의 극한변형률은 0.003으로 가정하여야 한다.

③ 철근에 생기는 변형률은 철근의 항복변형률과 같은 것으로 가정하여야 한다.

④ 콘크리트의 압축응력 – 변형률 관계는 광범위한 실험의 결과와 실질적으로 일치하는 어떠한 형상으로도 가정할 수 있다.

2 콘크리트의 균열모멘트(M_{cr})를 계산하기 위한 콘크리트 파괴계수 f_r[MPa]은? (단, 일반콘크리트이며, 콘크리트 설계기준압축강도 (f_{ck})는 25MPa이다)

① 3.15

② 4.15

③ 5.15

④ 6.15

3 주요 구조부가 공칭두께 50mm(실제두께 38mm)의 규격재로 건축된 목구조는?

① 전통목구조

② 경골목구조

③ 대형목구조

④ 중량목구조

4 건축구조기준에 따른 활하중의 저감에 대한 설명으로 옳은 것은?

① 지붕활하중을 제외한 등분포활하중은 부재의 영향면적이 26m² 이상인 경우 기본등분포활하중에 활하중저감계수 C를 곱하여 저감할 수 있다.

② 영향면적은 기둥 및 기초에서는 부하면적의 4배, 보에서는 부하면적의 2배, 슬래브에서는 부하면적을 적용한다. 단, 부하면적 중 캔틸레버 부분은 4배 또는 2배를 적용하지 않고 영향면적에 단순 합산한다.

③ 활하중 5kN/m² 초과의 공중집회 용도에 대해서는 활하중을 저감할 수 없다.

④ 승용차 전용 주차장의 활하중은 저감할 수 없으나 2개 층 이상을 지지하는 부재의 저감계수 C는 0.7까지 적용할 수 있다.

---

1 휨부재 및 압축부재의 철근에 생기는 변형률에 대한 기준은 강도설계법인 경우와 허용응력설계법인 경우가 서로 다르며 허용응력설계법의 경우는 탄성변형의 범위 하에서 설계를 하기 때문에 철근의 변형률은 항복변형률보다 작다. 인장지배 변형률 한계는 철근의 항복강도가 400MPa 이하인 경우에는 0.005를 사용하고, 400MPa을 초과하는 경우에는 철근 항복변형률의 2.5배로 한다.

2 파괴계수(균열모멘트) : $M_{cr} = 0.63\sqrt{f_{ck}}$ 이므로 계산을 하면 3.15가 도출된다.

3 경골목구조는 공칭 두께 50mm(실제 38mm)의 비교적 얇은 목재이다.

4 ① 지붕활하중을 제외한 등분포활하중은 부재의 영향면적이 36m² 이상인 경우 기본등분포활하중에 활하중저감계수 C를 곱하여 저감할 수 있다.
③ 활하중 5kN/m² 이하의 공중집회 용도에 대해서는 활하중을 저감할 수 없다.
④ 승용차 전용 주차장의 활하중은 저감할 수 없으나 2개 층 이상을 지지하는 부재의 저감계수 C는 0.8까지 적용할 수 있다.

정답 및 해설 1.③ 2.① 3.② 4.②

5 건축구조기준에 따른 지진력저항시스템에 대한 설명으로 옳지 않은 것은?

① 모멘트골조와 전단벽 또는 가새골조로 이루어진 이중골조시스템에 있어서 전체 지진력은 각 골조의 횡강성비에 비례하여 분배하되 모멘트골조가 설계지진력의 최소한 25%를 부담하여야 한다.

② 전단벽 – 골조 상호작용 시스템에서 전단벽의 전단강도는 각 층에서 최소한 설계층전단력의 75% 이상이어야 하고, 골조는 각 층에서 최소한 설계층전단력의 25%에 대하여 저항할 수 있어야 한다.

③ 임의층에서 해석방향의 반응수정계수 R은 옥상층을 제외하고, 상부층들의 동일방향 지진력저항시스템에 대한 R값 중 최댓값을 사용해야 한다.

④ 임의층에서 해석방향에서의 시스템 초과강도계수 Ω_0는 상부층들의 동일방향 지진력저항시스템에 대한 Ω_0값 중 가장 큰 값 이상이어야 한다.

6 건축구조기준에 따른 흙막이 및 흙파기에 대한 설명으로 옳지 않은 것은?

① 구조물이나 기타 재하물 등에 근접하여 굴토를 하는 경우는 배면측압에 구조물의 기초하중 혹은 재하물 등에 의한 지중응력의 수평성분을 가산한다.

② 흙막이 구조에 쓰이는 가설재의 허용응력은 각재의 장기허용 응력과 단기허용응력과의 평균치 이하의 값으로 한다.

③ 흙막이의 설계에서는 벽의 배면에 작용하는 측압을 깊이에 비례하여 증대하는 것으로 한다.

④ 점토지반에서 연질 점토의 측압계수는 $0.2 \sim 0.4$를 적용한다.

7 다음 그림과 같은 인장재의 순단면적[mm²]은? (단, 사용된 볼트의 계산상 구멍치수는 20mm 로 보고 판의 두께는 5mm이다) (※ 기출 변형)

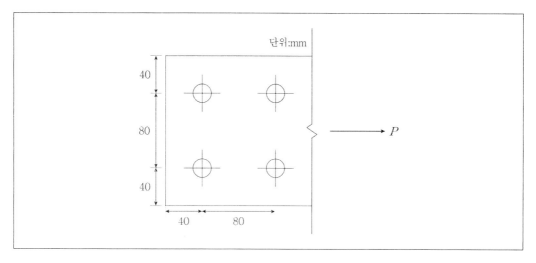

① 400

② 420

③ 600

④ 620

8 건축구조기준에 따른 충전형 합성기둥에 대한 설명으로 옳지 않은 것은?

① 강관의 단면적은 합성기둥 총단면적의 1% 이상으로 한다.

② 충전형 합성기둥의 가용전단강도는 강재단면 전단강도와 철근콘크리트 전단강도의 합으로 구해진다.

③ 요구되는 전단력을 전달하는 시어커넥터는 하중전달영역의 위 아래로 부재의 길이를 따라 사각형강관의 경우 최소한 기둥폭의 2.5배에 해당하는 거리에 걸쳐 설치한다.

④ 시어커넥터의 최대간격은 400mm 이하로 한다.

9 국가건설기준코드에서 제시된 목구조의 구조설계에 대한 설명으로 옳지 않은 것은? (※ 기출변형)

① 목구조설계 하중조합에서 지진하중을 고려할 때, 지진하중의 계수는 1.4이다.

② 건물외주벽체 및 주요 칸막이벽 등 구조내력상 중요한 부분의 기초는 가능한 한 연속기초로 한다.

③ 침엽수구조재의 건조상태 구분에서 함수율이 18%를 초과하는 경우는 생재로 분류한다.

④ 목구조 기둥의 세장비는 50을 초과하지 않도록 하며, 시공중에는 75를 초과하지 않도록 한다.

10 건축구조기준에 따른 강재의 인장재 설계에 대한 설명으로 옳은 것은?

① 유효순단면의 파단한계상태에 대해 설계인장강도 계산 시 인장저항계수 ϕ_t는 0.90을 사용한다.

② 부재의 유효순단면적은 총단면적에 전단지연계수를 곱해 산정한다.

③ 단일ㄱ형강, 쌍ㄱ형강, T형강부재의 접합부는 전단지연계수가 0.6 이상이어야 한다.

④ 인장력이 용접이나 파스너를 통해 각각의 단면요소에 직접적으로 전달되는 모든 인장재의 전단지연계수는 0.8을 사용한다.

11 기초와 토질에 대한 설명으로 옳지 않은 것은?

① 흙의 예민비는 $\dfrac{\text{교란 시료(이긴 시료)의 강도}}{\text{불교란 시료(자연 시료)의 강도}}$ 이다.

② 웰포인트(well point) 공법은 강제식 배수공법의 일종으로 모래지반에 효과적인 배수공법이다.

③ 히빙(heaving)은 연약 점토지반에서 흙막이 바깥에 있는 흙의 중량과 지표적재하중으로 인해 땅파기 된 저면이 부풀어 오르는 현상이다.

④ 보일링(boiling)은 점토지반보다 모래지반에서 발생 가능성이 높다.

---

8 충전형 합성기둥의 가용전단강도는 강재단면만의 전단강도 또는 철근콘크리트만의 전단강도로 구해진다. 철근 콘크리트의 전단강도는 철근콘크리트 구조기준에 따라 구할 수 있다.

9 목구조설계에서는 다음의 네 가지 하중조합을 고려하여 위험하중조합을 결정한다.
　㉠ D
　㉡ $D + L$
　㉢ $D + L + (L_r \text{ or } S)$
　㉣ $D + L + (W \text{ or } 0.7E) + (L_r \text{ or } S)$
위의 ㉣을 살펴보면 지진하중(E)의 계수는 0.7을 적용함을 알 수 있다.

10 ① 유효순단면의 파단한계상태에 대해 설계인장강도 계산 시 인장저항계수는 0.75을 사용한다.
　② 부재의 유효순단면적은 총단면적에 감소계수를 곱해 산정한다.
　④ 인장력이 용접이나 파스너를 통해 각각의 단면요소에 직접적으로 전달되는 모든 인장재의 전단지연계수는 1.0을 사용한다.

11 흙의 예민비는 $\dfrac{\text{불교란 시료(자연 시료)의 강도}}{\text{교란 시료(이긴 시료)의 강도}}$ 이다.

정답 및 해설 8.② 9.① 10.③ 11.①

12 다음 그림과 같은 하중을 받는 정정 트러스에서 부재 1, 2, 3, 4에 발생하는 부재력의 종류를 순서대로 바르게 나열한 것은? (단, 하중 P는 0보다 큰 정적하중이다)

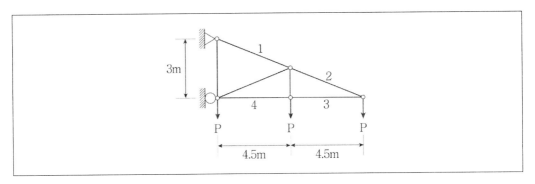

	부재 1	부재 2	부재 3	부재 4
①	인장력	인장력	인장력	인장력
②	인장력	인장력	압축력	압축력
③	인장력	인장력	인장력	압축력
④	압축력	인장력	압축력	인장력

13 조적조에서 묻힌 앵커볼트의 설치에 대한 설명으로 옳지 않은 것은?

① 앵커볼트의 최소 묻힘길이는 볼트직경의 2배 이상 또는 30mm 이상이어야 한다.
② 앵커볼트와 평행한 조적조의 연단으로부터 앵커볼트의 표면까지 측정되는 최소연단거리는 40mm 이상이 되어야 한다.
③ 앵커볼트의 최소 중심간격은 볼트직경의 4배 이상이어야 한다.
④ 후크형 앵커볼트의 훅의 안지름은 볼트지름의 3배이고, 볼트 지름의 1.5배만큼 연장되어야 한다.

14 철근콘크리트구조에서 철근배근에 대한 설명으로 옳지 않은 것은?

① 동일 평면에서 평행하는 철근 사이의 수평 순간격은 25mm 이상, 또한 철근의 공칭지름 이상으로 하며, 굵은골재 공칭 최대치수 규정도 만족해야 한다.

② 1방향 철근콘크리트 슬래브에서 수축·온도철근은 설계기준 항복강도를 발휘할 수 있도록 정착되어야 한다.

③ 나선철근과 띠철근 기둥에서 종방향철근의 순간격은 40mm 이상, 또한 철근공칭지름의 1.5배 이상으로 하며, 굵은골재 공칭 최대치수 규정도 만족해야 한다.

④ 흙에 접하는 현장치기 콘크리트에 배근되는 D25 철근의 최소피복두께는 40mm이다.

---

12 2번 부재는 하중 P에 의해서 인장력이 작용하게 되며 이와 반대로 3번 부재는 압축력이 발생하게 된다. 또한 1번 부재 역시 2번 부재와 마찬가지로 절점에 아랫방향의 하중 P가 작용하므로 인장력이 발생함을 알 수 있다.

13 앵커볼트의 최소 묻힘길이는 볼트직경의 4배 이상 또는 50mm 이상이어야 한다.

14 흙에 접하는 현장치기 콘크리트에 배근되는 D25 철근의 최소피복두께는 50mm이다.
[※ 부록 참고 : 건축구조 6-1]

정답 및 해설 12.② 13.① 14.④

15 조적조의 구조설계에 대한 설명으로 옳지 않은 것은?

① 조적조를 지지하는 요소들은 총 하중하에서 그 수직변형이 순스팬의 1/600을 넘지 않도록 설계되어야 한다.

② 내진설계를 위해서 바닥 슬래브와 벽체의 접합부는 최소 3.0kN/m의 하중에 저항할 수 있도록 최대 1.2m 간격의 적절한 정착기구로 정착력을 발휘하여야 한다.

③ 조적조구조의 설계는 허용응력설계법, 강도설계법, 경험적 설계법 중 1가지 방법에 따라야 한다.

④ 인방보는 조적조가 허용응력을 초과하지 않도록 최소한 50mm의 지지길이는 확보되어야 한다.

16 표준갈고리를 갖는 인장이형철근의 기본 정착길이[mm]는? (단, 사용 철근의 공칭지름(d_b)은 22mm이고, 철근의 설계기준항복강도(f_y)는 500MPa이며, 콘크리트의 설계기준압축강도(f_{ck})는 25MPa이다. 철근의 설계기준항복강도에 대한 보정계수만을 고려한다) (※ 기출 변형)

① 325

② 405

③ 475

④ 528

17 국가건설기준코드에서 제시된 건축구조기준에 따른 강구조의 인장재에 대한 구조제한 사항으로 옳지 않은 것은? (※ 기출 변형)

① 중심축 인장력을 받는 강봉의 설계 시 최대세장비의 제한은 없다.

② 판재, 형강 등으로 조립인장재를 구성하는 경우, 띠판에서의 단속용접 또는 파스너의 재축방향 간격은 250mm 이하로 한다.

③ 핀접합부재의 경우 핀이 전하중상태에서 접합재들간의 상대 변위를 제어하기 위해 사용될 때, 핀구멍의 직경은 핀직경보다 1mm 이상 크면 안 된다.

④ 아이바의 경우 핀직경은 아이바몸체폭의 7/8배보다 커야 한다.

18 철근콘크리트 단근직사각형보를 강도설계법으로 설계할 때, 콘크리트의 압축력[kN]에 가장 가까운 것은? (단, 보의 폭(b)은 300mm, 콘크리트 설계기준압축강도(f_ck)는 30MPa, 압축연단에서 중립축까지의 거리(c)는 100mm이다)

① 630   ② 640

③ 650   ④ 760

---

15 인방보는 조적조가 허용응력을 초과하지 않도록 최소한 100mm의 지지길이는 확보되어야 한다.

16 표준갈고리를 갖는 인장이형철근의 기본정착길이는

$$l_{hb} = \frac{0.24 \beta d_b f_y}{\lambda \sqrt{f_{ck}}} = \frac{0.24 \cdot 1.0 \cdot 22 \cdot 500}{1.0 \cdot 5} = 528$$

17 판재, 형강 등으로 조립인장재를 구성하는 경우, 띠판에서의 단속용접 또는 파스너의 재축방향 간격은 150mm 이하로 한다.

18 중립축거리(c)와 압축응력 등가블럭깊이(a)의 관계는 $a = \beta_1 C$가 성립하며 등가압축영역계수 β_1은 다음의 표를 따른다.

f_{ck}	등가압축영역계수 β_1
$f_{ck} \leq 28 MPa$	$\beta_1 = 0.85$
$f_{ck} \geq 28 MPa$	$\beta_1 = 0.85 - 0.007(f_{ck} - 28) \geq 0.65$

$C = 0.85 f_{ck} ab$이므로 각 값을 대입하면 약 640이 산출된다.

19 건축구조기준에 따른 적설하중에 대한 설명으로 옳지 않은 것은?

① 지상적설하중의 기본값은 재현기간 100년에 대한 수직 최심 적설깊이를 기준으로 한다.

② 최소 지상적설하중은 $0.5kN/m^2$로 한다.

③ 지상적설하중이 $1.0kN/m^2$ 이하인 곳에서 평지붕적설하중은 지상적설하중에 중요도계수를 곱한 값 이상으로 한다.

④ 곡면지붕에서의 불균형적설하중 계산 시, 곡면지붕 내에서 접선경사도가 수평면과 $60°$ 이상의 각도를 이루는 부분은 적설하중을 고려하지 않는다.

20 내진설계 시 등가정적해석법과 관련 없는 것은?

① 모드 층지진력

② 반응수정계수

③ 전도모멘트

④ 밑면전단력을 수직분포시킨 층별 횡하중

19 곡면지붕의 접선경사도가 수평면과 70도를 초과하거나 등가경사도가 10도 이하 또는 60도 이상인 경우에는 불균형 하중을 고려하지 않는다.

20 모드 충지진력은 동적해석법의 일종인 비선형시간이력해석법에서 주로 사용되는 계수이다.

정답 및 해설 19.④ 20.①

1 일반적인 현장타설콘크리트를 이용한 보 슬래브(Beam Slab) 구조 시스템에 비하여 플랫 슬래브(Flat Slab) 구조 시스템이 가지는 특성 중 옳지 않은 것은?

① 거푸집 제작이 용이하여 공기를 단축할 수 있다.

② 기둥 지판의 철근 배근이 복잡해지고 바닥판이 무거워진다.

③ 층고를 낮출 수 있어 실내이용률이 높다.

④ 골조의 강성이 높아서 고층 건물에 유리하다.

2 그림과 같은 철근콘크리트 기둥 단면에서 건축구조기준(국가건설기준코드)에 따른 띠철근의 최대 수직간격에 가장 근접한 값은? (단, 다른 부재 및 앵커볼트와 접합되는 부위가 아니며, 전단이나 비틀림 보강철근, 내진설계 특별 고려사항 등이 요구되지 않는다)

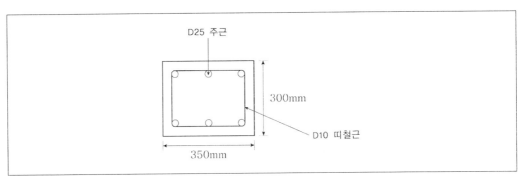

① 250mm

② 300mm

③ 350mm

④ 480mm

3 소규모 건축물의 조적식 구조에 대한 설명으로 옳은 것은?

① 높이 4m를 초과하는 내력벽의 벽길이는 10m 이하로 하고 내력벽으로 둘러싸인 부분의 바닥면적은 70m²를 넘을 수 없다.

② 폭이 1.6m를 넘는 개구부의 상부에는 철근콘크리트조의 윗인방을 설치해야 한다.

③ 상부 하중을 받는 내력벽은 통줄눈으로 벽돌을 쌓아야 한다.

④ 각층의 대린벽으로 구획된 각 내력벽에 있어서 개구부의 폭의 합계는 그 벽의 길이의 2분의 1 이하로 하여야 한다.

---

1 플랫슬래브구조는 보 슬래브 구조에 비해서 골조의 강성이 낮아서 고층건물에 불리하다.

2 띠철근의 최대간격은 종방향 철근의 지름의 16배(25 × 16 = 400), 띠철근 지름의 48배(48 × 10 = 480), 기둥 단면의 최소치수(300) 중 가장 작은 값이어야 하므로 300mm가 된다.

3 ① 높이 4m를 초과하는 내력벽의 벽길이는 10m 이하로 하고 내력벽으로 둘러싸인 부분의 바닥면적은 80m²를 넘을 수 없다.
② 폭이 1.8m를 넘는 개구부의 상부에는 철근콘크리트조의 윗인방을 설치해야 한다.
③ 상부 하중을 받는 내력벽은 통줄눈으로 벽돌을 쌓으면 안 된다.

정답 및 해설 1.④ 2.② 3.④

4 다음 그림과 같이 면적이 같은 (A), (B) 단면이 있다. 각 단면의 X축에 대한 탄성단면계수의 비 ((A) 단면 : (B) 단면)와 소성단면계수의 비 ((A) 단면 : (B) 단면)가 모두 옳은 것은?

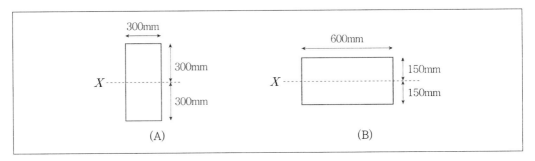

① 탄성단면계수의 비 4 : 1, 소성단면계수의 비 4 : 1
② 탄성단면계수의 비 4 : 1, 소성단면계수의 비 2 : 1
③ 탄성단면계수의 비 2 : 1, 소성단면계수의 비 4 : 1
④ 탄성단면계수의 비 2 : 1, 소성단면계수의 비 2 : 1

5 건축구조기준(국가건설기준코드)에 따라 목구조의 접합부를 설계할 때, 목재의 갈라짐을 방지하기 위해 요구되는 못의 최소 연단거리는? (단, 미리 구멍을 뚫지 않는 경우이며, 못의 지름 (D)은 3mm이다) (※ 기출 변형)

① 9mm
② 15mm
③ 30mm
④ 60mm

6 압연 H형강(H − 300 × 300 × 10 × 15, r = 18mm)에서 웨브의 판폭두께비는?

① 23.4
② 25.2
③ 27.0
④ 28.8

7 건축구조기준(국가건설기준코드)에 따라 목구조를 설계할 때, 옳은 것은? (※ 기출 변형)

① 휨부재의 처짐 산정 시 보의 최대처짐은 활하중만 고려할 때에는 부재길이의 1/240, 활하중
과 고정하중을 함께 고려할 때에는 1/360보다 작아야 한다.

② 모든 목재가 1등급인 침엽수 육안등급구조재의 기준허용휨응력의 크기는 낙엽송류 > 소나무
류 > 삼나무류 > 잣나무류 순이다.

③ 가설구조물이 아닌 경우 고정하중, 활하중, 지진하중, 시공하중 등의 설계하중 중에서, 설계
허용휨응력의 보정계수 중 하나인 하중기간계수 C_D값이 가장 큰 것은 지진하중이다.

④ 목재의 기준탄성계수 E로부터 설계탄성계수 E'를 결정하기 위해 적용가능한 보정계수에는 습
윤계수 C_M, 온도계수 C_t, 치수계수 C_F, 부피계수 C_V 등이 있다.

---

4 ㉠ 직사각형단면의 탄성단면계수 : $\dfrac{bh^2}{6}$

㉡ 직사각형단면의 소성단면계수 : $\dfrac{bh^2}{4}$

위의 식에 (A)와 (B)를 대입하여 비교를 하면 탄성단면계수의 비는 2 : 1, 소성단면계수의 비는 2 : 1이 산출된다.

5 목구조의 접합부를 설계할 때, 목재의 갈라짐을 방지하기 위해 요구되는 못의 최소 연단거리는 못의 지름의 5
배이다. [※ 부록 참고 : 건축구조 4-9]

6 H형강의 규격표시가 $300 \times 300 \times 10 \times 15$이며 r=18인 경우

웨브의 판폭두께비는 $\dfrac{(300-2 \cdot 15)-2 \cdot 18}{10} = \dfrac{234}{10} = 23.4$

7 ③ 풍하중, 지진하중의 하중기간계수 값이 1.6으로 가장 크다. [※ 부록 참고 : 건축구조 4-5]
① 휨부재의 처짐 산정 시 보의 최대처짐은 활하중만 고려할 때에는 부재길이의 1/360, 활하중과 고정하중을
함께 고려할 때에는 1/240보다 작아야 한다.
② 모든 목재가 1등급인 침엽수 육안등급구조재의 기준허용휨응력의 크기는 낙엽송류 > 소나무류 > 잣나무류
> 삼나무류 순이다.
④ 설계허용응력은 기준허용응력에 적용가능한 모든 보정계수를 곱하여 결정한다. 곡률계수, 기둥안정계수, 보
안정계수, 인사이징계수, 전단응력계수, 형태계수, 습윤사용계수, 온도계수, 치수계수, 부피계수 등이 있다.

정답 및 해설 4.④ 5.② 6.① 7.③

8 국가건설기준코드에 제시된 지반조사방법에 대한 설명으로 옳지 않은 것은? (※ 기출 변형)

① 평판재하시험의 재하판은 지름 300mm를 표준으로 한다.

② 평판재하시험의 재하는 5단계 이상으로 나누어 시행하고 각 하중 단계에 있어서 침하가 정지되었다고 인정된 상태에서 하중을 증가한다.

③ 말뚝의 재하시험에서 최대하중은 지반의 극한지지력 또는 예상되는 장기설계하중의 2배를 원칙으로 한다.

④ 말뚝박기시험에 있어서는 말뚝박기기계를 적절히 선택하고 필요한 깊이에서 매회의 관입량과 리바운드량을 측정하는 것을 원칙으로 한다.

9 국가건설기준코드에 따라 철근콘크리트 벽체를 설계할 경우 이에 대한 설명으로 옳지 않은 것은? (※ 기출 변형)

① 지름 10mm 용접철망의 벽체의 전체 단면적에 대한 최소 수평철근비는 0.0012이다.

② 두께 250mm 이상인 지상 벽체에서 외측면 철근은 외측면으로부터 50mm 이상, 벽두께의 1/3 이내에 배치하여야 한다.

③ 정밀한 구조해석에 의하지 않는 한, 각 집중하중에 대한 벽체의 유효 수평길이는 하중 사이의 중심거리 그리고 하중 지지폭에 벽체 두께의 4배를 더한 길이 중 작은 값을 초과하지 않도록 하여야 한다.

④ 수직 및 수평철근의 간격은 벽두께의 3배 이하, 또한 450mm 이하로 하여야 한다.

10 다음 트러스 구조물에서 부재력이 발생하지 않는 부재의 개수는? (단, 트러스의 자중은 무시한다)

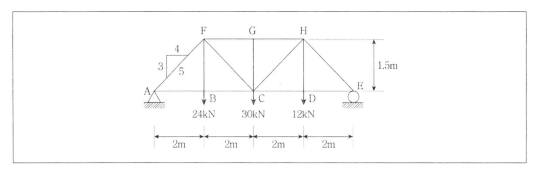

① 5

② 3

③ 1

④ 0

---

8 말뚝의 재하시험에서 최대하중은 지반의 극한지지력 또는 예상되는 장기설계하중의 3배를 원칙으로 한다.

9 지름 10mm 용접철망의 벽체의 전체 단면적에 대한 최소 수직철근비는 0.0012이다.

철근의 종류	최소수직철근비	최소수평철근비
$f_y \geq$ 400Mpa이고 D16 이하인 이형철근	0.0012	0.0020
기타 이형철근	0.0015	0.0025
지름 16mm 이하의 용접철망	0.0012	0.0020

10 0부재는 GC부재 하나이다. [※ 부록 참고 : 건축구조 2-3]

정답 및 해설　8.③　9.①　10.③

11 강구조 모살용접(필릿용접)의 최소 사이즈는? (단, 접합부의 얇은 쪽 모재두께(t)는 10mm이다) (※ 기출 변형)

① 3mm

② 5mm

③ 6mm

④ 8mm

12 콘크리트구조기준(2012)에 따른, 수축 및 온도변화에 대한 변형이 심하게 구속되지 않은 1방향 철근콘크리트 슬래브의 최소 수축 · 온도철근비는? (단, 사용된 철근은 500MPa의 설계기준 항복강도를 가지는 이형철근이다)

① 0.0014

② 0.0016

③ 0.0018

④ 0.0020

13 국가건설기준코드에서 제시된 철근콘크리트구조설계기준에 따라 콘크리트 평가를 하기 위해 각 날짜에 친 각 등급의 콘크리트 강도시험용 시료의 최소 채취 기준으로 옳지 않은 것은? (단, 콘크리트를 치는 전체량은 각 답항에 대하여 채취를 할 수 있는 양이다) (※ 기출 변형)

① 하루에 1회 이상

② 200m^{3}당 1회 이상

③ 슬래브나 벽체의 표면적 500m^{2}마다 1회 이상

④ 배합이 변경될 때마다 1회 이상

14 고장력볼트 접합부의 설계강도 산정 시 볼트에 관한 검토 사항이 아닌 것은?

① 마찰접합 설계미끄럼강도

② 지압접합 설계인장강도

③ 볼트 구멍의 설계지압강도

④ 설계블록전단파단강도

---

11 필릿용접의 유효면적

- 필릿용접의 유효면적은 유효길이에 유효목두께를 곱한 것으로 한다.
- 필릿용접의 유효길이는 필릿용접의 총 길이에서 2배의 모살치수를 공제한 값으로 한다.
- 필릿용접의 유효목두께는 모살치수의 0.7배로 한다.
- 구멍모살과 슬로트필릿용접의 유효길이는 목두께의 중심을 잇는 용접 중심선의 길이로 한다.
- 필릿용접의 최소치수는 다음의 표에 의한다.

접합부의 얇은 쪽 판 두께, t(mm)	최소 사이즈(mm)
$t \leq 6$	3
$6 < t \leq 13$	5
$13 < t \leq 19$	6
$19 < t$	8

(참고) 필릿용접의 최대사이즈는 $t < 6\text{mm}$ 일 때, $s = t$ 이며 $t \geq 6\text{mm}$ 일 때, $s = t - 2\text{mm}$

12 수축온도철근으로 배근되는 이형철근의 철근비

ⓐ 설계기준항복강도가 400MPa 이하인 이형철근을 사용한 슬래브 : 0.0020

ⓑ 0.0035의 항복변형률에서 측정한 철근의 설계기준항복강도가 400MPa를 초과한 슬래브 :

$$0.0020 \times \frac{400}{f_y} \geq 0.0014$$

ⓒ 요구되는 수축·온도철근비에 전체 콘크리트 단면적을 곱하여 계산한 수축·온도철근 단면적을 단위 m당 1800mm² 보다 크게 취할 필요는 없다.

13 각 날짜에 친 각 등급의 콘크리트 강도시험용 시료는 다음과 같이 채취하여야 한다.

ⓐ 하루에 1회 이상

ⓑ 120m³당 1회 이상

ⓒ 슬래브나 벽체의 표면적 500m²마다 1회 이상

ⓓ 배합이 변경될 때마다 1회 이상

14 설계블록전단파단강도는 고장력볼트 접합부의 설계강도 산정 시 볼트에 관한 검토사항이 아니다.

정답 및 해설 11.② 12.② 13.② 14.④

15 한국산업표준(KS)에서 구조용 강재 SM275A에 대한 설명으로 옳지 <u>않은</u> 것은? (※ 기출 변형)

① SM은 용접구조용 압연강재임을 의미한다.
② 항복강도는 275MPa임을 나타낸다.
③ 기호 끝의 알파벳은 A, B, C의 순으로 용접성이 불량함을 의미한다.
④ 항복강도는 강재의 판 두께에 따라 달라질 수 있다.

16 균질한 탄성재료로 된 단면이 500mm × 500mm인 정사각형기둥에 압축력 1,000kN이 편심거리 20mm에 작용할 때 최대 압축응력의 크기는? (단, 처짐에 의한 추가적인 휨모멘트 및 좌굴은 무시한다)

① $4,960\text{kN/m}^2$
② $4,000\text{kN/m}^2$
③ $3,040\text{kN/m}^2$
④ 960kN/m^2

17 건축구조기준(국가건설기준코드)에 따른 말뚝재료별 구조세칙 중 말뚝의 중심간격에 대한 설명으로 옳은 것은? (※ 기출 변형)

① 나무말뚝을 타설할 때 그 중심간격은 말뚝머리지름의 2.5배 이상 또한 600mm 이상으로 한다.
② 기성콘크리트말뚝을 타설할 때 그 중심간격은 말뚝머리지름의 2.0배 이상 또한 600mm 이상으로 한다.
③ 매입말뚝을 배치할 때 그 중심간격은 말뚝머리지름의 2.5배 이상 또한 550mm 이상으로 한다.
④ 폐단강관말뚝을 타설할 때 그 중심간격은 말뚝머리의 지름 또는 폭의 2.0배 이상 또한 550mm 이상으로 한다.

15 기호 끝의 알파벳은 A, B, C는 샤르피 흡수에너지 등급이며 용접성과 관련이 없다.

※ 강재의 명칭

    ㉠ SS : 일반구조용 압연강재

    ㉡ SM : 용접구조용 압연강재

    ㉢ SMA : 용접구조용 내후성 열간압연강재

    ㉣ SN : 건축구조용 압연강재

    ㉤ FR : 건축구조용 내화강재

    ㉥ SPS : 일반구조용 탄소강관

    ㉦ SPSR : 일반구조용 각형강관

    ㉧ STKN : 건축구조용 원형강관

    ㉨ SPA : 내후성강

    ㉩ SHN : 건축구조용 H형강

※ SM275의 해석 : 용접구조용 압연강재이며, 강재의 항복강도는 275MPa이며 샤르피 에너지 흡수등급은 A(낮은 등급)를 의미한다.

    ㉠ 샤르피 흡수에너지 등급

     • A : 별도 조건 없음

     • B : 일정 수준의 충격치 요구

     • C : 우수한 충격치 요구

    ㉡ 내후성 등급

     • W : 녹안정화 처리

     • P : 일반도장 처리 후 사용

    ㉢ 열처리의 종류

     • N : Normalizing(소둔)

     • QT : Quenching Tempering

     • TMC : Thermo Mechanical Control(열가공제어)

    ㉣ 내라멜라테어 등급

     • ZA : 별도보증 없음

     • ZB : Z방향 15% 이상

     • ZC : Z방향 25% 이상

16 $\sigma_{cmax} = \dfrac{P}{A} + \dfrac{M}{Z} = \dfrac{P}{A} + \dfrac{P \cdot e}{\dfrac{bh^2}{6}} = \dfrac{1000[kN]}{500 \cdot 500[mm^2]} + \dfrac{1000[kN] \cdot 20[mm]}{\dfrac{500 \cdot 500^2}{6}[mm^3]} = 4,960[kN/m^2]$

17 ② 말뚝머리지름의 2.5배 이상 또한 750mm 이상으로 한다.

③ 말뚝머리지름의 2배 이상으로 한다.

④ 말뚝머리의 지름 또는 폭의 2배 또한 750mm 이상으로 한다.

[※ 부록 참고 : 건축구조 5-4]

정답 및 해설 15.③ 16.① 17.①

18 그림과 같이 C 위치에서 집중하중 P를 받는 단순보가 탄성거동을 할 경우, 보 전체경간의 1/2 위치에서 발생하는 휨모멘트는? (단, b > a이고, 자중은 무시하며 정모멘트를 + 로 가정한다)

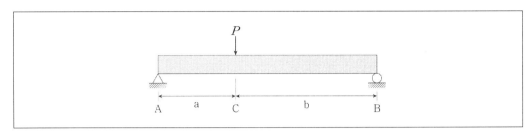

① $\dfrac{Pab}{a+b}$

② $\dfrac{Pa}{a+b}$

③ $\dfrac{Pa}{2}$

④ $\dfrac{Pb}{a+b}$

19 콘크리트구조기준(2012)에 따라 깊은보가 아닌 일반 철근콘크리트 보의 휨강도를 설계할 때 단면의 응력과 변형률 분포에 대한 설명으로 옳은 것은? (단, 콘크리트는 설계기준압축강도 30MPa, 철근은 설계기준항복강도 600MPa를 사용한다)

① 철근과 콘크리트의 변형률은 중립축으로부터 거리에 비례하는 것으로 가정할 수 없다.

② 등가직사각형 응력블록에서 콘크리트 등가압축응력의 크기는 30MPa이다.

③ 등가직사각형 응력블록의 깊이는 압축연단에서 중립축까지 거리의 0.85를 곱한 값으로 한다.

④ 압축철근을 배근할 경우 압축철근은 콘크리트 압축강도와 상관없이 항복하지 않는다.

18 $R_A = P \cdot \dfrac{b}{a+b}$, $R_B = P \cdot \dfrac{a}{a+b}$

$M_{L/2} = \left(P \cdot \dfrac{b}{a+b} \right) \cdot \dfrac{a+b}{2} - P \cdot \left(\dfrac{L}{2} - a \right) = P \cdot \dfrac{a}{2}$

$(L = a+b$이다.)

19 $f_{ck} = 25MPa$이면 $\beta_1 = 0.85$이고 $f_y = 500MPa$이므로 압축지배 한계는 0.0025이며 인장지배한계는 0.00625가
되므로 각각 c값은 0.545d(약 0.5d), 0.324d(약 0.3d)가 산출된다.

① 철근과 콘크리트의 변형률은 중립축으로부터의 거리에 비례하는 것으로 가정한다.

② 문제에서 주어진 조건에 따르면 등가직사각형 응력블록에서 콘크리트 등가압축응력의 크기는 25.5MPa이 된다.
  $(0.85 \cdot f_{ck} = 0.85 \cdot 30 = 25.5)$

③ 문제에서 주어진 조건에 따르면 등가직사각형 응력블록의 깊이는 압축연단에서 중립축까지의 거리의 0.836
을 곱한 값이어야 한다.

정답 및 해설 18.③ 19.④

20 다음과 같은 벽돌구조의 기초쌓기에서 A값으로 옳은 것은? (단, 벽돌은 표준형 벽돌을 사용한다)

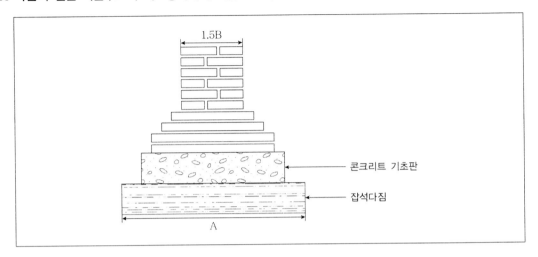

① 58cm

② 63cm

③ 75cm

④ 100cm

20

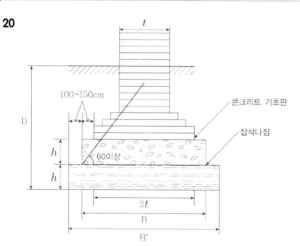

- $b : 2t + 200 \sim 300mm$
- $b' : b + 200 \sim 300mm$
- $h : b/3 \quad h' : b'/3$
- 푸팅각도 : $60°$
- t : 벽체 두께

구분	0.5B	1.0B	1.5B	2.0B
기존형	100	210	320	430
표준형	90	190	290	390

㉠ **최소치** : (2(290)+200)+200 = 980

㉡ **최대치** : (2(290)+300)+300 = 1180

제시된 보기 중 위의 값을 만족하는 수치로 가장 적합한 것은 1000mm = 100cm이다.

정답 및 해설 20.④

1 다음 그림에서 전단 위험단면을 가장 적절하게 표시한 것은? (단, d = 보의 유효높이, t = 기초판 두께이다)

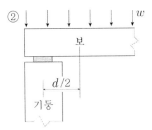

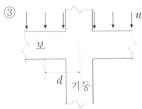

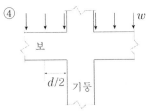

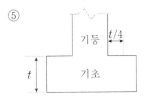

2 그림에서 처짐을 계산하지 않는 경우 처짐두께 규정에 의한 캔틸레버 슬래브의 최소두께(t)로 옳은 것은? (단, 보통콘크리트 $f_{ck} = 24MPa$, $f_y = 400MPa$이다)

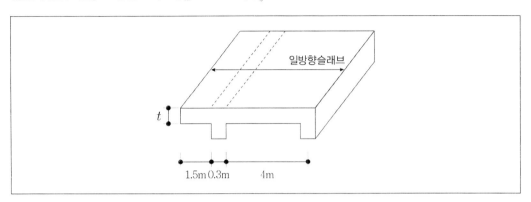

① 10cm

② 12cm

③ 13.5cm

④ 15cm

⑤ 18cm

---

1 전단 위험단면

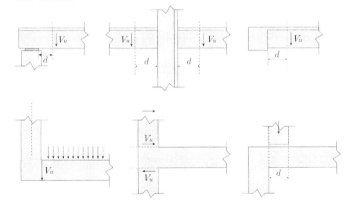

2 이 경우 슬래브는 화살표방향으로 보나 리브에 의해서 지지되어 있지 않은 경우이며 이런 경우 캔틸레버의 경우 처짐을 계산하지 않아도 되는 최소두께는 L/10 이상, 단순지지의 경우는 L/16 이상이어야 한다. 위의 슬래브의 좌측은 캔틸레버이며 우측은 단순지지 상태이며 좌측 캔틸레버의 경우 처짐을 고려하지 않아도 되는 최소두께는 150/10 = 15cm가 된다. [※ 부록 참고 : 건축구조 6-15]

정답 및 해설 1.① 2.④

3 다음 중 휨 및 압축을 받는 부재의 설계에 대한 설명으로 옳지 않은 것은? (단, ρ_b는 균형철근비 이다)

① 휨 또는 휨과 축력을 동시에 받는 부재의 콘크리트 압축 연단의 극한변형률(ε_u)은 0.003으로 가정한다.

② 인장철근이 설계기준항복강도(f_y)에 대응하는 변형률에 도달하고 동시에 압축콘크리트가 극한 변형률에 도달할 때를 균형변형률상태로 본다.

③ 압축콘크리트가 가정된 극한변형률(ε_u)에 도달할 때 최외단 인장철근의 순인장변형률(ε_t)이 압축지배변형률한계 이하인 단면을 압축지배단면이라고 한다.

④ 압축콘크리트가 가정된 극한변형률(ε_u)에 도달할 때 최외단 인장철근의 순인장변형률(ε_t)이 인장지배변형률 한계 이상인 단면을 인장지배단면이라고 한다.

⑤ 인장철근비가 $0.75\rho_b$보다 작게 규정한 이유는 휨재 또는 축력이 크지 않은 휨 – 압축재가 파괴 이전에 전단파괴에 이르도록 유도하기 위함이다.

4 다음 중 직접설계법을 이용한 슬래브 시스템의 설계 시 제한사항으로 옳지 않은 것은?

① 각 방향으로 3경간 이상이 연속되어야 한다.

② 슬래브판들은 단변경간에 대한 장변경간의 비가 2 이하인 직사각형이어야 한다.

③ 각 방향으로 연속한 받침부 중심 간 경간길이의 차이는 긴 경간의 1/5 이하이어야 한다.

④ 연속한 기둥 중심선으로부터 기둥의 이탈은 이탈방향 경간의 최대 10%까지 허용할 수 있다.

⑤ 모든 하중은 연직하중으로 슬래브판 전체에 등분포되어야 하며 활하중은 고정하중의 2배 이하이어야 한다.

5 최근 자연재해로 인한 건축물의 피해가 증가하고 있다. 건축구조 설계 시 건축물에 작용하는 하중에 대해 설명한 내용으로 옳지 않은 것은?

① 적설하중은 체육관 건물이나 공장건물 등의 지붕구조로 이루어진 건물의 설계 시 지배적인 설계하중이 될 수 있다.

② 적설하중은 지역 환경, 지붕의 형상, 재하분포상태 등을 고려하여 산정한다.

③ 풍하중은 건물의 형상, 건물 표면 형태, 가스트 영향계수 등을 고려하여 산정한다.

④ 지진하중은 동적영향을 고려한 등가정적하중으로 환산하여 계산한다.

⑤ 우리나라에서는 5층 이하 저층 건축물은 지진하중을 고려한 내진설계를 하지 않아도 된다.

---

3 인장철근비가 $0.75\rho_b$ 보다 작게 규정한 이유는 휨재 또는 축력이 크지 않은 휨 – 압축재가 파괴 이전에 연성파괴에 이르도록 유도하기 위함이다.

4 직접설계법을 이용한 슬래브 시스템의 설계 시 각 방향으로 연속한 받침부 중심 간 경간길이의 차이는 긴 경간의 1/3 이하이어야 한다.

5 5층 이하의 건축물 중 내진등급이 2인 경우라도 내진설계를 해야 하는 경우가 있다.
[※ 부록 참고 : 건축구조 8-10]

정답 및 해설 3.⑤ 4.③ 5.⑤

6 초고층 건물의 구조형식 중 건물의 외곽 기둥을 밀실하게 배치한 후 횡하중을 건물의 외곽 기둥이 부담하게 하여 건물 전체가 횡력에 대해 캔틸레버 보와 같이 거동할 수 있도록 계획하는 구조형식은?

① 튜브 구조
② 대각가새 구조
③ 전단벽 구조
④ 메가칼럼 구조
⑤ 골조 – 아웃리거 구조

7 다음 중 흙막이 없이 흙파기를 하여 쌓을 경우 자연스럽게 형성되는 흙의 경사면과 수평면 사이의 각도를 무엇이라고 하는가?

① 터파기각
② 안식각
③ 경사각
④ 수평각
⑤ 내부마찰각

8 다음 중 콘크리트말뚝의 장기허용지지력을 구하는 방법으로 옳은 것은?

① 재하시험에서 얻은 극한지지력 값의 1/3
② 말뚝선단면적에 콘크리트내력을 곱한 값
③ 말뚝의 원통면적에 지반의 내력을 곱한 값
④ 말뚝의 원통표면적에 마찰력을 곱한 값
⑤ 마찰력과 지반내력을 합한 값

9 철근콘크리트 구조물의 배근에 대한 기술 중 옳은 것은?

   ① 보의 장기처짐을 감소시키기 위하여 인장철근을 주로 배치한다.

   ② 캔틸레버 보의 경우 주근은 하단에 주로 배치한다.

   ③ 보의 하부근은 주로 중앙부에서 이음한다.

   ④ 보의 주근은 중앙부 상단에 주로 배치한다.

   ⑤ 보의 스터럽(stirrup)은 단부에 주로 배치한다.

---

6 초고층 건물의 구조형식 중 건물의 외곽 기둥을 밀실하게 배치한 후 횡하중을 건물의 외곽 기둥이 부담하게 하여 건물 전체가 횡력에 대해 캔틸레버 보와 같이 거동할 수 있도록 계획하는 구조형식은 튜브구조이다.

7 안식각(휴식각) ⋯ 흙막이 없이 흙파기를 하여 쌓을 경우 자연스럽게 형성되는 흙의 경사면과 수평면 사이의 각도
터파기각 ⋯ 터파기의 기준이 되는 각도로서 안식각의 2배의 크기이다.

8 일반적으로 콘크리트말뚝의 장기허용지지력은 재하시험에서 얻은 극한지지력 값의 1/3을 취한다.
(말뚝의 허용지지력은 극한 지지력의 1/3, 항복 지지력의 1/2 중 작은 값을 취한다.)

9 ① 보의 장기처짐을 감소시키기 위해서는 압축철근을 주로 배치한다.
② 캔틸레버 보의 경우 주근은 상단에 주로 배치한다.
③ 보의 하부근은 보의 중앙부가 아니라 보의 단부와 중앙부 사이의 구간에서 이음을 한다. (휨모멘트가 적게 발생하는 구간이므로)
④ 보의 주근은 인장응력이 크게 발생하게 되는 중앙부의 하단에 주로 배치한다.

정답 및 해설 6.① 7.② 8.① 9.⑤

10 철근콘크리트 균형보의 철근비(ρ_b)를 구하는 공식으로 옳은 것은? (단, $f_{ck}=24MPa$ 콘크리트 강도, $f_y=400MPa$ 철근항복강도, β_1 = 등가응력블럭의 응력중심거리비이다)

① $\rho_b = 0.85 \dfrac{f_{ck}}{f_y} \dfrac{600}{600+f_{ck}}$

② $\rho_b = 0.85\beta_1 \dfrac{f_y}{f_{ck}} \dfrac{600}{600+f_{ck}}$

③ $\rho_b = 0.85\beta_1 \dfrac{f_{ck}}{f_y} \dfrac{600}{600+f_y}$

④ $\rho_b = 0.85 \dfrac{f_y}{f_{ck}} \dfrac{600}{600+f_y}$

⑤ $\rho_b = 0.85\beta_1 \dfrac{f_{ck}}{f_y} \dfrac{400}{400+f_{ck}}$

11 다음과 같은 용접부위의 유효용접면적으로 옳은 것은?

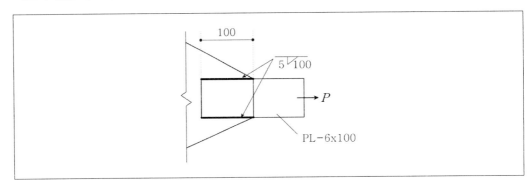

① 235mm^2

② 315mm^2

③ 410mm^2

④ 630mm^2

⑤ 725mm^2

12 고장력볼트 M22(F10T)의 설계볼트장력 T_0 = 200kN일 때, 표준볼트장력은 얼마인가? (※ 기출 변형)

① 180kN

② 200kN

③ 220kN

④ 240kN

⑤ 300kN

13 아래 그림과 같은 철근콘크리트 보에서 균열이 발생할 때 A, B, C 구역의 균열양상으로 바르게 짝지어진 것은?

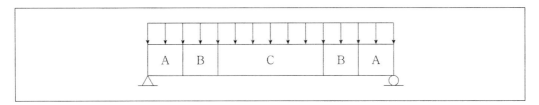

① 전단균열, 휨균열, 휨−전단균열
② 휨균열, 전단균열, 휨−전단균열
③ 휨균열, 휨−전단균열, 전단균열
④ 전단균열, 휨−전단균열, 휨균열
⑤ 휨−전단균열, 휨균열, 전단균열

---

10 철근콘크리트 균형보의 철근비

$$\rho_b = 0.85\beta_1 \frac{f_{ck}}{f_y} \frac{600}{600+f_y}$$

11 ㉠ 유효목두께 : $a = 0.7S = 0.7 \times 5 = 3.5mm$
　　㉡ 유효길이 : $l_e = l - 2S = 100 - 2 \cdot 5 = 90mm$
　　양쪽으로 용접이 되어 있으므로 2(유효목두께×유효길이) = 2(3.5×90) = 630mm²가 된다.

12 표준볼트장력은 설계볼트장력의 1.1배이다.

13 A영역은 전단균열, B영역은 휨 − 전단균열, C영역은 휨균열이 발생한다.

14 구조부재의 단면성질과 그 용도를 짝지어 놓은 것 중 옳지 않은 것은?

① 단면2차모멘트(I_x) : 보의 처짐 계산에 적용된다.

② 단면2차반경($i_x = \sqrt{A/I_x}$) : 좌굴하중을 검토하는 데 적용한다.

③ 단면극2차모멘트(I_p) : 부재의 비틀림응력을 계산한다.

④ 단면계수(Z_c) : 보의 전단응력 산정에 적용된다.

⑤ 단면상승모멘트(I_{xy}) : 주응력을 계산하는 데 적용한다.

15 그림과 같은 단순보에서 C점의 최대처짐량은?

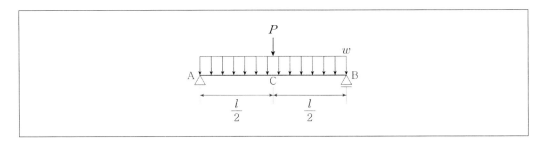

① $\dfrac{16wl^4}{384EI} + \dfrac{8Pl^3}{48EI}$ ② $\dfrac{8wl^4}{384EI} + \dfrac{8Pl^3}{48EI}$

③ $\dfrac{7wl^4}{384EI} + \dfrac{5Pl^3}{48EI}$ ④ $\dfrac{wl^4}{384EI} + \dfrac{5Pl^3}{48EI}$

⑤ $\dfrac{5wl^4}{384EI} + \dfrac{Pl^3}{48EI}$

16 철근콘크리트 부재의 전단력에 대한 거동을 평가하는 척도로 전단경간비(a/d)가 사용되고 있다. 전단경간비에 대한 설명으로 옳지 않은 것은?

① 전단경간비는 최대휨내력과 최대전단내력의 비를 부재의 유효춤으로 나눈 값으로 표현한다.

② 전단경간비는 전단보강근의 간격을 결정하는 요소이다.

③ 전단경간비가 작을수록 전단파괴가 발생하기 쉽다.

④ 전단경간비가 클수록 휨파괴가 발생하기 쉽다.

⑤ 전단경간비는 부재의 휨파괴와 전단파괴를 구분하는 데 활용된다.

17 강도설계법에서 단면이 500mm × 500mm이고 주근이 8 – D25로 배근되어 있는 철근콘크리트 기둥에 띠철근을 D10으로 사용할 경우, 다음 중 띠철근의 수직간격으로 옳은 것은?

① 300mm

② 350mm

③ 400mm

④ 450mm

⑤ 500mm

---

14 단면계수는 주로 보의 최대휨응력 산정에 적용된다.

15 집중하중 P에 의한 처짐과 등분포하중 w에 의한 처짐을 중첩시키면 $\delta_C = \dfrac{5wl^4}{384EI} + \dfrac{Pl^3}{48EI}$ 이다.

16 전단경간비는 전단보강근의 간격과는 관련이 없다.

17 띠철근의 간격
ㄱ 주철근의 16배 이하 : D25의 16배는 대략 400mm
ㄴ 띠철근 지름의 48배 이하 : 480mm
ㄷ 기둥단면의 최소치수 이하 : 500mm
이 중 가장 작은 값은 400mm이다.

정답 및 해설 14.④ 15.⑤ 16.② 17.③

18 그림과 같은 구조물의 판별 결과는?

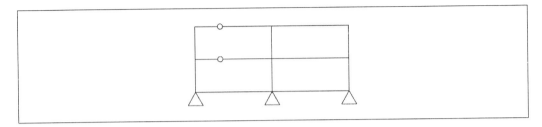

① 15차 부정정 구조물   ② 13차 부정정 구조물

③ 10차 부정정 구조물   ④ 7차 부정정 구조물

⑤ 5차 부정정 구조물

19 철골보의 처짐을 적게 하기 위한 방법으로 옳은 것은?

① 단면 2차 모멘트를 작게 한다.

② 플랜지의 단면적을 크게 한다.

③ 휨강성을 줄인다.

④ 보의 스팬을 늘린다.

⑤ 웨브 단면적을 작게 한다.

20 다음은 철골부재의 접합에서 이음부 설계세칙이다. 옳지 않은 것은? (※ 기출 변형)

① 응력을 전달하는 단속모살용접이음부의 길이는 모살사이즈의 10배 이상 또한 30mm 이상이다.

② 응력을 전달하는 겹침이음은 2열 이상의 모살용접을 원칙으로 한다.

③ 모살용접의 최소 겹침길이는 얇은 쪽 판두께의 5배 이상 또한 25mm 이상 겹치게 한다.

④ 고장력볼트의 구멍중심 간의 거리는 공칭직경의 1.5배 이상으로 한다.

⑤ 고장력볼트의 구멍중심에서 볼트머리 또는 너트가 접하는 재의 연단까지의 최대거리는 판두께의 12배 이하 또한 150mm 이하로 한다.

18 부정정차수 $N = r + m + s - 2k$

- 반력수(r) : 6
- 부재수(m) : 14
- 강절점수(s) : 15
- 절점수(k) : 11

계산결과 13이 산출된다.

19 철골보의 처짐을 작게 하려면

① 단면 2차 모멘트를 크게 해야 한다.

③ 휨강성을 늘려야 한다.

④ 보의 스팬을 줄여야 한다.

⑤ 웨브 단면적을 크게 해야 한다.

20 고장력볼트의 구멍중심 간의 거리는 공칭직경의 2.5배 이상으로 한다.

※ 철골부재의 접합에서 이음부 설계세칙

　㉠ 응력을 전달하는 모살용접 이음부의 길이는 모살사이즈의 10배 이상 또한 40mm 이상을 원칙으로 한다.

　㉡ 응력을 전달하는 겹침이음은 2열 이상의 모살용접을 원칙으로 하고, 겹침길이는 얇은 쪽 판 두께의 5배 이상 또한 20mm 이상 겹치게 해야 한다.

　㉢ 고장력볼트의 구멍 직경은 다음의 표에 따른다.

　　※ 고장력 볼트의 구멍치수[mm]

고장력볼트 호칭	표준 구멍	대형 구멍	단슬롯 구멍	장슬롯 구멍
M16	18	20	18×22	18×40
M20	22	24	22×26	22×50
M22	24	28	24×30	24×55
M24	27	30	27×32	27×60
M27	30	35	30×37	30×67

고장력 볼트의 직경	볼트구멍의 직경
d < 27	d + 2.0
d ≥ 27	d + 3.0

　㉣ 고장력볼트의 구멍 중심간의 거리는 공칭직경의 2.5배 이상으로 한다.

　㉤ 고장력볼트의 구멍중심에서 피접합재의 연단까지의 최소거리는 연단부 가공방법을 고려한다.

　㉥ 고장력볼트 구멍중심에서 볼트머리 또는 너트가 접하는 재의 연단까지의 최대거리는 판 두께의 12배 이하 또한 15cm 이하로 한다.

　㉦ 부분용입용접은 그 이음부에 휨모멘트 또는 편심력이 작용하지 않도록 해야 한다.

정답 및 해설 18.② 19.② 20.④

1 흙막이의 설계에서 벽의 배면에 작용하는 측압은 깊이에 비례하여 증가하는 것으로 하고, 측압 계수는 토질 및 지하수위에 따라 다르게 규정하고 있다. 점토지반 중, 경질점토로 이루어진 지반에 적용할 수 있는 측압계수 범위는?

① 0.2~0.5
② 0.2~0.6
③ 0.3~0.7
④ 0.5~0.8

2 목재의 기준허용응력 보정을 위한 하중기간계수 C_D가 1.25인 하중은?

① 풍하중
② 시공하중
③ 적설하중
④ 충격하중

3 경간 l인 단순보가 등분포하중 w를 받는 경우, 경간 중앙 위치에서의 휨모멘트M과 전단력V는?

	휨모멘트M	전단력V
①	$\dfrac{wl^2}{8}$	$\dfrac{wl}{2}$
②	$\dfrac{wl^2}{8}$	0
③	$\dfrac{wl^2}{12}$	$\dfrac{wl}{2}$
④	$\dfrac{wl^2}{12}$	0

1 모래지반과 점토지반의 측압계수

지반		측압계수
모래지반	지하수위가 얕을 경우	0.3~0.7
	지하수위가 깊을 경우	0.2~0.4
점토지반	연질 점토	0.5~0.8
	경질 점토	0.2~0.5

2 하중기간계수(C_D)

설계하중	하중기간계수, C_D	하중기간
고정하중	0.9	영구
활하중	1.0	10년
적설하중	1.15	2개월
시공하중	1.25	7일
풍하중, 지진하중	1.6	10분
충격하중	2.0	충격 *

※ 수용성방부제 또는 내화제로 가압처리된 구조부재에 대해서는 하중기간계수를 1.6 이하로 적용한다. 또한 접합부에는 충격에 대한 하중기간계수를 적용하지 아니한다.

3 경간 l인 단순보가 등분포하중 w를 받는 경우, 경간 중앙 위치에서의 휨모멘트M= $\dfrac{wl^2}{8}$, 전단력V는 0이 된다.

정답 및 해설 1.① 2.② 3.②

4 강도설계법을 적용한 보강콘크리트블록조적조로 구성된 모멘트 저항벽체골조의 치수제한에 대한 설명으로 옳지 않은 것은?

① 피어의 공칭깊이는 2,400mm를 넘을 수 없다.
② 보의 순경간은 보깊이의 2배 이상이어야 한다.
③ 피어의 깊이에 대한 높이의 비는 3을 넘을 수 없다.
④ 보의 폭에 대한 보깊이의 비는 6을 넘을 수 없다.

5 철근콘크리트 부재에서 전단보강철근으로 사용할 수 있는 형태로 옳지 않은 것은?

① 주인장철근에 30°로 설치된 스터럽
② 부재축에 직각으로 배치된 용접 철망
③ 주인장철근에 45°로 구부린 굽힘철근
④ 나선철근, 원형 띠철근 또는 후프철근

6 그림과 같이 철근콘크리트 캔틸레버보에서 등분포하중 w가 작용할 때 인장 주철근의 배근 위치로 옳은 것은? (단, 굵은 실선은 인장 주철근을 나타낸다)

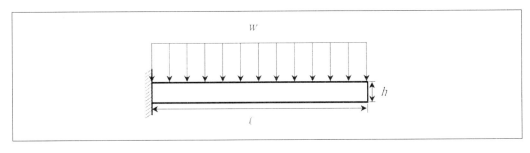

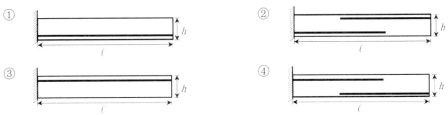

4 피어의 깊이에 대한 높이의 비는 5를 넘을 수 없다.

　※ 모멘트저항 벽체골조의 설계

　　① 보

　　　㉠ 보의 순경간은 보 깊이의 2배 이상이어야 한다.

　　　㉡ 보의 공칭깊이는 두 개의 단위 조적개체 혹은 400mm를 넘을 수 없으며, 보의 폭에 대한 보의 깊이

　　　　비는 6을 넘을 수 없다.

　　　㉢ 보의 폭은 200mm 또는 피어 경간의 1/26을 넘을 수 없다.

　　② 피어

　　　㉠ 피어의 공칭깊이는 2,400mm를 넘을 수 없다.

　　　㉡ 공칭깊이는 2개의 피어 단위 또는 810mm 중 작은 값보다 작지 않아야 한다.

　　　㉢ 피어의 공칭 폭은 보의 공칭 폭 또는 200mm 또는 보 사이의 순높이 1/14 중 큰 값보다 작아야 한다.

　　　㉣ 피어의 깊이에 대한 높이의 비는 5를 넘을 수 없다.

5 전단철근(스터럽)의 종류

　㉠ 주철근에 직각으로 설치하는 스터럽

　㉡ 부재축에 직각인 용접철망

　㉢ 주철근을 30° 이상의 각도로 구부린 굽힘주철근

　㉣ 주철근에 45° 이상의 각도로 설치된 경사스터럽

　㉤ 스터럽과 경사철근의 조합

　㉥ 나선철근, 원형띠철근 또는 후프철근

6 캔틸레버보의 전지간에 걸쳐 등분포하중이 작용하게 되면 보의 상단부 전지간에서는 인장응력이 발생하게 되므로 고정단에서부터 자유단에 이르는 전구간에 걸쳐 인장철근을 배근해야 한다.

정답 및 해설　4.③　5.①　6.③

7 저온의 동절기 공사, 도로 및 수중공사 등 긴급공사에 사용되며, 뛰어난 단기강도 때문에 PC 제품 제조 시 생산성을 높일 수 있는 시멘트는?

① 고로시멘트
② 조강포틀랜드시멘트
③ 중용열포틀랜드시멘트
④ 내황산염포틀랜드시멘트

8 초고층 건축물이 비틀리거나 기울어지면 기존의 수직기둥과 보로 구성된 구조형식으로는 구조물을 지지하는 데 한계가 있다. 이를 극복하기 위해서 수직기둥을 대신하여 경사각을 가진 대형가새로 횡력에 저항하는 구조시스템은?

① 아웃리거 구조시스템
② 묶음튜브 구조시스템
③ 골조－전단벽 구조시스템
④ 다이아그리드 구조시스템

9 철근콘크리트구조의 내진설계 시 특별 고려사항 중 경간 중앙에 대해 묶음철근이 대각형태로 보강된 연결보에 대한 설명으로 옳지 않은 것은? (단, A_{vd}는 대각선 철근의 각 무리별 전체 단면적, f_y는 철근의 설계기준항복강도, α는 대각철근과 부재축 사이의 각, f_{ck}는 콘크리트의 설계기준압축강도, A_{cp}는 콘크리트 단면에서 외부 둘레로 둘러싸인 면적, b_w는 복부 폭을 각각 의미한다)

① 대각선 철근은 벽체 안으로 인장에 대해 정착시켜야 한다.
② 대각선 철근은 연결보의 공칭휨강도에 기여하는 것으로 볼 수 있다.
③ 공칭전단강도(V_n) 결정 시 $V_n = 2A_{vd}f_y \sin\alpha \geq (5\sqrt{f_{ck}}/6)A_{cp}$의 조건을 만족하여야 한다.
④ 대각선 철근묶음은 최소한 4개의 철근으로 이루어져야 하며, 이 때 횡철근의 외단에서 외단까지 거리는 보의 면에 수직한 방향으로 $b_w/2$ 이상이어야 하고, 보의 면내에서는 대각선 철근에 대한 수직방향으로 $b_w/5$ 이상이어야 한다.

7 ① 고로시멘트 : 클링커와 고로슬래그, 석고를 혼합 분쇄하여 제조한다. 발열량이 적어 균열이 적고 블리딩이 적다. 보통시멘트보다 비중이 작고 바닷물에 저항이 커서 해안공사에 사용된다.

③ 중용열포틀랜드시멘트 : 수화열이 낮아 수축균열이 적어 매스콘크리트에 주로 사용되며 방사선 차단효과가 있다. 발열량이 적고 장기강도는 보통 시멘트보다 크다.

④ 내황산염포틀랜드시멘트 : 황산염 함유액에 대해 저항성이 있도록 만들어진 포틀랜드 시멘트이다. 일반적으로 다른 종류의 약액에 대한 저항성도 크다. 해수에 접촉하는 구축물, 도시 하수 공사용 등에 사용된다.

8 다이아그리드 구조시스템에 관한 설명이다.

① 아웃리거구조 : 가새골조로 된 내부골조를 외곽기둥과 연결시키는 수평캔틸레버로 구성된다. 이 수평캔틸레버는 트러스 또는 춤이 큰 보의 형식으로 되어 휨강성이 큰 구조로서 횡하중에 대하여 외곽기둥의 인장과 압축을 유발시켜 내부골조의 변위를 감소시키는 중재역할을 한다.

② 묶음튜브구조 : 튜브구조 중 여러 개의 튜브를 하나로 묶어서 일체로 거동하도록 한 구조방식이다. 전단지연 현상을 최소화하기 위한 방식이다.

③ 골조-전단벽 구조시스템 : 보통철근콘크리트 전단벽과 보통철근콘크리트 골조가 혼합된 구조방식이다. 골조는 주로 연직하중을 저항하며 전단벽은 수평하중(횡력)에 저항한다. 전단변형과 전단벽의 휨변형이 조화를 이루어 구조효율을 높이는 상호작용이 발생한다. 전단벽의 전단강도는 각 층에서 최소한 설계층 전단력의 75% 이상이어야 하고, 골조는 각 층에서 최소한 설계층 전단력의 25%에 대하여 저항할 수 있어야 한다.

9 공칭전단강도(V_n) 결정 시 $V_n = 2A_{cd}f_y\sin\alpha \leq (5\sqrt{f_{ck}}/6)A_{cp}$의 조건을 만족하여야 한다.

정답 및 해설 7.② 8.④ 9.③

10 단순보형 아치가 중앙부에 수직력 P를 받을 때, 축방향 응력도(Axial Force Diagram)의 형태로 옳은 것은? (단, 아치의 자중은 무시하며, r은 반경, ―기호는 압축력, +기호는 인장력을 나타낸다)

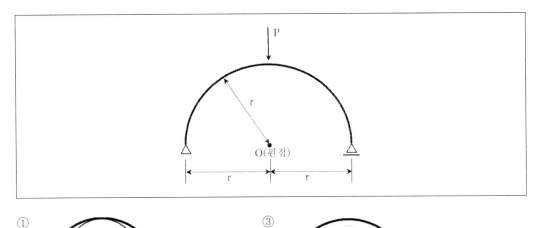

①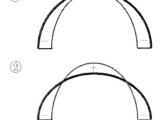

②

③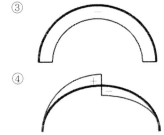

④

11 말뚝재료의 허용압축응력을 저감하지 않아도 되는 세장비의 한계값[n]으로 옳은 것은?

① 기성 RC 말뚝 : 75

② PHC 말뚝 : 80

③ 강관 말뚝 : 110

④ 현장타설 콘크리트말뚝 : 60

12 강도설계법을 적용한 보강조적조의 설계가정으로 옳지 않은 것은?

① 조적조는 파괴계수 이상의 인장응력을 받지 못한다.

② 휨강도 계산에서는 조적조벽의 인장강도를 고려한다.

③ 조적조의 응력은 단면에서 등가압축영역에 균일하게 분포한다고 가정한다.

④ 보강근과 조적조의 변형률은 중립축으로부터의 거리에 비례한다고 가정한다.

---

10 하중이 작용하는 중앙점의 좌우측 모두 압축력이 작용하게 된다.
그러므로 ①과 ② 중 하나가 답이 되는데 연직집중하중이 작용하는 곳에서 축방향응력이 0이 되어야 하므로 ①
이 답이 된다.

11 세장비에 의한 허용응력 감소의 한계값(n)

말뚝의 종류	n	세장비의 상한값
RC 말뚝	70	90
PC 말뚝	80	105
PHC 말뚝	85	110
강관 말뚝	100	130
현장타설 콘크리트 말뚝	60	80

12 휨강도 계산에서는 조적조벽의 인장강도를 고려하지 않는다.

정답 및 해설 10.① 11.④ 12.②

13 그림과 같이 등분포 하중(w)을 받는 철근콘크리트 단순보에서 균열 발생 전의 최대 처짐 양을 줄이기 위한 방법으로 다음 중 가장 효과적인 것은?

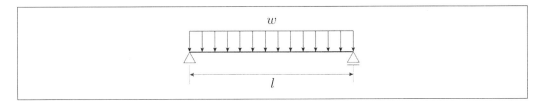

① 단면의 깊이를 2배 높인다.
② 주철근 양을 2배 많게 한다.
③ 단면의 폭을 2배 증가시킨다.
④ 전단철근 양을 2배 많게 한다.

14 밑변이 b이고 높이가 h인 직사각형 단면의 수평 도심축에 대한 단면2차모멘트를 I_1 이라 하고, 밑변이 b이고 높이가 h인 삼각형 단면의 수평 도심축에 대한 단면2차모멘트를 I_2 라고 할 때, I_1 / I_2의 값은?

① 1   ② 2
③ 3   ④ 4

15 용접의 결함에 대한 설명으로 옳지 않은 것은?

① 피시아이 : 용접표면에 생기는 작은 구멍
② 블로홀 : 용접금속 중 가스에 의해 생긴 구형의 공동
③ 언더컷 : 용접부의 끝부분에서 모재가 패어져 도랑처럼 된 부분
④ 오버랩 : 용착금속이 끝부분에서 모재와 융합하지 않고 겹쳐있는 현상

16 철골구조에서 사용하는 용어에 대한 설명으로 옳지 않은 것은?

① 필러 : 요소의 두께를 증가시키는 데 사용하는 플레이트

② 거셋플레이트 : 트러스의 부재, 스트럿 또는 가새재를 보 또는 기둥에 연결하는 판 요소

③ 스티프너 : 하중을 분배하거나, 전단력을 전달하거나, 좌굴을 방지하기 위해 부재에 부착하는 구조요소

④ 비콤팩트단면 : 완전소성 응력분포가 발생할 수 있고, 국부좌굴이 발생하기 전에 약 3의 곡률연성비를 발휘할 수 있는 능력을 지닌 단면

---

13 단면의 깊이를 2배 높임으로써 단면2차모멘트의 값을 8배로 증가시킬 수 있으며 이는 처짐을 현저히 줄어들게 할 수 있다.

14
직사각형 단면의 수평도심축 : $I_X = \dfrac{bh^3}{12} = I_1$

삼각형 단면의 수평도심축 : $I_X = \dfrac{bh^3}{36} = I_2$

그러므로 $I_1/I_2 = 3$

15 ① 피시아이는 용접작업 시 용착금속 단면에 생기는 작은 은색의 점을 말한다. [※ 부록 참고 : 건축구조 7-17]

16 완전소성 응력분포가 발생할 수 있고, 국부좌굴이 발생하기 전에 약 3의 곡률연성비를 발휘할 수 있는 능력을 지닌 단면은 콤팩트단면이다. 비콤팩트단면이란 국부좌굴이 발생하기 전에 압축요소에 항복응력이 발생할 수 있으나 회전능력이 3을 갖지 못하는 단면을 말한다.

정답 및 해설 13.① 14.③ 15.① 16.④

17 철근콘크리트구조에서 휨모멘트나 축력 또는 휨모멘트와 축력을 동시에 받는 단면 설계 시 적용하는 일반원칙에 대한 설명으로 옳지 않은 것은?

① 인장지배변형률한계는 균형변형률상태에서 인장철근의 순인장 변형률과 같다.

② 압축콘크리트가 가정된 극한변형률인 0.003에 도달할 때, 최외단 인장철근의 순인장변형률이 압축지배변형률한계 이하인 단면을 압축지배단면이라고 한다.

③ 휨부재의 강도를 증가시키기 위하여 추가 인장철근과 이에 대응하는 압축철근을 사용할 수 있다.

④ 인장철근이 설계기준항복강도에 대응하는 변형률에 도달하고 동시에 압축콘크리트가 극한변형률인 0.003에 도달할 때, 그 단면이 균형변형률상태에 있다고 본다.

18 두께가 15mm, 20mm인 2장의 강구조용 판재를 모살용접할 때, 모살용접의 최소 사이즈[mm]는?

① 3   ② 5

③ 6   ④ 8

19 고장력볼트에 대한 설명으로 옳지 않은 것은? (※ 기출 변형)

① 고장력볼트의 유효단면적은 공칭단면적의 0.75배로 한다.

② 고장력볼트의 구멍 중심간 거리는 공칭직경의 2.5배 이상으로 한다.

③ 마찰접합은 사용성한계상태의 미끄럼방지를 위해 사용되거나 강도한계상태에서 사용된다.

④ 밀착조임은 진동이나 하중변화에 따른 고장력볼트의 풀림이나 피로가 설계에 고려되는 경우 사용된다.

20 목구조의 토대에 대한 설명으로 옳은 것은?

① 기초에 긴결하는 토대의 긴결철물은 약 5m 간격으로 설치한다.

② 기둥과 기초가 긴결되지 않은 구조내력상 중요한 기둥의 하부에는 외벽뿐만 아니라 내벽에도 토대를 설치한다.

③ 토대 하단은 방습상 유효한 조치를 강구하지 않을 경우 지면에서 100mm 이상 높게 한다.

④ 토대와 기둥의 맞춤은 기둥으로부터의 인장력에 대해서 지압력이 충분하도록 통맞춤 면적을 정한다.

---

17 인장지배변형률한계의 인장철근의 순인장변형률(0.005)은 균형변형률상태에서 인장철근의 순인장변형률(0.003)과 다르다. [※ 부록 참고 : 건축구조 6-8]

18 모살용접의 사이즈는 원칙적으로 접합되는 모재의 얇은 쪽 판두께 이하로 한다. 다음의 표에 의하면 두께가 15mm, 20mm인 2장의 강구조용 판재를 모살용접할 때, 모살용접의 최소 사이즈[mm]는 6[mm]이 된다.

접합부의 얇은 쪽 판 두께, t(mm)	최소 사이즈(mm)
$t \leq 6$	3
$6 < t \leq 13$	5
$13 < t \leq 19$	6
$19 < t$	8

19 밀착조임은 임팩트렌치로 수회 또는 일반렌치로 접합판이 완전히 밀착된 상태가 되도록 최대로 조이는 것을 말한다. 이 밀착조임법은 지압접합 또는 진동이나 하중변화에 따른 고장력볼트의 풀림이나 피로가 설계에 고려되지 않는 경우에 사용될 수 있다.

20 ① 기초에 긴결하는 토대의 긴결철물은 약 2m 간격으로 설치한다.
③ 토대 하단은 방습상 유효한 조치를 강구하지 않을 경우 지면에서 200mm 이상 높게 한다.
④ 토대와 기둥 또는 가새와의 맞춤은 기둥·가새로부터의 압축력에 대해서 지압력이 충분하도록 통맞춤 면적을 정한다.

정답 및 해설 17.① 18.③ 19.④ 20.②

1 주상복합건물에서 주거공간인 상층부의 벽식구조시스템과 상업시설로 활용되는 저층부의 라멘골조 시스템이 연결된 부분에 원활한 하중 전달을 위하여 설치하는 구조시스템은?

① 코아

② 아웃리거

③ 전이층

④ 가새 튜브

2 철근콘크리트 보의 휨 해석과 설계에 관한 설명 중 옳지 않은 것은?

① 콘크리트의 인장강도는 철근콘크리트 부재 단면의 축강도와 휨강도 계산에 반영한다.

② 보에 휨이 작용할 때 발생하는 부재의 곡률은 작용시킨 휨모멘트에 비례하고, 부재의 곡률 반지름은 휨 강성에 비례한다.

③ 콘크리트 압축응력-변형률 곡선은 실험결과에 따라 직사각형, 사다리꼴 또는 포물선 등으로 가정할 수 있다.

④ 평면유지의 가정이 일반적인 보에서는 통용되지만 깊은 보의 경우 비선형 변형률 분포가 고려되어야 한다.

3 건축구조물의 골조형식 중 횡력의 25% 이상을 부담하는 연성모멘트 골조가 전단벽이나 가새골조와 조합되어 있는 구조방식은?

① 보통모멘트골조방식

② 모멘트골조방식

③ 이중골조방식

④ 전단벽 – 골조 상호작용방식

4 강구조에서 볼트 구멍의 허용오차로 옳지 않은 것은? (단, MOO은 볼트의 호칭(mm)을 나타냄)

① M22 : 마찰이음 허용오차 = +0.5(mm), 지압이음 = ±0.3(mm)

② M24 : 마찰이음 허용오차 = +0.5(mm), 지압이음 = ±0.3(mm)

③ M27 : 마찰이음 허용오차 = +1.0(mm), 지압이음 = ±0.3(mm)

④ M30 : 마찰이음 허용오차 = +1.0(mm), 지압이음 = ±0.5(mm)

---

1 전이층(Transfer Layer, Transfer Girder) ··· 주상복합건물에서 주거공간인 상층부의 벽식구조시스템과 상업시설로 활용되는 저층부의 라멘 골조 시스템이 연결된 부분에 상층부의 축력과 수평하중을 하층부로 전달하기 위하여 설치하는 빔 또는 거더

2 철근콘크리트 부재 단면의 축강도와 휨강도 계산 시 콘크리트의 인장강도는 무시한다.

3 이중골조방식 ··· 건축구조물의 골조형식 중 횡력의 25% 이상을 부담하는 연성모멘트 골조가 전단벽이나 가새 골조와 조합되어 있는 구조방식
① 보통모멘트골조방식 : 수직하중과 횡력을 보와 기둥으로 구성된 모멘트골조가 저항하는 구조방식
② 모멘트골조방식 : 수직하중과 횡력을 보와 기둥으로 구성된 라멘골조가 저항하는 구조방식
④ 전단벽 – 골조 상호작용방식 : 전단벽과 골조의 상호작용을 고려하여 강성에 비례하여 횡력에 저항하도록 설계되는 전단벽과 골조의 조합구조방식

4

	리벳(볼트)지름		구멍크기
리벳	20mm 미만		+ 1.0 mm
	20mm 이상		+ 1.5 mm
볼트	고장력볼트	27mm 미만	+ 2.0mm
		27mm 이상	+ 3.0mm
	일반볼트		+ 0.5mm
	앵커볼트		+ 5.0mm

정답 및 해설 1.③ 2.① 3.③ 4.④

5 건축구조물의 말뚝기초 형식 중 현장타설콘크리트말뚝의 구조세칙에 대한 설명으로 옳지 않은 것은?

① 현장타설콘크리트말뚝의 단면적은 전 길이에 걸쳐 각 부분의 설계단면적 이하여서는 안 된다.

② 현장타설콘크리트말뚝의 선단부는 지지층에 확실히 도달시켜야 한다.

③ 현장타설콘크리트말뚝을 배치할 때 그 중심간격은 말뚝 머리지름의 1.5배 이상 또는 말뚝머리 지름에 1,500mm를 더한 값 이상으로 한다.

④ 저부의 단면을 확대한 현장타설콘크리트말뚝의 측면경사가 수직면과 이루는 각은 30° 이하로 하고 전단력에 대해 검토하여야 한다.

6 독립기초 설계 시 허용응력설계법이 적용되는 경우는?

① 기초 설계용 토압 산정

② 기초 크기 산정

③ 기초의 휨철근 산정

④ 기초 두께 산정

7 다음과 같이 집중하중 1,000N을 받고 있는 트러스의 부재 FG에 걸리는 힘은?

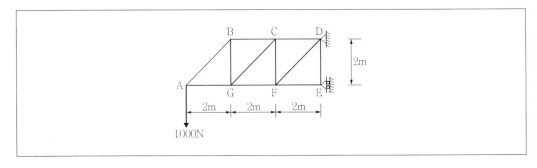

① 2,000N(압축) ② 2,000N(인장)

③ 4,000N(압축) ④ 4,000N(인장)

5 현장타설콘크리트말뚝을 배치할 때 그 중심간격은 말뚝머리지름의 2.0배 이상 또한 말뚝머리지름에 1,000mm 를 더한 값 이상으로 한다. [※ 부록 참고 : 건축구조 5-4]

6 독립기초 설계 시 아직까지 허용응력설계법이 적용되는 것은 기초크기의 산정이다. 독립기초의 휨 및 전단의 검토는 이미 극한강도 설계법이 적용되고 있고 토압의 산정은 설계법과는 관계없이 극한강도 설계법 적용시의 하중계수가 적용되고 있으므로 허용응력설계법이 적용된다고 볼 수 없다.

7 풀이1)

$$\sum V = GC \cdot \sin\theta + V_A \text{이므로} \quad GC = \frac{V_A}{\sin 45^o} = \sqrt{2}\, V_A$$

구하려는 부재를 제외한 나머지 부재의 교점에 대해서 $\sum M_B = 0$을 취하여 부재 FG에 걸리는 힘을 구한다.

$$\sum M_B = -1000 \cdot 2 - 1000\sqrt{2} \cdot \frac{2\sqrt{2}}{2} + 2 \cdot GF = 0$$

$GF = 2000N$(압축)

풀이2)

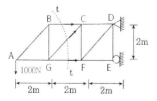

t-t 절단면에서 좌측에 대해 힘의 평형조건식을 적용하여 모멘트의 중심점을 C점으로 한다.

$$\sum M_C = -1000 \times 4 - GF \times 2 = 0 \text{이므로}$$

$GF = 2000N$(압축)

8 철근콘크리트구조에서 철근의 정착길이가 충분하지 않을 경우 표준갈고리로 하여 정착길이를 짧게 할 수 있다. D25 주철근을 90°표준갈고리로 하여 정착시킬 경우 갈고리 철근의 자유단 길이로 옳은 것은? (단, D25철근의 공칭 지름은 25mm로 한다.)

① 150mm

② 200mm

③ 250mm

④ 300mm

9 철근콘크리트 부재설계 시 강도감소계수에 대한 설명 중 옳지 않은 것은?

① 강도감소계수의 크기를 결정하는 기준은 부재의 파괴양상이다.

② 휨모멘트가 크게 작용하는 기둥의 경우, 변형률에 따라 강도감소계수 값을 보정한다.

③ 인장지배 단면 부재에 적용되는 강도감소계수가 압축지배 단면 부재에 적용되는 값보다 작다.

④ 보 휨설계 시 적용되는 강도감소계수는 0.85이다.

10 다음 그림과 같은 단면을 가지는 단순 지지보의 최대 인장 응력의 크기는?

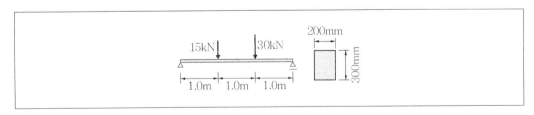

① 4.3N/mm^2

② 8.3N/mm^2

③ 12.3N/mm^2

④ 16.3N/mm^2

8 표준갈고리 정착길이 [※ 부록 참고 : 건축구조 6-16]

ⓐ 주철근 표준갈고리
- 90도 표준갈고리는 구부린 끝에서 철근직경의 12배 이상 더 연장
- 180도 표준갈고리는 구부린 반원 끝에서 철근직경의 4배 이상, 또는 60mm 이상 연장

ⓑ 스터럽과 띠철근의 표준갈고리(스터럽과 띠철근의 표준갈고리는 D25 이하의 철근에만 적용된다.)
- D16 이하인 경우 90도 표준갈고리는 구부린 반원 끝에서 철근직경의 6배 이상 연장
- D19~25인 경우 90도 표준갈고리는 구부린 반원 끝에서 철근직경의 12배 이상 연장
- D25 이하인 경우 135도 구부린 후 철근직경의 6배 이상 연장

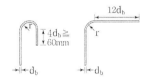

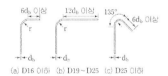

(a) D16 이하   (b) D19~D25   (c) D25 이하

9 인장지배 단면 부재에 적용되는 강도감소계수가 압축지배 단면 부재에 적용되는 값보다 크다.
[※ 부록 참고 : 건축구조 6-4]

10 $\sum M_A = 15 \cdot 1 + 30 \cdot 2 - R_B \cdot 3 = 0$ 이어야 하므로

$R_B = 25kN$, $R_A = 20kN$이 된다.

최대인장응력 $\sigma_{t.\max} = \dfrac{M}{I}y = \dfrac{R_B \cdot 1[m]}{\dfrac{b \cdot h^3}{12}} \cdot 150[mm] = \dfrac{25 \cdot 1000}{\dfrac{200 \cdot 300^3}{12}} \cdot 150 = 8.3[N/mm^2]$

전단력선도를 그리면 다음과 같이 되며 전단력선도에서 양단지점으로부터 특정지점까지의 면적은 그 지점의 휨모멘트가 되며 휨모멘트가 최대인 곳에서 전단력의 부호가 바뀌게 된다.

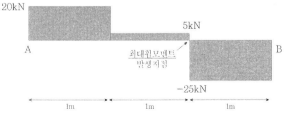

11 다음과 같이 C점이 힌지(hinge)로 연결된 보의 지지점 A의 수직 반력은? (단, B는 고정되었으며 A는 롤러(roller)지점으로 시공되어 있다.)

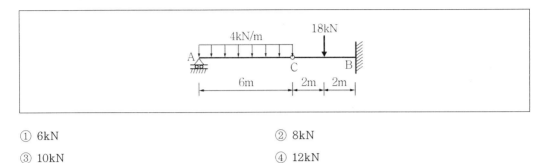

① 6kN

② 8kN

③ 10kN

④ 12kN

12 목공사에 사용되는 구조용 합판의 품질기준에 대한 설명으로 옳지 않은 것은?

① 접착성은 내수 인장 전단 접착력이 0.7N/mm^2 이상인 것이어야 한다.

② 함수율은 20% 이하인 것이어야 한다.

③ 못접합부의 전단내력은 못접합부의 최대 전단내력의 40%에 해당하는 값이 700N 이상인 것이어야 한다.

④ 못뽑기 강도는 못접합부의 최대 못뽑기 강도가 90N 이상인 것이어야 한다.

13 강구조에 사용되는 강재의 탄성영역에서 전단응력의 전단변형도에 대한 비례상수를 전단 탄성계수라 한다. 사용되는 강재의 탄성계수(E)가 2.0×10^{5}N/mm^{2}이며 포아송비(ν)가 0.25라 할 때 전단탄성계수(G) 값은 얼마인가?

① 80,000N/mm^2

② 120,000N/mm^2

③ 160,000N/mm^2

④ 200,000N/mm^2

14 조적구조의 설계에 대한 내용으로 옳지 않은 것은?

① 인방보는 조적조가 허용응력도를 초과하지 않도록 최소한 100mm의 지지길이는 확보되어야 한다.

② 전단벽이 다른 벽체와 직각으로 만나는 경우, 전단벽 양쪽에 형성되는 플랜지는 휨강성을 계산할 수 있으며 플랜지 유효폭은 교차되는 벽체두께의 6배를 초과할 수 없다.

③ 수직지점하중의 분산을 위한 별도의 구조부재가 설치되지 않는 경우 수직지점하중이 통줄눈과 같이 연속한 수직 모르타르 또는 신축줄눈을 가로질러 분산하지 않는 것으로 가정한다.

④ 기둥과 벽체의 유효높이는 부재상단에 횡지지되지 않은 부재의 경우 지지점부터 부재높이의 1배로 한다.

---

11 겔버보이므로 C점은 핀지점으로 간주할 수 있으며 AC부재는 단순보로 볼 수 있다. 단순보인 경우 등분포하중이 작용하는 구간의 양단에는 동일한 반력이 형성된다. 그러므로 A점의 연직반력은 (4×6)/2=12kN이 된다.

12 ㉠ 구조용합판의 함수율이 15%를 초과하고 25% 미만인 경우 기준허용응력은 보정계수를 사용하여 직선보간법으로 구한 값을 곱하여 보정해야 한다.
　　㉡ 구조용합판의 12개월간의 평균함수율이 25% 이상이면 보정계수를 곱하여 조정해야 한다.
　　※ 구조용 합판의 기준허용응력의 함수율 조건에 따른 보정계수

구분	휨, 인장, 전단	압축	탄성계수
보정계수	0.6	0.4	0.8

13 $G = \dfrac{E}{2(1+v)} = \dfrac{2.0 \times 10^5}{2(1+0.25)} = 80,000 N/mm^2$

14 기둥과 벽체의 유효높이는 부재상단에 횡지지되지 않은 부재의 경우 지지점부터 부재높이의 2배로 한다.

정답 및 해설 　11.④　12.②　13.①　14.④

15 다음 괄호에 들어갈 용어들이 순서에 맞게 이루어진 보기는?

> • (㉠)한계상태 : 구조체 전체 또는 부분이 붕괴되어 하중 지지능력을 잃은 상태. 예) (㉡)
>
> • (㉢)한계상태 : 구조체가 붕괴되지 않았으나 구조기능의 저하로 사용에 매우 부적합하게 되는 상태. 예) (㉣)

	㉠	㉡	㉢	㉣
①	극한	성수대교	사용	피사의 사탑
②	사용	성수대교	극한	피사의 사탑
③	극한	피사의 사탑	사용	성수대교
④	사용	피사의 사탑	극한	성수대교

16 다음 캔틸레버보의 지지점 A에 작용하는 모멘트 반력은?

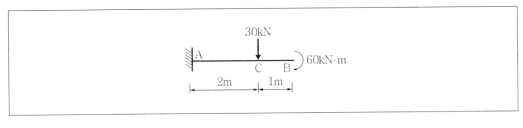

① 90kN · m

② 120kN · m

③ 150kN · m

④ 240kN · m

17 철골조에 철근콘크리트 슬래브를 타설할 경우, 철골보와 슬래브 간의 전단력을 적절하게 전달하게 하는 철물은?

① 턴 버클(turn buckle)

② 스티프너(stiffener)

③ 커버 플레이트(cover plate)

④ 시어 커넥터(shear connector)

18 철근콘크리트 1방향 슬래브 설계에 대한 설명 중 옳은 것은?

① 2방향 슬래브에 비해 선호되지 않는 시스템이다.

② 1방향 슬래브는 단변방향으로 90% 이상의 슬래브하중이 전달된다.

③ 전단보강을 위해 최소전단보강근을 배근한다.

④ 장변방향으로는 하중 전달이 미미하므로 철근을 배근할 필요가 없다.

15 ㉠ 극한한계상태 : 구조체 전체 또는 부분이 붕괴되어 하중 지지능력을 잃은 상태 예) 성수대교

  ㉡ 사용한계상태 : 구조체가 붕괴되지 않으나 구조기능의 저하로 사용에 매우 부적합하게 되는 상태 예) 피사의 사탑

16 $M_1 = 30 \times 2 + 60 = 120 kN \cdot m$

17 시어커넥터 … 합성부재의 두 가지 다른 재료 사이의 전단력을 전달하도록 강재에 용접되고 콘크리트 속에 매입된 스터드, ㄷ형강, 플레이트 또는 다른 형태의 강재

  ① 턴 버클 : 와이어로프 등 선재의 긴장용 조임구

  ② 스티프너 : 하중을 분배하거나, 전단력을 전달하거나, 좌굴을 방지하기 위해 부재에 부착하는 ㄱ형강이나 판재 같은 구조요소

  ③ 커버 플레이트 : 단면적, 단면계수, 단면2차모멘트를 증가시키기 위하여 부재의 플랜지에 용접이나 볼트로 연결된 플레이트

18 ① 1방향 슬래브는 2방향 슬래브에 비해 선호되는 시스템이다(하중이 단변방향으로 집중되므로 부재의 설계가 용이하게 된다).

  ③ 일정한 조건을 갖추게 될 경우 전단보강근을 반드시 배근하지는 않아도 된다.

  ④ 장변방향으로는 균열발생 방지를 위해 온도수축철근을 배근해야 하며 인장균열파괴를 방지하기 위한 최소한의 인장철근이 배근되어야 한다.

정답 및 해설 15.① 16.② 17.④ 18.②

19 조적공사에 사용되는 모르타르의 종류별 용적배합비(잔골재/결합재)로 옳은 것은?

① 치장줄눈용 모르타르 용적배합비 : 0.5~1.5

② 벽용 줄눈 모르타르 용적배합비 : 0.5~1.5

③ 벽용 붙임 모르타르 용적배합비 : 2.5~3.0

④ 바닥용 깔모르타르 용적배합비 : 2.5~3.0

20 건축물 및 공작물이 안전한 구조를 갖기 위해서는 설계단계에서 시공, 감리 및 유지·관리단계에 이르기까지 구조 안전의 확인이 매우 중요하다. 시공과정에서 구조안전을 확인하기 위하여 책임구조기술자가 수행하여야 할 업무가 아닌 것은?

① 구조물 규격에 관한 검토·확인

② 설계변경에 관한 사항의 구조검토·확인

③ 시공하자에 대한 구조내력검토 및 보강방안

④ 용도변경을 위한 구조검토

19 ② 벽용 줄눈 모르타르 용적배합비 : 2.5~3.0

③ 벽용 붙임 모르타르 용적배합비 : 1.5~2.5

④ 바닥용 깔 모르타르 용적배합비 : 3.0~6.0

[※ 부록 참고: 건축구조 3-1]

20 ㉠ 책임구조기술자 : 건축구조 분야에 대한 전문적인 지식, 풍부한 경험과 식견을 가진 전문가로서 건축물 및 공작물의 구조체에 대한 구조설계 및 구조검토, 구조감리, 안전진단 등 관련 업무를 책임지고 수행할 수 있는 능력을 가진 기술자

㉡ 시공 중 구조안전 확인 : 시공과정에서 구조안전을 확인하기 위하여 책임구조기술자가 수행해야 하는 업무의 종류는 다음과 같다.

• 구조물 규격에 관한 검토 · 확인

• 사용구조자재의 적합성 검토 · 확인

• 구조재료에 대한 시험성적표 검토

• 배근의 적정성 및 이음 · 정착 검토

• 설계변경에 관한 사항의 구조검토 · 확인

• 시공하자에 대한 구조내력검토 및 보강방안

• 기타 시공과정에서 구조체의 안전이나 품질에 영향을 줄 수 있는 사항에 대한 검토

정답 및 해설 19.① 20.④

1 기초의 설치 및 설계에 대한 유의사항으로 옳지 않은 것은?

① 다른 형태의 기초나 말뚝을 동일 건물에 혼용하여 부동침하의 위험성을 줄이도록 한다.
② 지하실은 가급적 건물 전체에 균등히 설치하여 부동침하를 줄이는 데 유의한다.
③ 땅속의 경사가 심한 굳은 지반에 올려놓은 기초나 말뚝은 슬라이딩의 위험성이 있다.
④ 지중보를 충분히 크게 하여 강성을 증가시켜 부동침하를 방지하도록 한다.

2 일반 철근콘크리트구조와 비교할 경우, 프리스트레스트 콘크리트 구조의 특징에 대한 설명으로 옳지 않은 것은?

① 균열의 억제에 유리하다.
② 처짐을 억제하여 장경간구조에 유리하다.
③ 고강도 재료의 사용에 따른 재료의 절감이 가능하다.
④ 고강도 강재의 사용으로 인해서 내화성능이 우수하다.

3 철근콘크리트 부재에서 인장이형철근의 정착길이(l_d)에 대한 설명으로 옳지 않은 것은? (단, 정착길이(l_d)는 300mm 이상이다)

① 콘크리트 설계기준압축강도가 증가할수록 정착길이는 짧아진다.
② 철근의 설계기준항복강도가 증가할수록 정착길이는 짧아진다.
③ 횡방향 철근간격이 작을수록 정착길이는 짧아진다.
④ 에폭시 도막철근이 도막되지 않은 철근보다 정착길이가 길다.

4 철근콘크리트 기둥에서 띠철근에 대한 설명으로 옳지 않은 것은?

① D32 이하의 축방향철근은 D10 이상의 띠철근으로, D35 이상의 축방향철근과 다발철근은 D13 이상의 띠철근으로 둘러싸야 한다.

② 띠철근 수직간격은 축방향철근 지름의 16배 이하, 띠철근 지름의 48배 이하, 또한 기둥단면의 최소치수 이하로 하여야 한다.

③ 축방향철근의 순간격이 100mm 이상 떨어진 경우 추가 띠철근을 배치하여 축방향철근을 횡지지하여야 한다.

④ 기초판 또는 슬래브의 윗면에 연결되는 기둥의 첫 번째 띠철근 간격은 다른 띠철근 간격의 1/2 이하로 하여야 한다.

---

1 다른 형태의 기초나 말뚝을 동일 건물에 혼용하는 것은 부동침하의 위험성을 증가시킨다.

2 프리스트레스 콘크리트 구조는 내화성이 좋지 않다.

3 인장이형철근의 기본정착길이(약산식) ··· $l_{db} = \dfrac{0.6\ d_b\ f_y}{\sqrt{f_{ck}}}$

철근의 설계기준항복강도가 증가할수록 정착길이는 길어진다.

4 축방향철근의 순간격이 150mm 이상 떨어진 경우 추가 띠철근을 배치하여 축방향철근을 횡지지하여야 한다.

정답 및 해설 1.① 2.④ 3.② 4.③

5 등가정적해석법에 의한 지진하중 산정 시 고려하지 않아도 되는 것은?

① 가스트영향계수(G_f)

② 반응수정계수(R)

③ 중요도계수(I_E)

④ 건물의 중량(W)

6 국가건설기준코드에 제시된 목구조 용어에 대한 설명으로 옳은 것은? (※ 기출 변형)

① 제재치수 : 목재를 제재한 후 건조 및 대패가공하여 최종제품으로 생산된 치수

② 단판적층재 : 단판의 섬유방향이 서로 평행하게 배열되어 접착된 구조용목질재료

③ 습윤사용조건 : 목구조물의 사용 중에 평형함수율이 15%를 초과하게 되는 온도 및 습도 조건

④ 공칭치수 : 목재의 치수를 실제치수보다 큰 10의 배수로 올려서 부르기 편하게 사용하는 치수

7 다음 정정 트러스 구조에서 부재력이 0인 부재는? (단, 모든 부재의 자중은 무시한다)

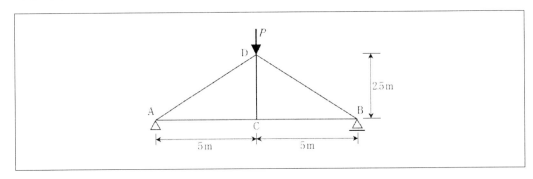

① CD 부재

② AC 부재

③ AD 부재

④ 부재력이 0인 부재는 없다.

8 스팬의 중앙에 집중하중을 받는 강재 보의 탄성 처짐에 영향을 주는 요인이 아닌 것은?

① 재료의 인장강도

② 재료의 탄성계수

③ 부재의 단면형상

④ 부재의 단부 지점조건

---

5 등가정적해석법

㉠ 밑면전단력 R밑면은 지반운동이 구조물에 전달되는 위치로서 구조물이 지면과 직접 접하는 지반표면의 부위를 말한다. 밑면전단력은 구조물의 밑면에 작용하는 설계용 전체전단력을 의미한다.

㉡ 밑면전단력 산정의 기본식

- 밑면전단력(V) : $RV = C_s \cdot W$의 식으로 산정되며 구조물이 설계지반운동에 대해 저항을 해야 하는 최소한의 수평력이다.

- 지진응답계수(C_s) : R반응수정계수와 건축물의 중요도계수를 사용하여 탄성스펙트럼을 비탄성설계스펙트럼으로 환산한 수치이다.

$$C_s = \frac{S_{D1}}{(\frac{R}{I_E})T} \geq 0.01$$

- S_{D1} : 주기 1초에서의 설계스펙트럼가속도
- S_{DS} : 단주기 설계스펙트럼가속도
- T : 건축물의 고유주기
- I_E : 건축물의 중요도계수
- R : 반응수정계수

※ 참고 : 가스트영향계수는 풍하중에서 고려하는 개념이다.

6 ① 제재치수 : 목재를 제재한 후의 치수를 말한다(목재를 제재한 후 건조 및 대패가공하여 최종제품으로 생산된 치수는 마무리치수이다).

③ 습윤사용조건 : 목구조물의 사용 중에 평형함수율이 18%를 초과하게 되는 온도 및 습도 조건

④ 공칭치수 : 목재의 치수를 실제치수보다 큰 25의 배수로 올려서 부르기 편하게 사용하는 치수

7 제시된 트러스의 0부재는 CD부재 단 하나이다. [※ 부록 참고 : 건축구조 2-3]

8 재료의 인장강도 자체는 하중에 의한 보의 처짐에 직접적인 영향을 주지 않는다.

정답 및 해설 5.① 6.② 7.① 8.①

9 철근콘크리트구조 벽체의 수평철근에 설계기준항복강도 400MPa인 D16 이형철근을 사용할 경우, 벽체의 전체 단면적에 대한 최소 수평철근비는?

① 0.0012
② 0.0015
③ 0.0020
④ 0.0025

10 보강조적조의 구조세칙에 대한 설명으로 옳지 않은 것은?

① 보강조적조에서 휨철근의 정착길이는 묻힘길이와 정착 또는 인장만 받는 경우는 갈고리의 조합으로 확보할 수 있다.

② 기둥의 길이방향철근은 테두리에 띠철근으로 둘러싸야 하며, 길이방향철근은 135° 이하로 굽어진 폐쇄형띠철근으로 고정되어야 한다.

③ 기둥에 설치되는 앵커볼트 보강용 띠철근은 기둥 상부로부터 50mm 이내에 최상단 띠철근을 설치하며, 기둥 상부로부터 130mm 이내에 단면적은 $260mm^2$ 이상으로 배근하여야 한다.

④ 보강조적벽의 휨응력 산정을 위한 압축면적의 유효폭은 공칭벽 두께나 철근 간 중심거리의 8배를 초과하지 않는다.

11 고장력볼트 마찰접합의 특징으로 옳지 않은 것은? (※ 기출 변형)

① 설계하중 상태에서 접합부재의 미끄러짐이 생기지 않는다.
② 유효단면적당 응력이 크며, 피로강도가 낮다.
③ 높은 접합강성을 유지하는 접합방법이다.
④ 응력방향이 바뀌더라도 혼란이 일어나지 않는다.

12 말뚝기초에 대한 설명으로 옳지 않은 것은?

① 말뚝기초 설계 시 하중의 편심을 고려하여 가급적 3개 이상의 말뚝을 박는다.

② 말뚝기초 설계 시 발전기 등에 의한 진동의 영향으로 지반 액상화의 우려가 없는지 조사한다.

③ 말뚝기초의 허용지지력 산정 시 말뚝과 기초판저면에 대한 지반의 지지력을 함께 고려하여야 한다.

④ 기성콘크리트말뚝을 타설할 때 그 중심간격은 말뚝머리지름의 2.5배 이상 또한 750mm 이상 으로 한다.

---

9 철근콘크리트구조 벽체의 철근비

이형철근	최소수직철근비	최소수평철근비
$f_y \geq 400$Mpa이고 D16 이하	0.0012	0.0020
기타 이형철근	0.0015	0.0025

10 보강조적벽의 휨응력 산정을 위한 압축면적의 유효폭은 공칭벽 두께나 철근 간 중심거리의 6배를 초과하지 않는다.

11 고장력볼트 마찰접합은 피로강도가 높다.

12 말뚝기초의 허용지지력은 말뚝의 지지력 즉, 말뚝선단 지반의 지지력과 주변 지반 마찰력의 합으로 산정하는 것이 일반적이다.

정답 및 해설 9.③ 10.④ 11.② 12.③

13 목구조의 구조계획에 대한 설명으로 옳지 않은 것은?

① 가새는 골조의 스팬방향과 도리방향에 균형을 이루도록 배치한다.

② 가새는 그 단부를 구조내력상 중요한 세로재와 접합한다.

③ 주각을 직접 기초 위에 설치하는 경우에는 철물로 긴결한다.

④ 단일기둥은 원칙적으로 이음을 피한다.

14 휨과 축력을 받는 철근콘크리트 보의 설계 일반에 대한 설명으로 옳지 않은 것은?

① 철근과 콘크리트의 변형률은 중립축으로부터 거리에 비례하는 것으로 가정할 수 있다.

② 인장철근이 설계기준항복강도에 대응하는 변형률에 도달하고 동시에 압축 콘크리트가 가정된 극한변형률인 0.003에 도달할 때, 그 단면이 균형변형률 상태에 있다고 본다.

③ 압축연단 콘크리트가 가정된 극한변형률인 0.003에 도달할 때, 최외단 인장철근의 순인장변형률이 압축지배변형률 한계 이하인 단면을 인장지배단면이라고 한다.

④ 휨부재의 강도를 증가시키기 위하여 추가 인장철근과 이에 대응하는 압축철근을 사용할 수 있다.

15 구조용강재의 명칭과 강종의 연결이 바르지 않은 것은? (※ 기출 변형)

① 건축구조용 압연강재 − SN275A

② 용접구조용 내후성 열간압연강재 − SMA275AW

③ 용접구조용 압연강재 − SM420A

④ 건축구조용 열간압연 H형강 − SS275

13 가새는 그 단부를 구조내력상 중요한 가로재와 접합한다.

14 압축연단 콘크리트가 가정된 극한변형률인 0.003에 도달할 때, 최외단 인장철근의 순인장변형률이 압축지배변형률 한계 이하인 단면을 압축지배단면이라고 한다. [※ 부록 참고 : 건축구조 6-8]

15 SS275는 항복강도 275MPa인 일반구조용 압연강재를 의미한다(국가건설기준코드 개정 이전에는 뒤의 숫자는 극한강도를 의미하였으나 안전성 확보를 위해 뒤의 숫자를 항복강도로 표기하도록 개정하였다).

	이전	개정
일반구조용 압연강재	SS400	SS275
용접구조용 압연강재	SM400A, B, C SM490A, B, C, TMC SM520B, C, TMC SM570, TMC	SM275A, B, C, D, -TMC SM355A, B, C, D, -TMC SM420A, B, C, D, -TMC SM460B, C, -TMC
용접구조용 내후성 열간압연강재	SMA400AW, BW, CW SMA400AP, BP, CP SMA490AW, BW, CW SMA490AP, BP, CP	SMA275AW, AP, BW, BP, CW, CP SMA355AW, AP, BW, BP, CW, CP
건축구조용 압연강재	SN400A, B, C SN490B, C	SN275A, B, C SN355B, C
건축구조용 열간압연 H형강	SHN400, SHN490	SHN275, SHN355
건축구조용 고성능 압연강재	HSA800	HSA650

Tip. 강재의 기호 표시에서 강종의 뒤에 붙는 수치는 강재의 판두께에 따라 다소 차이를 두고 있다.
[※ 부록 참고 : 건축구조 7-4]

정답 및 해설 13.② 14.③ 15.④

16 강재단면의 분류에서 비콤팩트단면에 대한 설명으로 옳은 것은?

① 완전소성 응력분포가 발생할 수 있고, 국부좌굴이 발생하기 전에 충분한 곡률연성비를 발휘할 수 있는 단면

② 국부좌굴이 발생하기 전에 압축요소에 항복응력이 발생할 수 있으나 회전능력이 3을 갖지 못하는 단면

③ 탄성범위 내에서 국부좌굴이 발생할 수 있는 단면

④ 단면을 구성하는 요소 중 하나 이상의 압축판요소가 세장판 요소인 경우

17 단면의 크기가 10cm×10cm이고 길이가 2m인 기둥에 80kN의 압축력을 가했더니 길이가 2mm 줄어들었다. 이 부재에 사용된 재료의 탄성계수는?

① $8.0 \times 10^{2}\mathrm{MPa}$

② $8.0 \times 10^{3}\mathrm{MPa}$

③ $8.0 \times 10^{4}\mathrm{MPa}$

④ $8.0 \times 10^{5}\mathrm{MPa}$

18 보강조적조의 강도설계법에서 내진설계를 위한 부재의 치수제한으로 옳은 것은?

① 보의 폭은 100mm보다 작아서는 안 된다.

② 피어의 폭은 100mm 이상이어야 한다.

③ 기둥의 폭은 300mm보다 작을 수 없다.

④ 기둥의 공칭길이는 200mm보다 작을 수 없으며, 기둥 폭의 4배를 넘을 수 없다.

16 ⊙ **콤팩트단면** : 완전소성 응력분포가 발생할 수 있고, 국부좌굴이 발생하기 전에 충분한 곡률연성비를 발휘할
수 있는 단면

ⓒ **비콤팩트단면** : 국부좌굴이 발생하기 전에 압축요소에 항복응력이 발생할 수 있으나 회전능력이 3을 갖지 못
하는 단면

ⓒ **세장판단면** : 단면을 구성하는 요소 중 하나 이상의 압축판요소가 세장판 요소인 경우

17 $\triangle = \dfrac{PL}{AE} = \dfrac{80kN \cdot 2000}{(100)(100) \cdot E} = 2$이므로 $E = 8.0 \times 10^3 MPa$

18 ① 보의 폭은 150mm보다 작아서는 안 된다.

② 피어의 유효폭은 150mm 이상이어야 하며, 400mm를 넘을 수는 없다.

④ 기둥의 공칭길이는 300mm보다 작을 수 없으며, 기둥의 폭의 3배를 넘을 수 없다.

정답 및 해설 16.② 17.② 18.③

19 모살용접에서 얇은 쪽 모재두께(t)와 용접 최소사이즈($s_{\min}$)의 관계로 옳지 않은 것은? (단, 단위는 mm이다)

① t ≤ 6 일 때, $s_{\min} = 3$

② 6 < t ≤ 13 일 때, $s_{\min} = 5$

③ 13 < t ≤ 19 일 때, $s_{\min} = 6$

④ 19 < t 일 때, $s_{\min} = 7$

20 콘크리트용 앵커의 인장하중에 의한 파괴유형이 아닌 것은?

① 뽑힘 파괴

② 콘크리트 파괴

③ 프라이아웃 파괴

④ 측면파열파괴

19 모살용접의 사이즈는 원칙적으로 접합되는 모재의 얇은 쪽 판두께 이하로 한다.

접합부의 얇은 쪽 판 두께, t(mm)	최소 사이즈(mm)
$t \leq 6$	3
$6 < t \leq 13$	5
$13 < t \leq 19$	6
$19 < t$	8

20 콘크리트용 앵커의 파괴 유형
- ㉠ 인장하중에 의한 파괴 유형 : 앵커파괴(Steel-failure), 뽑힘파괴(Pull-out), 콘크리트파괴(Break out), 콘크리트쪼갬파괴(Splitting), 측면파열파괴(Side-face blowout)
- ㉡ 전단하중에 의한 파괴 유형 : 앵커파괴(Steel-failure), 플라이아웃(Fly-out)파괴, 콘크리트파괴(Break out)

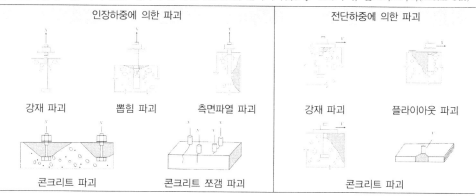

인장하중에 의한 파괴	전단하중에 의한 파괴
강재 파괴　뽑힘 파괴　측면파열 파괴	강재 파괴　플라이아웃 파괴
콘크리트 파괴　콘크리트 쪼갬 파괴	콘크리트 파괴

1 양단 단순지지보에 등분포하중이 작용하여 처짐이 발생하였다. 보 길이가 L에서 2L로 2배 증가하였을 경우, 동일한 처짐량을 갖도록 하려면 등분포하중은 몇 배가 되어야 하는가?

① 1/2배

② 1/4배

③ 1/8배

④ 1/16배

2 다음 중 보나 지판이 없이 슬래브와 기둥으로만 구성된 가장 간단한 형식의 철근콘크리트 슬래브 방식은?

① 플랫 슬래브

② 플랫플레이트 슬래브

③ 조이스트 슬래브

④ 워플 슬래브

3 그림과 같이 기둥의 실제 길이(L)와 단면이 동일하고 단부조건이 서로 다른 (A) : (B) : (C)에 대한 이론적인 탄성좌굴하중(P_{cr}) 비율은?

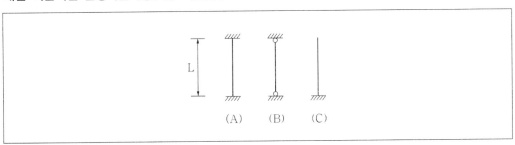

① 3 : 2 : 1

② 4 : 2 : 1

③ 9 : 4 : 1

④ 16 : 4 : 1

1 길이가 L에서 2L로 2배 증가하였을 경우, 동일한 처짐량을 갖도록 하려면 등분포하중은 1/16배가 되어야 한다.

2 ② 플랫플레이트 슬래브 : 보나 지판이 없이 슬래브와 기둥으로만 구성된 가장 간단한 형식의 철근콘크리트 슬래브 방식

① 플랫 슬래브 : 슬래브 외부 보를 제외하고는 내부는 보 없이 바닥판으로 구성하여 하중을 직접 기둥에 전달하는 구조이다. 일반적으로 슬래브 밑에 기둥이 바로 지지되어 있는 형식이 Flat Plate Slab이며 여기에 지판(drop panel)이나 주두(column capital) 둘 중의 하나 이상 보강이 되면 Flat Slab 구조가 된다.

③ 조이스트 슬래브 : 장선 슬래브라고도 하며, 스팬이 큰 건물이나 교량 등에 사용되는 작은 보를 나란히 배치한 슬래브이다.

④ 워플 슬래브 : 격자 모양으로 비교적 작은 리브가 붙은 철근콘크리트 슬래브이며 리브는 작은 보로서 작용한다.

3 좌굴하중의 기본식(오일러의 장주공식)

$$P_{cr} = \frac{\pi^2 EI}{(kl)^2} = \frac{n\pi^2 EI}{l^2}$$

EI : 기둥의 휨강성

l : 기둥의 길이

k : 기둥의 유효길이 계수

kl : (l_k로도 표시함) 기둥의 유효길이 (장주의 처짐곡선에서 변곡점과 변곡점 사이의 거리)

n : 좌굴계수(강도계수, 구속계수)

단부구속조건	양단고정	1단힌지 타단고정	양단힌지	1단회전구속 이동자유 타단고정	1단회전자유 이동자유 타단고정	1단회전구속 이동자유 타단힌지
좌굴형태						
이론적인 K값	0.50	0.70	1.0	1.0	2.0	2.0

$P_{cr} = \dfrac{\pi^2 EI}{(KL)^2}$ 이므로 (A)는 $\dfrac{\pi^2 EI}{(0.5L)^2}$, (B)는 $\dfrac{\pi^2 EI}{(1.0L)^2}$, (C)는 $\dfrac{\pi^2 EI}{(2.0L)^2}$.

이들의 값을 비교하면 (A) : (B) : (C)는 16 : 4 : 1이 된다.

정답 및 해설 1.④ 2.② 3.④

4 휨모멘트(M)와 축하중(P)을 동시에 받는 기둥에서 왼쪽 그림과 같은 단면의 변형도 상태는 오른쪽 P-M 상관곡선 상의 어느 부분에 해당하는가? (단, ε_c는 콘크리트 압축변형도, ε_s 및 ε_y는 각각 철근의 인장변형도와 철근의 항복변형도를 나타낸다.)

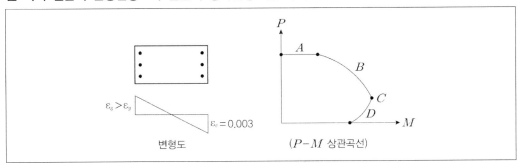

① A 구간
② B 구간
③ C 점
④ D 구간

5 국가건설기준코드에 제시된 내진설계기준에 따를 때, 다음 중 동일구역 내에서 내진설계 시 중요도계수가 가장 높은 건물은? (※ 기출 변형)

① 3층의 종합병원
② 5층의 학교
③ 연면적 $10,000\text{m}^2$의 백화점
④ 12층의 아파트

6 밀폐형 건축물의 주골조설계용 풍하중 산정에 대한 설명 중 옳지 않은 것은?

① 풍하중은 설계풍압에 유효수압면적을 곱하여 산정한다.
② 임의높이에서의 설계속도압은 그 높이에서의 설계풍속의 제곱에 비례한다.
③ 설계풍속은 기본풍속에 풍속고도분포계수, 지형계수, 중요도계수 및 가스트영향계수를 곱하여 산정한다.
④ 풍상벽의 외압계수는 건물의 폭과 깊이에 관계없이 일정하다.

4 제시된 좌측의 변형도는 P–M 상관선도의 D구간에 해당된다. [※ 부록 참고 : 건축구조 6-20]
- D구간 : 인장파괴. 균형파괴를 유발하는 하중작용점을 지나 계속 편심을 증가시키면 인장측 철근은 항복변형률보다 큰 극한변형률에 도달하여 인장측 철근이 파괴되는 형태를 보이는 구간이다. 기둥에 인장이 지배하는 구역이다.

5 건축물의 중요도는 용도 및 규모에 따라 '중요도(특), 중요도(1), 중요도(2) 및 중요도(3)'으로 분류한다. 종합병원의 경우 중요도(특)에 해당하며, 학교(②), 연면적 $5,000m^2$ 이상인 판매시설(③), 5층 이상인 아파트(④)는 모두 중요도(1)에 해당한다. [※ 부록 참고 : 건축구조 8-5]

6 ③ 설계풍속 산정 시 가스트영향계수는 곱하지 않는다.
- ※ 설계풍속과 설계속도압
  - ⊙ 설계풍속은 "설계풍속 = 기본풍속 × 풍속의 고도분포계수 × 지형에 의한 풍속할증계수 × 건축물의 중요도계수 (중요도계수는 35층 이상, 100m 이상인 건축물의 경우 1.1 이상이다)"의 식으로 산정한다.
  - ⓛ 설계속도압은 건축물에 작용하는 풍압력 산정의 기본이 되는 양으로서 바람이 지난 단위체적당 운동에너지를 의미한다. [설계속도압 = 1/2 × 공기밀도 × (설계풍속)^2]
  - ⓒ 설계속도압과 설계풍속 공식

  설계속도압 : $q_H = \frac{1}{2}\rho V_H^2$, $q_z = \frac{1}{2}\rho V_z^2$

  설계풍속 : $V_H = V_o \cdot K_{zr} \cdot K_{zt} \cdot I_w (m/s)$, $V_z = V_o \cdot K_{zr} \cdot K_{zt} \cdot I_w (m/s)$

  q_H : 지붕면 평균높이 H에 대한 설계속도압

  q_z : 임의높이 z에 대한 설계속도압

  V_H : 설계지역의 지표면으로부터 지붕면 평균높이 H에 대한 설계풍속(m/s)

  V_z : 설계지역의 지표면으로부터 임의높이 z에 대한 설계풍속(m/s)

  V_o : 기본풍속이다. 설계풍속을 구하고자 할 때 기본이 되는 지역별 풍속으로서 지표면의 상태가 지표면조도 C이고 평탄한 지형의 지상높이 10m에서 10분간 평균풍속의 재현기간 100년에 해당되는 풍속이다.

  K_{zr} : 풍속고도분포계수이다. 건축물이 바람에 노출되는 정도를 나타내는 노풍도에 따라 A, B, C, D의 4가지로 구분한다.

분포계수	주변의 환경
A	대도시 중심부에서 10층 이상의 대규모 고층건축물이 밀집해 있는 지역
B	높이 3.5m 정도의 주택과 같은 건축물이 밀집해 있는 지역이거나 중층건물이 산재해 있는 지역
C	높이 1.5~10m 정도의 장애물 또는 저층건축물이 산재해 있는 지역
D	장애물이 거의 없고, 주변 장애물의 평균높이가 1.5m 이하인 지역이나 해안, 초원, 비행장

  K_{zt} : 지형계수이다. 산, 언덕 또는 경사지 등 지형의 영향을 받은 풍속과 평탄지에서 풍속의 비율이다. 산, 언덕 및 경사지의 정상에서는 평탄지에 비해 풍속이 1.5~2.0배 정도 증가하는 것으로 알려져 있다.

  I_w : 건축물의 중요도계수이며 다음의 표와 같이 분류된다.

중요도(특)	중요도(1)	중요도(2)	중요도(3)
1.00	1.00	0.95	0.90

35층 이상, 100m 이상인 건축물 또는 세장비가 5 이상인 건축물의 중요도계수는 1.1 이상으로 한다.

정답 및 해설 4.④ 5.① 6.③

7 그림과 같은 트러스에서 부재력이 0인 부재의 개수로 옳은 것은?

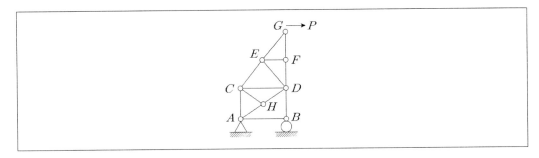

① 1개　　　　　　　　　　　　② 2개

③ 3개　　　　　　　　　　　　④ 4개

8 다음 중 구조물의 기초에 대한 설명으로 가장 옳은 것은?

① 온통기초가 그 강성이 약할 때에는 복합기초와 동일하게 취급하여 접지압을 산정할 수 있다.

② 직접기초의 저면은 온도변화와 무관하게 일정한 깊이를 확보하면 된다.

③ 동일 구조물에서는 지지말뚝과 마찰말뚝을 혼용하는 것을 피한다.

④ 지반이 매우 약하면 하중–침하 특성이 크게 다른 타입말뚝과 매입말뚝을 혼용하는 것을 권장한다.

9 휨모멘트를 받는 철근콘크리트 보의 인장철근비를 최대 철근비 이상으로 배근할 경우 발생할 수 있는 파괴양상으로 옳은 것은?

① 인장철근이 압축측 콘크리트보다 먼저 항복하여 연성파괴가 발생한다.

② 인장철근이 압축측 콘크리트보다 먼저 항복하여 취성파괴가 발생한다.

③ 압축측 콘크리트가 인장철근보다 먼저 파괴에 이르러 취성 파괴가 발생한다.

④ 압축측 콘크리트가 인장철근보다 먼저 파괴에 이르러 연성 파괴가 발생한다.

10 적설하중 산정에 대한 다음의 설명 중 옳지 않은 것은?

① 주변에 바람막이가 없이 거센 바람이 부는 지역은 그렇지 않은 지역에 비해 적설하중이 상대적으로 크다.

② 지상적설하중의 기본값은 수직 최심적설깊이를 기준으로 한다.

③ 지붕경사도가 70°를 초과하는 경우에는 적설하중이 작용하지 않는 것으로 한다.

④ 건물이 난방구조물인지 여부는 적설하중 산정에 영향을 미친다.

---

7 제시된 부재 중 0부재는 EF, ED, CH, AB이다. [※ 부록 참고 : 건축구조 2-3]

8 ① 온통기초는 그 강성이 충분할 때 복합기초와 동일하게 취급할 수 있고 접지압은 복합기초와 같이 산정할 수 있다.
  ② 직접기초의 저면은 온도변화에 의하여 기초지반의 체적변화를 일으키지 않고 또한 우수 등으로 인하여 세굴되지 않는 깊이에 두어야 한다.
  ④ 지반이 매우 약하면 하중-침하 특성이 크게 다른 타입말뚝과 매입말뚝을 혼용하는 것을 피해야 한다.

9 휨모멘트를 받는 철근콘크리트 보의 인장철근비를 최대 철근비 이상으로 배근할 경우 발생할 수 있는 파괴양상은 취성파괴이다.

10 주변에 바람막이가 없이 거센 바람이 부는 지역은 그렇지 않은 지역에 비해 바람에 의해 눈이 흩어지기 더 쉬우므로 적설하중이 상대적으로 작다.

정답 및 해설   7.④ 8.③ 9.③ 10.①

11 그림과 같이 등변분포하중을 받는 캔틸레버보의 고정단에 작용하는 휨모멘트 반력 M_A와 M_B의 비율로 옳은 것은?

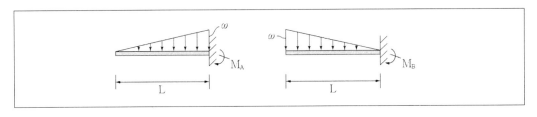

① $1 : \sqrt{2}$

② $1 : 2$

③ $\sqrt{2} : \sqrt{3}$

④ $2 : 3$

12 다음 그림과 같이 집중하중을 받는 내민보에서 정모멘트와 부모멘트의 최댓값을 서로 같게 하기 위한 내민 길이 x의 값은?

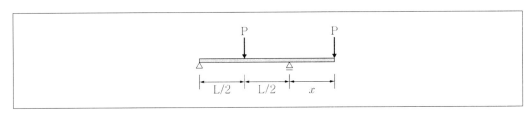

① $L/2$

② $L/3$

③ $L/4$

④ $L/6$

13 경험적 설계법에 의해 조적구조물을 설계하고자 할 때, 다음 규정 중 가장 옳지 않은 것은?

① 파라펫벽의 두께는 하부 벽체보다 얇지 않아야 한다.

② 파라펫벽의 높이는 두께의 3배 이상이어야 한다.

③ 2층 이상의 건물에서 조적내력벽의 공칭두께는 200mm 이상이어야 한다.

④ 건축구조기준의 최소두께규정으로 인하여 층간에 두께 변화가 발생한 경우에는 더 큰 두께값을 상층에도 적용하여야 한다.

14 국가건설기준코드에 제시된 강재 인장재의 설계인장강도를 결정하는 데 적용하는 한계상태로 옳지 않은 것은? (※ 기출 변형)

① 총단면의 항복한계상태
② 유효순단면의 항복한계상태
③ 유효순단면의 파단한계상태
④ 블록전단파단

---

11 다음과 같이 집중하중이 작용하는 상태로 치환할 수 있다.

M_A의 경우 집중하중은 고정단지점으로부터 $\frac{1}{3}L$에 작용한다고 볼 수 있으며, M_B의 경우 집중하중은 고정단 지점으로부터 $\frac{2}{3}L$에 작용한다고 볼 수 있다.

이 때 작용하는 집중하중은 서로 동일하므로 $M_A : M_B = 1 : 2$가 된다.

12 각각의 하중이 작용할 경우 발생하는 휨모멘트선도를 그린 후 이를 중첩하면 $x = L/6$일 경우 최대정모멘트와 최대부모멘트값이 서로 같게 된다.

최대 정모멘트는 단순구간의 중앙점이므로 중첩에 의해 $\frac{PL}{4} - \frac{P}{2}x$가 된다.

이 둘의 크기가 같다고 두고 접근하면 $\frac{PL}{4} - \frac{P}{2}x = Px$가 되므로 $x = L/6$이 된다.

13 파라펫벽의 두께는 200mm 이상이어야 하며, 높이는 두께의 3배를 넘을 수 없다. 파라펫벽은 하부 벽체보다 얇지 않아야 한다.

14 강재 인장재의 설계인장강도는 다음 값 중 최솟값을 기준으로 한다.
ㄱ 총단면의 항복한계상태
ㄴ 유효순단면의 파단한계상태
ㄷ 블록전단파단상태

정답 및 해설 11.② 12.④ 13.② 14.②

15 그림과 같이 단면의 형상과 스팬 길이가 서로 다른 두 캔틸레버보가 단부에 동일한 집중하중을 받을 때 (A)와 (B)의 단부 처짐 비율로 옳은 것은? (단, 재료는 동일하다.)

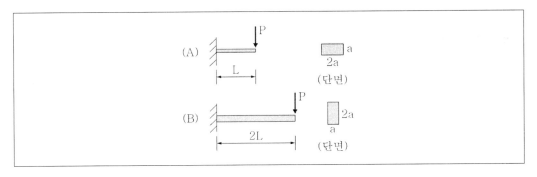

① 1 : 1　　　　　　　　　　　　　② 1 : 2

③ 1 : 4　　　　　　　　　　　　　④ 2 : 1

16 확대머리 이형철근에 대한 설명으로서 옳지 않은 것은?

① 철근의 항복강도 600MPa 이하에만 사용할 수 있다.

② 콘크리트 강도 40MPa 이하에만 사용할 수 있다.

③ 철근지름 35mm 이하에만 사용할 수 있다.

④ 순피복두께는 철근직경의 2배 이상이고 철근 순간격은 철근직경의 4배 이상이어야 한다.

17 폭이 b이고 깊이가 h인 사각형 단면의 탄성단면계수에 대한 소성단면계수의 비로 옳은 것은?

① 1/2

② 2/3

③ 4/3

④ 3/2

18 철근콘크리트 휨재 또는 압축재의 강도감소계수에 대한 설명으로 옳지 않은 것은?

① 압축연단 콘크리트가 가정된 극한변형률인 0.003에 도달할 때 최외단 인장철근의 순인장변형률이 압축지배 변형률 한계 이하인 단면을 압축지배 단면이라고 한다.

② 극한상태에서 휨해석에 의해 계산된 단면의 최외단 인장 철근변형률이 0.005 이상일 경우 그 단면을 인장지배 단면이라고 한다.

③ 압축지배 단면으로 정의되는 경우 강도감소계수는 띠철근인 경우 0.75를 사용한다.

④ 인장철근의 순인장변형률이 인장지배 한계 이상일 경우 그 단면은 연성적으로 거동하는 것으로 볼 수 있으며 강도 감소계수는 0.85를 사용한다.

15 처짐은 휨강성EI에 반비례하고 길이의 세제곱에 비례한다. 즉, 동일하중이 작용 시 길이가 n배가 되면 처짐은 n^3 이 된다.

직사각형단면의 단면2차 모멘트 $I = \dfrac{bh^3}{12}$ (도심축 기준)

B의 처짐은 A의 처짐의 2배가 된다.

16 확대머리 이형철근을 이용한 정착설계는 현재 400MPa까지의 설계기준항복강도를 가지는 이형철근에만 적용이 가능하다. [※ 부록 참고 : 건축구조 6-17]

17 단면계수(Z) : 도심축에 대한 단면2차 모멘트를 도심에서 단면의 상단 또는 하단까지의 거리로 나눈 값이다.

폭이 b이고 깊이가 h인 사각형 단면의 탄성단면계수는 $\dfrac{bh^2}{6}$ 이며 소성단면계수는 $\dfrac{bh^2}{4}$ 이다.

18 압축지배 단면으로 정의되는 경우 강도감소계수는 띠철근인 경우 0.65를 사용한다.
[※ 부록 참고 : 건축구조 6-4]

정답 및 해설 15.② 16.① 17.④ 18.③

19 구조물의 고유주기는 진동 등 구조물의 동적응답에 매우 중요한 역할을 한다. 고유주기는 질량과 강성의 함수이다. 다음 중 고유주기가 가장 길 것으로 예상되는 구조시스템은?

① 질량 m, 강성 k인 경우
② 질량 2m, 강성 k인 경우
③ 질량 m, 강성 2k인 경우
④ 질량 2m, 강성 2k인 경우

20 플레이트 거더(plate girder)의 스티프너에 대한 설명 중 가장 옳지 않은 것은?

① 중간스티프너는 웨브의 좌굴을 방지하기 위해 보의 재축방향 중간 부분에 수평으로 설치한다.
② 수평스티프너는 웨브의 압축좌굴 내력을 증가시키기 위해 보의 압축측 웨브에 재축방향으로 수평으로 설치한다.
③ 하중점스티프너는 집중하중이 작용하는 곳의 웨브 양쪽에 수직으로 설치한다.
④ 플레이트 거더의 전단강도는 웨브의 판폭두께비 및 중간 스티프너의 간격에 의해 좌우된다.

19 $T = 2\pi \sqrt{\dfrac{m}{k}}$ 이므로 강성이 적고 질량이 클수록 고유주기가 길어진다.

20 중간스티프너는 웨브의 좌굴을 방지하기 위해 보의 재축방향 중간 부분에 재축방향에 대하여 수직방향으로 설치한다.

정답 및 해설 19.② 20.①

1 직접기초의 접지압에 대한 설명으로 옳지 않은 것은?

① 독립기초의 기초판 저면의 도심에 수직하중의 합력이 작용할 때에는 접지압이 균등하게 분포된 것으로 가정하여 산정할 수 있다.

② 복합기초의 접지압은 직선분포로 가정하고 하중의 편심을 고려하여 산정할 수 있다.

③ 연속기초의 접지압은 각 기둥의 지배면적 범위 안에서 균등하게 분포되는 것으로 가정하여 산정할 수 있다.

④ 온통기초는 그 강성이 충분할 때 독립기초와 동일하게 취급할 수 있다.

2 목구조의 방부공법 설계에서 주의할 내용으로 옳지 않은 것은?

① 비(雨)처리가 불량한 설계를 피한다.

② 외벽에는 포수성 재료를 사용한다.

③ 지붕모양을 복잡하게 하지 않는다.

④ 지붕처마와 채양은 채광 및 구조상 지장이 없는 한 길게 한다.

3 인장을 받는 철근의 정착길이 산정에 대한 설명으로 옳지 않은 것은?

① 정착길이는 철근의 설계기준항복강도(f_y)에 비례한다.

② 정착길이 산정 시 사용되는 $\sqrt{f_{ck}}$ 값은 70MPa를 초과할 수 없다. (f_{ck} : 콘크리트의 설계기준압축강도)

③ 정착길이는 철근의 지름에 비례한다.

④ 인장이형철근의 정착길이 l_d는 항상 300mm 이상이어야 한다.

4 조적식 구조 용어의 정의로 옳지 않은 것은?

① 대린벽은 두께방향으로 단위 조적개체로 구성된 벽체이다.

② 세로줄눈은 수직으로 평면을 교차하는 모르타르 접합부이다.

③ 테두리보는 조적조에 보강근으로 보강된 수평부재이다.

④ 프리즘은 그라우트 또는 모르타르가 포함된 단위조적의 개체로 조적조의 성질을 규정하기 위해 사용하는 시험체이다.

---

1 온통기초는 그 강성이 충분할 때 복합기초와 동일하게 취급할 수 있다.

2 목구조의 방부공법 설계 시 외벽에는 방수성 재료를 사용해야 한다.

3 정착길이 산정 시 사용되는 $\sqrt{f_{ck}}$ 값은 8.4MPa를 초과할 수 없다. (f_{ck} : 콘크리트의 설계기준압축강도)

4 대린벽은 한 내력벽에 직각으로 교차하는 벽이다.

정답 및 해설 1.④ 2.② 3.② 4.①

5 강재의 고장력볼트에 의한 마찰접합 특성에 대한 설명으로 옳은 것은?

① 일반볼트접합과 비교하여 응력방향이 바뀌더라도 혼란이 일어나지 않는다.

② 일반볼트접합과 비교하여 응력집중이 크므로 반복응력에 대하여 약하다.

③ 설계미끄럼강도는 구멍의 종류와 무관하게 결정된다.

④ 설계미끄럼강도는 전단면의 수와 무관하게 결정된다.

6 건축물 및 공작물의 유지·관리 중 구조안전을 확인하기 위하여 책임구조기술자가 수행해야 하는 업무의 종류에 해당하지 않는 것은?

① 증축을 위한 구조검토

② 리모델링을 위한 구조검토

③ 용도변경을 위한 구조검토

④ 설계변경에 관한 사항의 구조검토·확인

7 다음 그림과 같은 경간 2m인 단순보에 중력방향으로 등분포하중 w=10kN/m가 작용할 때, 경간 중앙에서 휨모멘트가 0(영)이 되기 위한 상향 집중하중 P의 크기[kN]는?

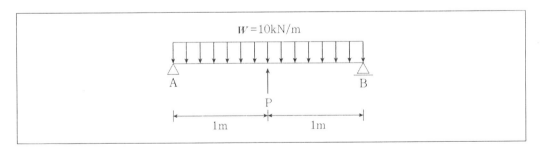

① 5

② 10

③ 15

④ 20

8 합성부재에 대한 설명으로 옳지 않은 것은?

① 합성보 설계 시 동바리를 사용하지 않는 경우, 콘크리트의 강도가 설계기준강도의 75%에 도달하기 전에 작용하는 모든 시공하중은 강재단면 만에 의해 지지될 수 있어야 한다.

② 강재보와 데크플레이트슬래브로 이루어진 합성부재에서 데크플레이트의 공칭골깊이는 75mm 이하이어야 한다.

③ 충전형 합성기둥에서 강관의 단면적은 합성기둥 총단면적의 5% 이상으로 한다.

④ 합성단면의 공칭강도를 결정하는 데에는 소성응력분포법과 변형률적합법의 2방법이 사용될 수 있다.

---

5 ② 고장력볼트에 의한 마찰접합은 일반볼트접합과 비교하여 반복응력에 대해 강하다.
  ③ 설계미끄럼강도는 구멍의 종류와 관련이 있다.
  ④ 설계미끄럼강도는 전단면의 수와 관련이 있다.
  ※ 고장력볼트의 설계미끄럼강도 산정식
  $$\phi R_n = \phi \cdot \mu \cdot h_{sc} \cdot T_o \cdot N_s$$
  • μ : 미끄럼계수, h_{sc} : 구멍계수[볼트구멍의 종류에 따라 차이가 남], N_s : 전단면의 수, T_o : 설계볼트장력
  • 피접합재의 두께는 마찰접합의 설계강도에 직접적인 영향을 주지 않는다.

6 설계변경에 관한 사항의 구조검토·확인은 책임구조기술자의 '시공 중 구조안전 확인' 사항에 해당한다. ①②③은 '안전진단과 함께 '유지·관리 중 구조안전 확인' 업무에 속한다. [※ 부록 참고 : 건축구조 1-1 및 1-3]

7
하향등분포하중만이 작용할 경우 경간 중앙의 휨모멘트의 크기는 $\dfrac{wl^2}{8} = \dfrac{10kN/m \cdot (2m)^2}{8}$

상향집중하중만이 작용할 경우 경간 중앙의 휨모멘트의 크기는 $\dfrac{P \cdot (2m)}{4}$

위의 두 모멘트의 합이 서로 같으면 휨모멘트가 상쇄되어 0이 되므로

$$\frac{wl^2}{8} = \frac{10kN/m \cdot (2m)^2}{8} = \frac{P \cdot 2m}{4}$$

이를 만족하는 P의 값은 10kN이다.

8 충전형 합성기둥에서 강관의 단면적은 합성기둥 총단면적의 1% 이상으로 한다.

정답 및 해설 5.① 6.④ 7.② 8.③

9 옥외의 공기나 흙에 직접 접하지 않는 프리캐스트콘크리트 보에 배근되는 스터럽의 최소피복두께[mm]는?

① 10

② 20

③ 30

④ 40

10 한 변의 길이가 600mm인 정사각형 기둥이 고정하중 1,700kN과 활하중 1,300kN을 지지할 때 이 기둥에 대한 정사각형 독립기초의 최소 크기[m²]는? (단, 기초 무게 및 상재하중은 고정하중과 활하중의 10%로 가정하며 허용지내력 q_a는 300kN/m²이다)

① 9

② 11

③ 13

④ 15

11 국가건설기준코드에서 제시된 건축구조기준의 용어에 대한 설명으로 옳지 않은 것은? (※ 기출변형)

① 층간변위각 : 층간변위를 층 높이로 나눈 값

② 지진구역 : 동일한 지진위험도에 따라 분류한 지역

③ 형상비 : 건축물 높이 H를 바닥면 평균길이 $\sqrt{BD}$로 나눈 비율(B : 건물폭, D : 건물깊이)

④ 가스트영향계수 : 언덕 및 산 경사지의 정점 부근에서 풍속이 증가하므로 이에 따른 정점 부근의 풍속을 증가시키는 계수

12 철근콘크리트 보의 처짐에 대한 설명으로 옳지 않은 것은?

① 균일단면을 가지는 탄성보의 처짐은 보 단면의 이차모멘트에 반비례한다.

② 장기처짐은 압축철근비가 증가함에 따라 증가한다.

③ 하중작용에 의한 순간처짐은 부재강성에 대한 균열과 철근의 영향을 고려하여 탄성처짐공식을 사용하여 산정하여야 한다.

④ 과도한 처짐에 의해 손상되기 쉬운 비구조 요소를 지지 또는 부착하지 않은 평지붕구조의 활하중 L에 의한 순간처짐한계는 $l/180$이다. (l : 보의 경간)

---

9 옥외의 공기나 흙에 직접 접하지 않는 프리캐스트콘크리트 보에 배근되는 스터럽의 최소피복두께[mm]는 10mm이다.
[※ 부록 참고 : 건축구조 6-1]

10 $\dfrac{(1+0.1) \cdot (1700+1300)}{A} \leq 300kN/m^2$ 이어야 하므로 $A \geq 11m^2$ 이어야 한다.

참고) 기초판의 면적산정식

$$A_f = \frac{\text{사용하중}}{\text{순허용지내력}(q_e)} = \frac{1.0D+1.0L}{\text{허용지내력}(q_a) - (\text{흙과 콘크리트의 평균중량}+\text{상재하중})}$$

11 언덕 및 산 경사지의 정점 부근에서 풍속이 증가하므로 이에 따른 정점 부근의 풍속을 증가시키는 계수는 지형계수이다.
※ 가스트 영향계수 … 바람의 난류로 인해서 발생되는 구조물의 동적 거동성분을 나타내는 것으로 평균변위에 대한 최대변위의 비를 통계적인 값으로 나타낸 계수

12 장기처짐은 압축철근비가 증가함에 따라 감소한다.

정답 및 해설 9.① 10.② 11.④ 12.②

13 콘크리트구조에 사용되는 강재 및 철근배치에 대한 설명으로 옳지 않은 것은?

① 철근조립을 위해 교차되는 철근은 용접하지 않아야 한다. 다만, 책임기술자가 승인한 경우에는 용접할 수 있다.

② 보강용 철근은 이형철근을 사용하여야 한다. 다만, 나선철근이나 강선으로 원형철근을 사용할 수 있다.

③ 철근, 철선 및 용접철망의 설계기준항복강도 f_y가 400MPa를 초과하는 경우, f_y값은 변형률 0.003에 상응하는 응력값으로 사용하여야 한다.

④ 상단과 하단에 2단 이상으로 철근이 배치된 경우 상하철근은 동일 연직면 내에 배치되어야 하고, 이 때 상하철근의 순간격은 25mm 이상으로 하여야 한다.

14 조적식 구조의 경험적 설계방법에 대한 설명으로 옳지 않은 것은?

① 횡안정성을 위해 전단벽이 요구되는 각 방향에 대하여 해당방향으로 배치된 전단벽길이의 합계가 건물의 장변길이의 50% 이상이어야 한다.

② 조적벽이 횡력에 저항하는 경우에는 전체높이가 13m, 처마 높이가 9m 이하이어야 경험적 설계법을 적용할 수 있다.

③ 횡안정성 확보를 위한 조적전단벽의 공칭두께는 최소 200mm 이상이어야 한다.

④ 횡안정성 확보를 위해 사용된 전단벽들은 횡력과 수직한 방향으로 배치되어야 한다.

15 강재에 대한 설명으로 옳지 않은 것은?

① 강재의 용접성은 탄소량에 의해서 큰 영향을 받는다.

② 강재의 인장시험 시 네킹현상으로 인해 변형도는 증가하지만 응력은 오히려 줄어든다.

③ 푸아송비는 인장이나 압축을 받는 부재의 하중 작용방향의 변형도에 대한 직교방향 변형도 비의 절댓값으로 정의되며, 강재의 경우 0.3이다.

④ 인성은 항복점 이상의 응력을 받는 금속재료가 소성변형을 일으켜 파괴되지 않고 변형을 계속하는 성질이다.

16 시간이력해석에서 설계지진파 선정에 대한 설명으로 옳지 않은 것은?

① 시간이력해석은 지반조건에 상응하는 지반운동기록을 최소한 2개 이상 이용하여 수행한다.

② 3차원해석을 수행하는 경우에는, 각각의 지반운동은 평면상에서 서로 직교하는 2성분의 쌍으로 구성된다.

③ 계측된 지반운동을 구할 수 없는 경우에는 필요한 수만큼 적절한 모의 지반운동의 쌍을 생성하여 사용할 수 있다.

④ 지반운동의 크기를 조정하는 경우에는 직교하는 2성분에 대해서 동일한 배율을 적용하여야 한다.

---

13 철근, 철선 및 용접철망의 설계기준항복강도 f_y가 400MPa를 초과하는 경우, f_y값은 변형률 0.0035에 상응하는 응력값으로 사용하여야 한다.

14 횡안정성 확보를 위해 사용된 전단벽들은 횡력과 평행한 방향으로 배치되어야 한다.

15 항복점 이상의 응력을 받는 금속재료가 소성변형을 일으켜 파괴되지 않고 변형을 계속하는 성질은 연성이다.
[※ 부록 참고 : 건축구조 7-1]

16 시간이력해석은 지반조건에 상응하는 지반운동기록을 최소한 3개 이상 이용하여 수행한다.

정답 및 해설 13.③ 14.④ 15.④ 16.①

17 철근콘크리트옹벽의 안정 확보를 위한 검토 항목이 아닌 것은?

① 전도에 대한 안정

② 진동에 대한 안정

③ 지지력에 대한 안정

④ 사면활동에 대한 안정

18 국가건설기준코드에서 제시된 강구조 용접에 대한 설명으로 옳지 않은 것은? (※ 기출 변형)

① 플러그 및 슬롯용접에서 유효단면에 평행한 전단응력이 작용하는 경우, 용접부의 설계강도 산정과 관련하여 용접재의 강도감소계수는 0.75를 사용하며 용접재의 인장강도의 0.6배를 한 값을 용접재의 공칭인장강도로 한다.

② 모살용접(필릿용접)에서 용접선에 평행한 인장, 압축응력이 작용하는 경우 용접에 평행하게 접합된 요소들에 작용하는 인장 또는 압축은 그 요소들을 접합하는 용접부 설계에 고려할 필요가 없다.

③ 완전용입 그루브용접에서 유효단면에 직교압축응력이 작용하는 경우, 용접부의 설계강도는 모재에 의해 제한된다.

④ 부분용입 그루브용접에서 유효단면에 직교인장응력이 작용하는 경우, 용접부의 설계강도는 모재의 설계강도와 용접재의 설계강도 중 큰 값을 적용한다.

19 내진설계를 위한 등가정적해석법에 대한 설명으로 옳지 않은 것은?

① 밑면전단력을 결정하기 위해서는 지진응답계수를 계산해야 한다.

② 반응수정계수는 건축물의 구조시스템별로 내구성을 고려하기 위한 계수이다.

③ 건축물의 고유주기는 건축물의 전체 높이가 증가할수록 증가한다.

④ 밑면전단력은 유효 건물 중량이 증가할수록 증가한다.

20 목구조 휨부재의 설계에 대한 설명으로 옳지 않은 것은?

① 휨부재의 따냄은 가능한 한 피하며, 특히 부재의 인장측에서의 따냄을 피한다.

② 따냄깊이가 보 춤의 1/6 그리고 따냄길이가 보 춤의 1/3 이하인 경우, 휨부재의 강성에는 영향이 없는 것으로 한다.

③ 단순보의 경간은 양지점의 안쪽측면거리에 각 지점에서 필요한 지압길이의 1/3을 더한 값으로 한다.

④ 보안정계수는 휨하중을 받는 보가 횡방향변위를 일으킬 가능성을 고려한 보정계수이다.

---

17 철근콘크리트옹벽의 안정 확보를 위한 검토 항목은 전도, 지지력, 사면활동에 대한 안정이다.

18 부분용입용접에서 유효단면에 직교인장응력이 작용하는 경우, 용접부의 설계강도는 모재의 설계강도와 용접재의 설계강도 중 작은 값을 적용한다. [※ 부록 참고 : 건축구조 7-18]

19 반응수정계수는 건축물의 구조시스템별로 내진성능과 연성을 고려하기 위한 계수이다.

20 단순보의 경간은 양지점의 안쪽측면거리에 각 지점에서 필요한 지압길이의 1/2을 더한 값으로 한다.

정답 및 해설 17.② 18.④ 19.② 20.③

1 풍하중 산정에 대한 설명으로 옳지 않은 것은?

① 풍하중은 주골조설계용 수평풍하중, 지붕풍하중 및 외장재 설계용 풍하중으로 구분하고, 각각의 설계풍압에 유효면적을 곱하여 산정한다.

② 주골조설계용 설계풍압은 설계속도압, 가스트영향계수, 풍력계수 또는 외압계수를 곱하여 산정한다. 다만, 부분개방형 건축물 및 지붕풍하중을 산정할 때에는 내압의 영향도 고려한다.

③ 설계속도압은 공기밀도에 설계풍속의 제곱근을 곱하여 산정한다.

④ 외장재설계용 설계풍압은 가스트영향계수와 내압, 외압계수를 함께 고려한 피크외압계수, 피크내압계수에 설계속도압을 곱하여 산정한다.

2 조적식 구조에서 모르타르와 그라우트의 재료기준에 대한 설명으로 옳지 않은 것은?

① 그라우트는 시멘트성분의 재료로서 석회 또는 포틀랜드시멘트 중에서 1가지 또는 2가지로 만들 수 있다.

② 모르타르는 시멘트성분의 재료로서 석회, 포틀랜드시멘트 중에서 1가지 또는 그 이상의 재료로 이루어질 수 있다.

③ 시멘트 성분을 지닌 재료 또는 첨가제들은 에폭시수지와 그 부가물이나 페놀, 석면섬유 또는 내화점토를 포함할 수 있다.

④ 모르타르나 그라우트에 사용되는 물은 깨끗해야 하고, 산·알칼리의 양, 유기물 또는 기타 유해물질의 영향이 없어야 한다.

3 압축하중을 받는 장주의 좌굴하중을 증가시키기 위한 방안으로 옳지 않은 것은?

① 부재 단면의 단면2차모멘트를 증가시킨다.

② 부재 단면의 회전반지름(단면2차반경)을 증가시킨다.

③ 부재의 탄성계수를 증가시킨다.

④ 부재의 비지지길이를 증가시킨다.

---

1 설계속도압은 건축물에 작용하는 풍압력 산정의 기본이 되는 양으로서 바람이 지난 단위체적당 운동에너지를 의미한다. [설계속도압 = 1/2 × 공기밀도 × (설계풍속)²]

2 시멘트 성분을 지닌 재료 또는 첨가제들은 에폭시수지와 그 부가물이나 페놀, 석면섬유 또는 내화점토를 포함할 수 없다.

3 부재의 비지지길이를 증가시킬수록 좌굴하중의 크기는 줄어들게 된다.

정답 및 해설   1.③   2.③   3.④

4 철근콘크리트 압축부재의 횡철근에 대한 설명으로 옳지 않은 것은?

① 종방향 철근의 위치를 확보하는 역할을 한다.

② 전단력에 저항하는 역할을 한다.

③ 나선철근의 순간격은 25mm 이상, 75mm 이하이어야 한다.

④ 축방향 철근이 원형으로 배치된 경우에는 원형띠철근을 사용할 수 없다.

5 목구조에서 방화구획 및 방화벽에 대한 설명으로 옳지 않은 것은?

① 방화구획에 설치되는 방화문은 항상 닫힌 상태로 유지하거나 수동으로 닫히는 구조이어야 한다.

② 주요구조부가 내화구조 또는 불연재료로 된 건축물은 연면적 $1,000m^2$(자동식 스프링클러 소화설비 설치시 $2,000m^2$) 이내마다 방화구획을 설치하여야 한다.

③ 연면적 $1,000m^2$ 이상인 목조의 건축물은 외벽 및 처마 밑의 연소할 우려가 있는 부분을 방화구조로 하되, 그 지붕은 불연재료로 하여야 한다.

④ 환기, 난방 또는 냉방시설의 풍도가 방화구획을 관통하는 경우에는 방화댐퍼를 설치하여야 한다.

6 국가건설기준코드기준에 의한 강구조 설계 시 축력을 받는 합성부재의 구조제한에 대한 설명으로 옳지 않은 것은? (단, E는 강재의 탄성계수, F_y는 강재의 항복강도를 나타낸다) (※ 기출변형)

① 축력을 받는 매입형 합성부재에서 강재코어의 단면적은 합성기둥 총단면적의 1% 이상으로 한다.

② 축력을 받는 매입형 합성부재에서 강재코어를 매입한 콘크리트는 연속된 길이방향철근과 띠철근 또는 나선철근으로 보강되어야 한다.

③ 중간연성을 가진, 축력을 받는 충전형 합성부재에 사용되는 각형강관의 판폭두께비는 $2.26\sqrt{E/F_y}$ 이하이어야 한다.

④ 중간연성을 가진, 축력을 받는 충전형 합성부재에 사용되는 원형강관의 지름두께비는 $1.15E/F_y$ 이하이어야 한다.

4 축방향 철근이 원형으로 배치된 경우에도 원형띠철근을 사용할 수 있다.

5 방화구획에 설치되는 방화문은 항상 닫힌 상태로 유지하거나 자동으로 닫히는 구조이어야 한다.

6 충전형 합성기둥에 사용되는 원형강관의 지름두께비는 $0.15E/F_y$ 이하이어야 한다.
   ※ 축력을 받는 부재(국가건설기준코드)
   ㉠ 매입형 합성부재
   • 강재코어의 단면적은 합성기둥 총단면적의 1% 이상으로 한다.
   • 강재코어를 매입한 콘크리트는 연속된 길이방향철근과 띠철근 또는 나선철근으로 보강되어야 한다. 횡방향철근의 중심간 간격은 직경 D10의 철근을 사용할 경우에는 300㎜ 이하, 직경 D13 이상의 철근을 사용할 경우에는 400㎜ 이하로 한다. 이형철근망이나 용접철근을 사용하는 경우에는 앞의 철근에 준하는 등가단면적을 가져야 한다. 횡방향 철근의 최대간격은 강재 코어의 설계기준공칭항복강도가 450MPa 이하인 경우에는 부재단면에서 최소크기의 0.5배를 초과할 수 없으며 강재코어의 설계기준공칭항복강도가 450MPa를 초과하는 경우는 부재단면에서 최소 크기의 0.25배를 초과할 수 없다.
   • 연속된 길이방향철근의 최소철근비 ρ_{sr}는 0.004로 하며 다음과 같은 식으로 구한다.
   $\rho_{sr} = \dfrac{A_{sr}}{A_g}$ (여기서 A_{sr} : 연속길이방향철근의 단면적 mm^2, A_g : 합성부재의 총단면적 mm^2)
   • 강재단면과 길이방향 철근 사이의 순간격은 철근직경의 1.5배 이상 또는 40㎜ 중 큰 값 이상으로 한다.
   • 플랜지에 대한 콘크리트 순피복두께는 플랜지폭의 1/6 이상으로 한다.
   • 2개 이상의 형강재를 조립한 합성단면인 경우 형강재들은 콘크리트가 경화하기 전에 가해진 하중에 의해 각각의 형강재가 독립적으로 좌굴하는 것을 막기 위해 띠판 등과 같은 부재들로 서로 연결되어야 한다.
   ㉡ 충전형 합성부재
   • 강관의 단면적은 합성부재 총단면적의 1% 이상으로 한다.
   • 압축력을 받는 충전형 합성부재의 단면은 국부좌굴의 효과를 고려하여 조밀단면, 비조밀단면, 세장단면으로 분류한다.
   • 동바리를 사용하지 않는 경우, 콘크리트의 강도가 설계기준강도의 75%에 도달하기 전에 작용하는 모든 시공하중은 강재단면만으로 지지할 수 있어야 한다.
   • 중간연성을 가진 각형강관의 판폭두께비는 $2.26\sqrt{E/F_y}$ 이하, 원형강관의 지름두께비는 $0.15E/F_y$ 이하이어야 한다. (단, E는 강재의 탄성계수, F_y는 강재의 항복강도를 나타낸다)
   [※ 부록 참고 : 건축구조 7-24]

정답 및 해설 4.④ 5.① 6.④

7 그림과 같은 트러스에서 L부재의 부재력은?

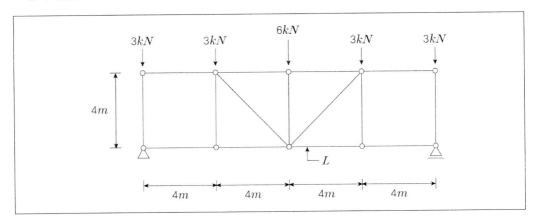

① 4kN (인장력) ② 5kN (인장력)
③ 6kN (인장력) ④ 7kN (인장력)

8 철근콘크리트 플랫슬래브의 지판 설계에 대한 설명으로 옳지 않은 것은?

① 플랫슬래브에서 기둥 상부의 부모멘트에 대한 철근을 줄이기 위해 지판을 사용할 수 있다.
② 지판은 받침부 중심선에서 각 방향 받침부 중심간 경간의 1/8 이상을 각 방향으로 연장시켜야 한다.
③ 지판의 슬래브 아래로 돌출한 두께는 돌출부를 제외한 슬래브 두께의 1/4 이상으로 하여야 한다.
④ 지판 부위의 슬래브 철근량 계산 시 슬래브 아래로 돌출한 지판의 두께는 지판의 외단부에서 기둥이나 기둥머리면까지 거리의 1/4 이하로 취하여야 한다.

9 다음과 같은 조건의 편심하중을 받는 독립기초판의 설계용접지압은? (단, 접지압은 직선적으로 분포된다고 가정한다)

- 하중의 편심과 저면의 형상으로 정해지는 접지압계수(α) : 0.5
- 기초자중(W_F) : 500kN
- 기초자중을 포함한 기초판에 작용하는 수직하중(P) : 3,000kN
- 기초판의 저면적(A) : 5m^2
- 허용지내력(f_e) : 300kN/m^2

① 250kN/m^2　　　　　　　　② 300kN/m^2

③ 500kN/m^2　　　　　　　　④ 600kN/m^2

---

7 구조물 자체가 불안정 구조물이므로 문제가 성립할 수가 없다. 또한 단면법으로 이를 풀면 L부재가 6kN(인장)으로 해석될 수 있으나 (우측에서 두 번째 3kN 지점 기준) L부재의 우측 부재가 롤러지점에서 보면 0부재이므로 L부재 또한 0부재가 되어야 한다. [※ 부록 참고 : 건축구조 2-3]

8 지판은 받침부 중심선에서 각 방향 받침부 중심간 경간의 1/6 이상을 각 방향으로 연장시켜야 한다.

9
$$\sigma_e = \alpha \cdot \frac{\sum P}{A} \le f_r \text{ 에 따라 주어진 값을 대입하면 300kN/m}^2 \text{이 도출된다.}$$

σ_e : 설계용 접지압

α : 하중의 편심과 저면의 형상으로 정해지는 접지압계수

$\sum P$: 기초자중을 포함한 수직하중의 합

A : 기초판의 저면적

f_r : 허용지내력

정답 및 해설 7.정답없음　8.②　9.②

10 직접설계법을 적용한 철근콘크리트 슬래브 설계에서 내부경간 슬래브에 작용하는 전체 정적계수 휨모멘트(M_0)는 200kN·m이다. 이 내부경간 슬래브에서 단부와 중앙부의 계수휨모멘트로 옳은 것은? (단, '−'는 부계수휨모멘트, '+'는 정계수휨모멘트를 나타낸다)

	단부	중앙부
①	−130kN·m	+70kN·m
②	−100kN·m	+100kN·m
③	−70kN·m	+130kN·m
④	−40kN·m	+160kN·m

11 국가건설기준코드에서 제시된 지반조사에 대한 설명으로 옳지 않은 것은? (※ 기출 변형)

① 예비조사는 기초의 형식을 구상하고 본조사의 계획을 세우기 위해 시행한다.

② 예비조사에서는 대지 내의 개략의 지반구성, 층의 토질의 단단함과 연함 및 지하수의 위치 등을 파악한다.

③ 본조사의 조사항목은 지반의 상황에 따라서 적절한 원위치시험과 토질시험을 하고, 지지력 및 침하량의 계산과 기초공사의 시공에 필요한 지반의 성질을 구하는 것으로 한다.

④ 평판재하시험의 최대 재하하중은 지반의 극한지지력의 2배 또는 예상되는 장기 설계하중의 2.5 배로 한다.

12 강구조 이음부 설계세칙에 대한 설명으로 옳지 않은 것은?

① 응력을 전달하는 단속모살용접 이음부의 길이는 모살사이즈의 5배 이상 또한 25mm 이상을 원칙으로 한다.

② 응력을 전달하는 겹침이음은 2열 이상의 모살용접을 원칙으로 하고, 겹침길이는 얇은쪽 판 두께의 5배 이상 또한 25mm 이상 겹치게 해야 한다.

③ 고장력볼트의 구멍중심 간의 거리는 공칭직경의 2.5배 이상으로 한다.

④ 고장력볼트의 구멍중심에서 볼트머리 또는 너트가 접하는 재의 연단까지의 최대거리는 판 두께의 12배 이하 또한 150mm 이하로 한다.

13 콘크리트의 크리프에 대한 설명으로 옳지 않은 것은?

① 콘크리트 강도가 낮을수록 크리프는 증가한다.

② 재하기간이 증가함에 따라 크리프는 증가한다.

③ 외기의 상대습도가 높을수록 크리프는 증가한다.

④ 작용하중이 클수록 크리프는 증가한다.

---

10 직접설계법에서 내부경간 슬래브의 단부는 전체 정적계수휨모멘트의 0.65배, 중앙부는 전체 정적계수휨모멘트의 0.35배이다.

11 평판재하시험의 최대 재하하중은 지반의 극한지지력 또는 예상되는 장기 설계하중의 3배로 한다.

12 응력을 전달하는 단속모살용접 이음부의 길이는 모살사이즈의 10배 이상 또한 30mm 이상을 원칙으로 한다.

13 외기의 상대습도가 높을수록 크리프는 감소한다.

정답 및 해설 10.① 11.④ 12.① 13.③

14 공간쌓기벽의 벽체연결철물에 대한 설명으로 옳지 않은 것은?

① 벽체연결철물의 단부는 90°로 구부려 길이가 최소 50mm 이상이어야 한다.

② 공간쌓기벽의 공간너비가 80mm 미만인 경우에는 벽체면적 4.0m²당 적어도 직경 9.0mm의 연결철물 1개 이상 설치하여야 한다.

③ 연결철물은 교대로 배치해야 하며, 연결철물 간의 수직과 수평간격은 각각 600mm와 900mm를 초과할 수 없다.

④ 개구부 주위에는 개구부의 가장자리에서 300mm 이내에 최대간격 900mm인 연결철물을 추가로 설치해야 한다.

15 국가건설기준코드에서 제시된 구조용 목재의 설계허용휨응력 산정 시 적용하는 보정계수가 아닌 것은? (※ 기출 변형)

① 하중기간계수

② 온도계수

③ 습윤계수

④ 부패계수

16 리브가 없는 철근콘크리트 일방향 캔틸레버 슬래브의 캔틸레버된 길이가 2m일 때, 처짐을 계산하지 않는 경우의 해당 슬래브 최소두께는? (단, 해당 슬래브는 큰 처짐에 의해 손상되기 쉬운 칸막이벽이나 기타 구조물을 지지 또는 부착하지 않으며, 보통콘크리트(단위질량 w_c = 2,300kg/m³)와 설계기준항복강도 400MPa 철근을 사용한다)

① 80mm
② 100mm
③ 150mm
④ 200mm

17 지진력저항시스템에 대한 설계계수에서 내력벽 시스템의 반응수정계수(R)로 옳지 않은 것은?

① 철근콘크리트 특수전단벽 : 5

② 철근콘크리트 보통전단벽 : 4

③ 철근보강 조적 전단벽 : 3

④ 무보강 조적 전단벽 : 1.5

---

14 공간쌓기에서 벽체 연결철물의 단부는 90°로 구부려 길이가 최소 50mm 이상이어야 하고, 벽체 연결철물이 모르타르나 그라우트에 완전히 묻히지 않는 부분은 개별적으로 양단이 각각 홑겹벽에 연결되어야 하며, 일반적으로 벽체면적 0.4m² 당 적어도 직경 9mm의 연결철물이 1개 이상 설치되어야 하고, 공간쌓기벽의 공간너비가 80mm 이상, 120mm 이하인 경우에는 벽면적 0.3m²당 적어도 직경 9mm의 연결철물을 1개 이상 설치해야 한다.

15 구조용 목재의 설계허용휨응력 산정 시 적용하는 보정계수에 부패계수는 속하지 않는다.
[※ 부록 참고 : 건축구조 4-3]

16 부재의 처짐과 최소두께 … 처짐을 계산하지 않는 경우의 보 또는 1방향 슬래브의 최소두께는 다음과 같다. (L은 경간의 길이)

부재	최소 두께 또는 높이			
	단순지지	일단연속	양단연속	캔틸레버
1방향 슬래브	L/20	L/24	L/28	L/10
보	L/16	L/18.5	L/21	L/8

위의 표의 값은 보통콘크리트($m_c = 2,300kg/m^3$)와 설계기준항복강도 400MPa 철근을 사용한 부재에 대한 값이며 다른 조건에 대해서는 그 값을 다음과 같이 수정해야 한다.

1500~2000kg/m³ 범위의 단위질량을 갖는 구조용 경량콘크리트에 대해서는 계산된 h_{min} 값에 $(1.65-0.00031 \cdot m_c)$를 곱해야 하나 1.09보다 작지 않아야 한다.

f_y가 400MPa 이외인 경우에는 계산된 h_{min} 값에 $(0.43 + \dfrac{f_y}{700})$를 곱해야 한다.

17 철근보강 조적 전단벽의 반응수정계수는 2.5이다. [※ 부록 참고 : 건축구조 8-4]

18 강구조 조립압축재의 구조 제한에 대한 설명으로 옳지 않은 것은? (단, E는 강재의 탄성계수, F_y는 강재의 항복강도를 나타낸다)

① 2개 이상의 압연형강으로 구성된 조립압축재는 접합재 사이의 개재세장비가 조립압축재의 전체세장비의 3/4배를 초과하지 않도록 한다.

② 덧판을 사용한 조립압축재의 파스너 및 단속용접의 최대간격은 가장 얇은 덧판 두께의 $1.5\sqrt{E/F_y}$배 또는 500mm 이하로 한다.

③ 도장 내후성 강재로 만든 조립압축재의 긴결간격은 가장 얇은 판 두께의 14배 또는 170mm 이하로 한다.

④ 조립재 단부에서 개재 상호간을 고장력볼트로 접합할 때, 조립재 최대폭의 1.5배 이상의 구간에 대해서 길이방향으로 볼트직경의 4배 이하 간격으로 접합한다.

19 강구조 설계 시 충격이 발생하는 활하중을 지지하는 구조물에 대해서, 별도 규정이 없는 경우 공칭활하중 최소 증가율로 옳지 않은 것은?

① 승강기의 지지부 : 100%

② 피스톤운동기기 또는 동력구동장치의 지지부 : 50%

③ 바닥과 발코니를 지지하는 행거 : 33%

④ 운전실 조작 주행크레인 지지보와 그 연결부 : 10%

20 국가건설기준코드에 따라 철근콘크리트 휨부재설계 시 제한사항으로 옳지 않은 것은? (※ 기출변형)

① 보의 횡지지 간격은 압축플랜지 또는 압축면의 최소폭의 50배를 초과하지 않도록 하여야 한다.

② 하중의 횡방향 편심의 영향은 횡지지 간격을 결정할 때 고려되어야 한다.

③ 두께가 균일한 구조용 슬래브와 기초판에 대하여 경간방향으로 보강되는 인장철근의 최대간격은 슬래브 또는 기초판 두께의 3배와 450mm 중 큰 값을 초과하지 않도록 해야 한다.

④ 보의 깊이 h가 900mm를 초과하면 종방향 표피철근을 인장연단으로부터 h/2 받침부까지 부재 양쪽 측면을 따라 균일하게 배치하여야 한다.

18 덧판을 사용한 조립압축재의 파스너 및 단속용접의 최대간격은 가장 얇은 덧판 두께의 $0.75\sqrt{E/F_y}$ 배 또는 300mm 이하로 한다.

19 운전실 조작 주행크레인 지지보와 그 연결부 : 25%

승강기, 크레인, 모터 등 충격효과를 나타내는 활하중은 정적인 중량을 증가시켜 동적 효과를 설계에 반영한다. 충격이 발생하는 활하중을 지지하는 구조물은 그 효과를 고려하여 공칭활하중을 증가시켜야 하며, 별도의 규정이 없는 경우 최소한 다음의 증가율을 적용한다.

활하중을 지지하는 구조물 또는 부위	증가율
승강기의 지지부	100%
운전실 조작 주행크레인 지지보와 그 연결부	25%
펜던트 조작 주행크레인 지지보와 그 연결부	10%
축구동 또는 모터구동의 경미한 기계지지부	20%
피스톤운동기기 또는 동력구동장치의 지지부	50%
바닥과 발코니를 지지하는 행거	33%

20 두께가 균일한 구조용 슬래브와 기초판에 대하여 경간방향으로 보강되는 인장철근의 최대간격은 슬래브 또는 기초판 두께의 3배와 450mm 중 작은 값을 초과하지 않도록 해야 한다.

정답 및 해설 18.② 19.④ 20.③

1 탄성계수 E값이 3.9GPa이고, 포아송비(Poisson's ratio)가 0.3인 재료의 전단탄성계수 G값은 얼마인가?

① 1GPa   ② 1.5GPa

③ 2GPa   ④ 3GPa

2 다음의 설계하중 중에서 목재의 설계허용응력의 보정계수 중 하중기간계수 C_D가 가장 큰 것은?

① 고정하중   ② 활하중

③ 시공하중   ④ 적설하중

3 단일 압축재의 세장비를 구할 때 고려하지 않아도 되는 것은?

① 부재 길이   ② 단면2차모멘트

③ 지지 조건   ④ 탄성계수

4 철근콘크리트구조에서 휨모멘트나 축력 또는 휨모멘트와 축력을 동시에 받는 단면의 설계 시 적용되는 설계가정과 일반원칙에 대한 설명 중 옳은 것은?

① 압축철근이 설계기준항복강도 f_y에 대응하는 변형률에 도달하고 동시에 압축콘크리트가 극한 변형률인 0.003에 도달할 때, 그 단면이 균형변형률상태에 있다고 본다.

② 휨모멘트 또는 휨모멘트와 축력을 동시에 받는 부재의 콘크리트 인장연단의 극한변형률은 0.003으로 가정하여야 한다.

③ 철근의 응력이 설계기준항복강도 f_y 이하일 때, 철근의 응력은 그 변형률에 철근의 탄성계수 (E_s)를 곱한 값으로 하여야 한다.

④ 압축콘크리트가 가정된 극한변형률인 0.003에 도달할 때, 최외단 인장철근의 순인장변형률 ε_t가 압축지배변형률한계 이하인 단면을 인장지배단면이라고 한다.

---

1 $G = \dfrac{E}{2(1+v)} = \dfrac{3.9}{2(1+0.3)} = 1.5$

2 하중기간계수의 크기는 다음과 같다.
① 고정하중 : 0.9
② 활하중 : 1.0
③ 시공하중 : 1.25
④ 적설하중 : 1.15
[※ 부록 참고 : 건축구조 4-5]

3 단일 압축재의 세장비는 탄성계수와는 관련이 없다.

4 ① 인장철근이 설계기준항복강도 f_y에 대응하는 변형률에 도달하고 동시에 압축콘크리트가 극한변형률인 0.003에 도달할 때, 그 단면이 균형변형률상태에 있다고 본다.
② 휨모멘트 또는 휨모멘트와 축력을 동시에 받는 부재의 콘크리트 압축연단의 극한변형률은 0.003으로 가정하여야 한다.
④ 압축콘크리트가 가정된 극한변형률인 0.003에 도달할 때, 최외단 인장철근의 순인장변형률 ε_t가 압축지배변형률한계 이하인 단면을 압축지배단면이라고 한다.
[※ 부록 참고 : 건축구조 6-8]

정답 및 해설 1.② 2.③ 3.④ 4.③

5 건축구조기준(국가건설기준코드)에서 규정하고 있는 모멘트 – 저항골조시스템 중 내진설계 시 고려되는 반응수정계수가 가장 작은 것은? (※ 기출 변형)

① 합성 반강접모멘트골조
② 철골 중간모멘트골조
③ 합성 중간모멘트골조
④ 철근콘크리트 중간모멘트골조

6 조적식 구조의 강도설계법과 경험적 설계법에 대한 설명으로 옳지 않은 것은?

① 경험적 설계법에서 2층 이상 건물의 조적내력벽 공칭두께는 100mm 이상이어야 한다.
② 경험적 설계법에서 조적벽이 횡력에 저항하는 경우에는 전체높이가 13m, 처마높이가 9m 이하이어야 한다.
③ 강도설계법에 의한 보강조적조 휨강도의 계산에서는 조적조벽의 인장강도를 무시한다. 단, 처짐을 구할 때는 제외한다.
④ 강도설계법에서 보강조적조 내진설계 시 보의 폭은 150mm보다 적어서는 안 된다.

7 등분포하중을 받는 철근콘크리트 보에서 균열이 발생할 때 A, B, C 구역의 균열양상으로 옳은 것은?

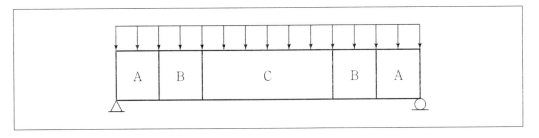

① A : 전단균열   B : 휨균열   C : 휨 · 전단균열
② A : 휨균열   B : 전단균열   C : 휨 · 전단균열
③ A : 휨균열   B : 휨 · 전단균열   C : 전단균열
④ A : 전단균열   B : 휨 · 전단균열   C : 휨균열

8 강재의 좌굴에 대한 설명으로 옳은 것은?

① 부재의 길이가 길수록 더 쉽게 일어난다.

② 압축과 인장에서 모두 일어난다.

③ 기둥 설계 시에는 고려하지 않아도 된다.

④ 좌굴은 탄성 영역에서만 일어난다.

---

5 반응수정계수 [※ 부록 참고 : 건축구조 8-4]

① 합성 반강접모멘트골조 : 6

② 철골 중간모멘트골조 : 4.5

③ 합성 중간모멘트골조 : 5

④ 철근콘크리트 중간모멘트골조 : 5

6 경험적 설계법에서 2층 이상 건물의 조적내력벽 공칭두께는 200mm 이상이어야 한다.

7 A영역에서는 전단균열, B영역에서는 휨-전단균열, C영역에서는 휨균열이 주로 발생한다.

8 ② 인장에서는 좌굴이 발생하지 않는다.

③ 기둥 설계 시 반드시 고려해야 한다.

④ 좌굴은 비탄성 영역에서도 일어난다.

정답 및 해설 5.② 6.① 7.④ 8.①

9 다음 중 철근콘크리트의 처짐에 대한 설명으로 가장 옳지 않은 것은? (단, l : 골조에서 절점 중심을 기준으로 측정된 부재의 길이)

① 장기처짐은 지속하중의 재하기간, 압축철근비 등에 영향을 받는다.

② 처짐을 계산할 때 하중작용에 의한 순간처짐은 부재강성에 대한 균열과 철근의 영향을 고려하여 탄성처짐공식을 사용하여 산정하여야 한다.

③ 과도한 처짐에 의해 손상되기 쉬운 비구조 요소를 지지 또는 부착하지 않은 바닥구조에 대한 최대허용처짐은 고정하중(Dead load)에 의한 장기처짐으로 계산하며 처짐한계값은 $\dfrac{l}{360}$ 이다.

④ 큰 처짐에 의해 손상되기 쉬운 칸막이벽이나 기타 구조물을 지지 또는 부착하지 않은 단순지지된 보의 최소두께는 $\dfrac{l}{16}$ 이다.

10 그림과 같이 등분포하중(W)을 받는 캔틸레버 보의 길이와 단면이 (a) 및 (b)의 두 가지 조건으로 주어졌을 경우 두 보의 최대 처짐비로 옳은 것은?

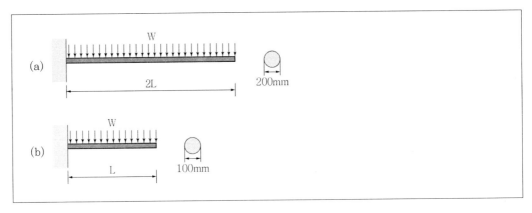

① (a) : (b) = 1 : 1

② (a) : (b) = 8 : 1

③ (a) : (b) = 1 : 8

④ (a) : (b) = 16 : 1

11 등가정적해석법을 사용하여 중량이 동일한 건물의 밑면전단력을 산정할 때, 밑면전단력의 크기가 가장 큰 경우는 다음 중 어떠한 경우인가?

① 강성이 크고 반응수정계수가 큰 구조물
② 강성이 작고 반응수정계수가 큰 구조물
③ 강성이 크고 반응수정계수가 작은 구조물
④ 강성이 작고 반응수정계수가 작은 구조물

---

9 과도한 처짐에 의해 손상되기 쉬운 비구조 요소를 지지 또는 부착하지 않은 바닥구조에 대한 최대허용처짐은 활하중에 의한 순간처짐으로 계산하며 처짐한계값은 $\frac{l}{360}$ 이다. [※ 부록 참고 : 건축구조 6-15]

10 도심축에 대한 원단면의 단면2차 모멘트식 : $\frac{\pi d^4}{64}$

길이 L부재에 등분포 하중 w가 작용시 최대처짐 : $\frac{wL^4}{8EI}$

위의 식을 살펴보면 (a)가 (b)보다 단면2차 모멘트가 16배이나 (a)가 (b) 길이의 2배이므로 최대처짐은 서로 동일하게 된다.

11 강성이 크고 반응수정계수가 작은 구조물이 밑면전단력이 가장 크게 발생하게 된다.
밑면전단력 ⋯ 밑면은 지반운동이 구조물에 전달되는 위치로서 구조물이 지면과 직접 접하는 지반표면의 부위를 말한다. 밑면전단력은 구조물의 밑면에 작용하는 설계용 전체전단력을 의미한다.
※ 밑면전단력 산정의 기본식
　㉠ 밑면전단력(V) : $V = C_s \cdot W$의 식으로 산정되며 구조물이 설계지반운동에 대해 저항을 해야 하는 최소한의 수평력이다.
　㉡ 지진응답계수(C_s) : 반응수정계수와 건축물의 중요도계수를 사용하여 탄성스펙트럼을 비탄성설계스펙트럼으로 환산한 수치이다.

$$C_s = \frac{S_{D1}}{\left(\frac{R}{I_E}\right) T} \geq 0.01$$

S_{D1} : 주기 1초에서의 설계스펙트럼가속도
S_{DS} : 단주기 설계스펙트럼가속도
T : 건축물의 고유주기 ($T = 2\pi\sqrt{\frac{m}{k}}$ 이며 m은 질량, k는 강성)
I_E : 건축물의 중요도계수
R : 반응수정계수

정답 및 해설 9.③ 10.① 11.③

12 건축구조기준(국가건설기준코드)에서 기본등분포활하중의 용도별 최솟값이 가장 작은 것은? (※ 기출 변형)

① 도서관 서고

② 옥외 광장

③ 창고형 매장

④ 사무실 문서보관실

13 압연 H형강 H-600×200×11×17(SS275) 보의 플랜지의 판폭두께비는 얼마인가? (단, 소수점 셋째 자리에서 반올림 한다.) (※ 기출 변형)

① 3.88   ② 4.88

③ 5.88   ④ 6.88

14 고층 건물에 적용되는 구조시스템인 아웃리거 구조에서 내부의 코어부와 외곽 기둥을 연결할 때 아웃리거와 함께 많이 사용되는 구조부재는 다음 중 무엇인가?

① 벨트트러스(Belt truss)

② 링크 빔(Link beam)

③ 합성슬래브(Composite slab)

④ 프리스트레스트 빔(Prestressed beam)

15 강구조에 대한 다음 기술 중 옳지 않은 것은?

① 강재의 단면은 폭 – 두께비에 따라 콤팩트 요소, 비콤팩트요소, 세장판 요소로 분류한다.

② 보부재에서 완전소성항복과 비탄성좌굴발생의 경계를 나타내는 소성한계비지지거리 L_P는 재료의 항복강도가 높을수록 커진다.

③ 세장한 단면을 갖는 압축부재의 공칭압축강도는 휨좌굴, 비틀림좌굴, 휨–비틀림좌굴한계상태에 기초하여 산정한다.

④ 강재의 탄소당량이 클수록 용접성이 나쁘다.

---

12 기본등분포활하중 [※ 부록 참고 : 건축구조 8–1]
① 도서관 서고 : $7.5 \mathrm{kN/m}^2$
② 옥외 광장 : $12.0 \mathrm{kN/m}^2$
③ 창고형 매장 : $6.0 \mathrm{kN/m}^2$
④ 사무실 문서보관실 : $5.0 \mathrm{kN/m}^2$

13 보의 판폭두께비 : $\dfrac{b}{t_f} = \dfrac{200/2}{17} = 5.88$ [※ 부록 참고 : 건축구조 7–22]

14 벨트트러스(Belt truss)에 관한 설명이다.

15 소성한계 비지지길이 $L_P = 1.76 r_y \sqrt{\dfrac{E}{F_y}}$ 이므로 재료의 항복강도가 높을수록 작아진다.

정답 및 해설 12.④ 13.③ 14.① 15.②

16 철근콘크리트 2방향 슬래브 설계에 사용되는 직접설계법의 제한사항 중 옳은 것은?

① 각 방향으로 2경간 이상 연속되어야 한다.

② 모든 하중은 슬래브 판 전체에 걸쳐 등분포된 연직하중이어야 하며, 활하중은 고정하중의 2배 이하이어야 한다.

③ 슬래브 판들은 단변 경간에 대한 장변 경간의 비가 2 이상인 직사각형이어야 한다.

④ 연속한 기둥 중심선으로부터 기둥의 어긋남은 그 방향 경간의 최대 20%까지 허용할 수 있다.

17 강구조에서 고장력볼트 접합과 이음부 설계에 대한 설명 중 옳지 않은 것은?

① 고장력볼트의 구멍중심간 거리는 공칭직경의 2.5배 이상으로 한다.

② 고장력볼트의 구멍중심에서 볼트머리 또는 너트가 접하는 재의 연단까지의 최대거리는 판두께의 15배 이하 또는 200mm 이하로 한다.

③ 고장력볼트의 마찰접합은 고장력볼트의 강력한 체결력에 의해 부재간에 발생하는 마찰력을 이용하는 접합형식이다.

④ 고장력볼트의 지압접합은 부재간에 발생하는 마찰력과 볼트축의 전단력 및 부재의 지압력을 동시에 발생시켜 응력을 부담한다.

18 다음과 같은 트러스에서 부재력이 0인 부재는 모두 몇 개인가?

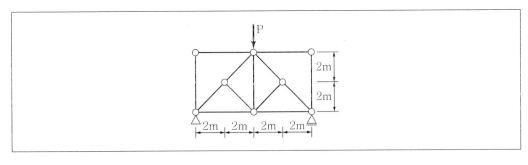

① 0개   ② 3개

③ 6개   ④ 7개

16 직접설계법의 적용조건

    ㉠ 변장비가 2 이하여야 한다.

    ㉡ 각 방향으로 3경간 이상 연속되어야 한다.

    ㉢ 각 방향으로 연속한 경간 길이의 차가 긴 경간의 1/3 이내이어야 한다.

    ㉣ 등분포 하중이 작용하고 활하중이 고정하중의 2배 이내이어야 한다.

    ㉤ 기둥 중심축의 오차는 연속되는 기둥 중심축에서 경간길이의 1/10 이내이어야 한다.

    ㉥ 보가 모든 변에서 슬래브를 지지할 경우 직교하는 두 방향에서 $\dfrac{a_1 \cdot L_2^2}{a_2 \cdot L_1^2}$에 해당하는 보의 상대강성은 0.2 이

    상 0.5 이하여야 한다.

17 고장력볼트의 구멍중심에서 볼트머리 또는 너트가 접하는 재의 연단까지의 최대거리는 판두께의 12배 이하 또한 150mm 이하로 한다.

18 주어진 트러스 부재의 0부재의 수는 모두 7개이다. [※ 부록 참고 : 건축구조 2-3]

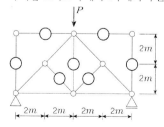

19 프리스트레스트 콘크리트 구조에 대한 설명으로 옳지 않은 것은?

① 콘크리트의 건조수축 및 크리프는 긴장재에 도입된 프리스트레스를 손실시킨다.

② 시간이 경과됨에 따라 긴장재에 도입된 프리스트레스의 응력이 감소되는 현상을 릴랙세이션 (Relaxation)이라 한다.

③ 포스트텐션 방식에서 단부 정착장치가 중요하다.

④ 일반적으로 철근콘크리트 부재에 비하여 처짐 및 진동제어가 유리하다.

20 단순보의 A, D지점에서의 수직반력(R_A, R_D)의 크기는 각각 얼마인가?

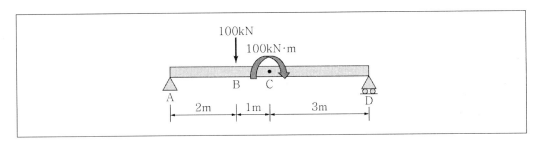

	A	D
①	100kN	100kN
②	50kN	50kN
③	100kN	50kN
④	50kN	100kN

19 프리스트레스트 콘크리트 구조는 일반적으로 철근콘크리트 부재에 비하여 처짐 및 진동제어에 있어 불리하다.

20 중첩의 원리를 적용하는 문제이다. 연직하중에 의해 발생되는 지점반력과 모멘트하중에 의해 발생하는 지점반력을 중첩시키면 아래와 같이 지점반력이 산출된다.

$$R_A = 100 \cdot \frac{2}{3} - 100 \cdot \frac{1}{6} = 100 \cdot \frac{1}{2} = 50kN$$

$$R_B = 100 \cdot \frac{1}{3} + 100 \cdot \frac{1}{6} = 100 \cdot \frac{1}{2} = 50kN$$

1 공업화 건축 중에서 모듈러 공법의 특징으로 옳지 않은 것은?

① 건물의 해체 및 재설치가 용이하다.

② 기존 공법보다 공기를 단축할 수 있다.

③ 주요 구성 재료의 현장생산과 현장조립에 의한 고품질 확보가 가능하다.

④ 현장인력을 줄일 수 있어 현장 통제가 용이해진다.

2 건축구조기준의 설계하중 용어에 대한 설명으로 옳지 않은 것은?

① 경량칸막이벽 : 자중이 $1kN/m^2$ 이하인 가동식 벽체

② 풍상측 : 바람이 불어와서 맞닿는 쪽

③ 이중골조방식 : 횡력의 25% 이상을 부담하는 연성모멘트골조가 전단벽이나 가새골조와 조합되어 있는 구조방식

④ 중간모멘트골조 : 연성거동을 확보하기 위한 특별한 상세를 사용하지 않은 모멘트골조

3 강구조에서 단면적, 단면계수, 단면2차모멘트를 증가시키기 위하여 휨부재의 플랜지에 용접이나 볼트로 연결되는 플레이트는?

① 커버플레이트(cover plate)

② 베이스플레이트(base plate)

③ 윙플레이트(wing plate)

④ 거셋플레이트(gusset plate)

4 목구조의 왕대공지붕틀을 구성하는 부재가 아닌 것은?

① 종보 　　　　　　　　　　　② 평보

③ 왕대공 　　　　　　　　　　④ ㅅ자보

---

1 모듈러 공법은 주요 구성 재료의 공장생산 및 공장조립에 의한 고품질의 확보가 이루어진다.

2 연성거동을 확보하기 위한 특별한 상세를 사용하지 않은 모멘트골조는 보통모멘트골조이다.
　※ 모멘트골조
　　㉠ **보통모멘트골조** : 연성거동을 확보하기 위한 특별한 상세를 사용하지 않은 모멘트골조이다. 설계지진력이
　　　작용할 때, 부재와 접합부가 최소한의 비탄성변형을 수용할 수 있는 골조로서 보−기둥접합부는 용접이
　　　나 고장력볼트를 사용해야 한다.
　　㉡ **중간모멘트골조**(IMRCF) : 보−기둥 접합부가 최소 0.02rad의 층간변위각을 발휘할 수 있어야 하며 이때
　　　휨강도가 소성모멘트의 80% 이상 유지되어야 한다.
　　㉢ **특수모멘트골조**(SMRCF) : 보−기둥 접합부가 최소 0.04rad의 층간변위각을 발휘할 수 있어야 하며 이때
　　　휨강도가 소성모멘트의 80% 이상 유지되어야 한다.
3 커버플레이트에 대한 설명이다.

4 종보는 왕대공지붕틀을 구성하는 부재가 아니다.
　※ 왕대공지붕틀

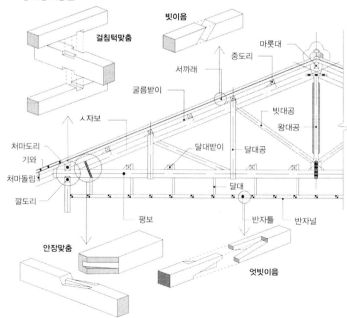

1.③ 2.④ 3.① 4.①

5 프리스트레스트 콘크리트의 부재 설계에 대한 설명으로 옳지 않은 것은?

① 부분균열등급 휨부재의 처짐은 균열환산단면해석에 기초하여 2개의 직선으로 구성되는 모멘트–처짐 관계나 유효단면2차 모멘트를 적용하여 계산하여야 한다.

② 구조설계에서는 프리스트레스에 의해 발생되는 응력집중을 고려하여야 한다.

③ 휨부재는 미리 압축을 가한 인장구역에서 사용하중에 의한 인장연단응력에 따라 비균열등급과 부분균열등급의 두 가지로 구분된다.

④ 부분균열등급 휨부재의 사용하중에 의한 응력은 비균열단면을 사용하여 계산하여야 한다.

6 강구조의 접합에 대한 설명으로 옳지 않은 것은?

① 고장력볼트의 구멍중심에서 볼트머리 또는 너트가 접하는 재의 연단까지의 최대거리는 판두께의 12배 이하 또한 150mm 이하로 한다.

② 접합부의 설계강도는 45kN 이상이어야 한다. 다만, 연결재, 새그로드 또는 띠장은 제외한다.

③ 전단접합 시에 용접과 볼트의 병용이 허용되지 않는다.

④ 일반볼트는 영구적인 구조물에는 사용하지 못하고 가체결용으로만 사용한다.

7 목구조에서 부재 접합 시의 유의사항으로 옳지 않은 것은?

① 이음·맞춤 부위는 가능한 한 응력이 작은 곳으로 한다.

② 맞춤면은 정확히 가공하여 빈틈없이 서로 밀착되도록 한다.

③ 이음·맞춤의 단면은 작용하는 외력의 방향에 직각으로 한다.

④ 경사못박기에서 못은 부재와 약 45°의 경사각을 갖도록 한다.

8 다음 그림과 같이 평판두께가 13mm인 2개의 강판을 하중(P)방향과 평행하게 필릿용접으로 겹침이음하고자 한다. 용접부의 설계강도를 산정하는 데 필요한 용접재의 유효면적과 가장 가까운 값(mm²)은? (단, 필릿용접부에 작용하는 하중은 단부하중이 아니며, 이음면은 직각이다)

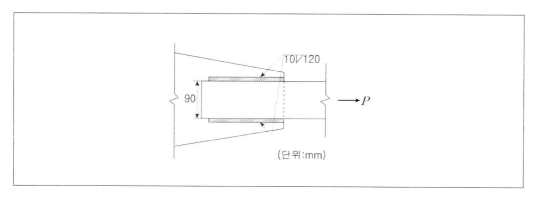

① 700

② 1,200

③ 1,400

④ 2,400

---

5 휨부재는 미리 압축을 가한 인장구역에서 사용하중에 의한 인장연단응력에 따라 비균열등급과 부분균열등급, 완전균열등급의 세 가지로 구분된다.

※ PSC(프리스트레스트 콘크리트) 휨부재의 균열등급
- ㉠ PSC 휨부재는 균열발생여부에 따라 그 거동이 달라지며 균열의 정도에 따라 세 가지 등급으로 구분하고 구분된 등급에 따라 응력 및 사용성을 검토하도록 규정하고 있다.
- ㉡ 비균열 등급 : $f_t < 0.63\sqrt{f_{ck}}$ 이므로 균열이 발생하지 않는다.
- ㉢ 부분균열등급 : $0.63\sqrt{f_{ck}} < f_t < 1.0\sqrt{f_{ck}}$ 이므로 사용하중이 작용 시 응력은 총 단면으로 계산하되 처짐은 유효단면을 사용하여 계산한다.
- ㉣ 완전균열등급 : 사용하중 작용 시 단면응력은 균열환산단면을 사용하여 계산하며 처짐은 유효단면을 사용하여 계산한다.

6 강구조의 접합에서 전단접합 시에는 용접과 볼트의 병용이 허용된다.

7 경사못박기에서 못은 부재와 약 15°의 경사각을 갖도록 한다.

8 필릿용접은 모살용접이라고도 하며, 두 부재에 홈파기(가공)를 하지 않고 일정한 각도로 접합한 후 삼각형 모양으로 접합부를 용접하는 방법이다.
모살용접의 유효길이는 $L_e = L - 2S = 120 - 2 \cdot 10 = 100$
유효용접면적은 유효목두께(0.7S)와 유효길이 L_e를 곱한 값이며 양쪽으로 접합이 이루어지고 있으므로,
$A_e = 2 \cdot a \cdot L_e = 2 \cdot (0.7 \cdot 10) \cdot 100 = 1400$이 된다.

정답 및 해설   5.③   6.③   7.④   8.③

9 강구조의 휨부재에 대한 설명으로 옳지 않은 것은?

① 강축휨을 받는 2축대칭 H형강의 콤팩트 부재에서 비지지길이가 소성한계비지지길이 이하인 경우에는 횡좌굴강도를 고려하지 않아도 된다.

② 속이 꽉 찬 직사각형 단면의 경우 강축에 대한 소성단면계수는 탄성단면계수의 1.25배이다.

③ 동일 조건에서 휨부재의 비지지길이가 길수록 탄성횡좌굴강도는 감소한다.

④ 압연 H형강 H-150×150×7×10 휨부재에서 플랜지의 판폭 두께비는 7.5이다.

10 길이 L인 봉에 축하중 P가 작용할 때 봉의 늘어난 길이 ΔL은? (단, 봉의 단면적은 A이며, 하중 P는 단면의 도심에 가해지고 자중은 무시한다. 봉을 구성하는 재료의 응력(σ) – 변형도(ϵ) 관계가 $\sigma = E\sqrt{\epsilon}$ 이며, E는 봉의 탄성계수이다)

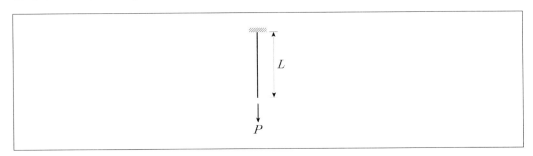

① $\dfrac{PL}{AE}$

② $\dfrac{P^2L^2}{A^2E^2}$

③ $\dfrac{P^2L}{A^2E^2}$

④ $\dfrac{PL}{A^2E^2}$

11 철근콘크리트구조에서 부재축에 직각인 전단철근을 사용하는 경우, 전단철근에 의한 전단강도의 크기에 영향을 미치는 요인이 아닌 것은?

① 전단철근의 설계기준항복강도

② 인장철근의 중심에서 압축콘크리트 연단까지의 거리

③ 전단철근의 간격

④ 부재의 폭

12 철근콘크리트구조에서 철근의 정착에 대한 설명으로 옳지 않은 것은?

① 인장 이형철근의 정착길이는 항상 300mm 이상이어야 한다.

② 갈고리는 압축을 받는 경우 철근정착에 유효하지 않은 것으로 보아야 한다.

③ 정착길이 산정에 사용하는 $\sqrt{f_{ck}}$ (f_{ck} : 콘크리트의 설계기준 압축강도) 값은 10.0MPa을 초과할 수 없다.

④ 확대머리 이형철근은 압축을 받는 경우에 유효하지 않다.

---

9 속이 꽉 찬 직사각형 단면의 경우 강축에 대한 소성단면계수는 탄성단면계수의 1.5배이다.

10 문제에서 주어진 조건대로라면 $\sigma = \dfrac{P}{A} = E\sqrt{\epsilon} = E\sqrt{\dfrac{\triangle L}{L}}$

$\dfrac{\triangle L}{L} = \dfrac{P^2}{A^2 E^2}$ 이므로 $\triangle L = \dfrac{P^2 L}{A^2 E^2}$ 이 성립한다.

11 철근콘크리트 부재의 폭은 부재축에 대해 직각인 전단철근에 의한 전단강도의 크기에 직접적인 영향을 미친다고 보기는 어렵다. [※ 부록 참고 : 건축구조 6-11]

12 정착길이 산정에 사용하는 $\sqrt{f_{ck}}$ (f_{ck} : 콘크리트의 설계기준 압축강도) 값은 8.4MPa을 초과할 수 없다.

정답 및 해설　9.② 10.③ 11.④ 12.③

13 철근콘크리트구조에서 휨부재와 압축부재의 제한 사항으로 옳지 않은 것은?

① 보의 횡지지 간격은 압축 플랜지 또는 압축면의 최소 폭의 75배를 초과하지 않아야 한다.

② 두께가 균일한 구조용 슬래브와 기초판에서 경간방향으로 보강되는 휨철근의 최대 간격은 위험단면이 아닌 경우에 슬래브 또는 기초판 두께의 3배와 450mm 중 작은 값을 초과하지 않아야 한다.

③ 비합성 압축부재의 축방향 주철근 단면적은 전체 단면적의 0.01배 이상, 0.08배 이하로 하여야 한다. 축방향 주철근이 겹침이음되는 경우의 철근비는 0.04를 초과하지 않아야 한다.

④ 압축부재의 축방향 주철근의 최소 개수는 사각형이나 원형띠철근으로 둘러싸인 경우 4개로 하여야 한다.

14 지반조사에서 본조사의 조사항목이 아닌 것은?

① 원위치시험
② 토질시험
③ 지지력 및 침하량 계산
④ 부근 건축구조물 등의 기초에 관한 제조사

15 콘크리트의 크리프 및 건조수축에 대한 설명으로 옳지 않은 것은?

① 콘크리트 강도가 증가하면 크리프는 감소한다.
② 단위골재량이 증가하면 크리프는 증가한다.
③ 대기 중의 습도가 증가하면 건조수축은 감소한다.
④ 물-시멘트비가 증가하면 건조수축은 증가한다.

16 그림과 같은 단순보의 C점에서 발생하는 휨모멘트의 크기(kN · m)는? (단, 보의 자중은 무시한다)

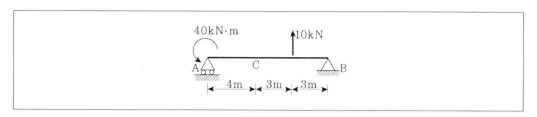

① −36

② −38

③ −40

④ −42

---

13 보의 횡지지 간격은 압축 플랜지 또는 압축면의 최소 폭의 50배를 초과하지 않아야 한다.

14 부근 건축구조물 등의 기초에 관한 제조사는 예비조사항목에 속한다.
   ※ 예비조사는 기초의 형식을 구상하고, 본조사의 계획을 세우기 위하여 시행하는 것으로서, 대지 내의 개략적인 지반구성, 층을 구성하는 토질의 단단함과 연함 및 지하수의 위치 등을 파악하는 것이다. 예비조사는 기초의 지반조사 자료의 수집, 지형에 따른 지반개황의 판단 및 부근 건축구조물 등의 기초에 관한 제조사를 시행하는 것으로 이것이 불충분하다고 생각될 때에는 대지조건에 따라 천공조사, 표준관입시험, 샘플링, 물리탐사, 시굴 등을 적절히 실시하는 것이다.
   본조사는 기초의 설계 및 시공에 필요한 제반 자료를 얻기 위하여 시행하는 것으로 천공조사 및 기타 방법에 따라 대지 내의 지반구성과 기초의 지지력, 침하(沈下) 및 시공에 영향을 미치는 범위 내의 지반의 여러 성질과 지하수의 상태를 조사하는 것이다. 조사간격, 조사지점 및 조사깊이는 예비조사에서 추정되는 지반상황과 건축구조물 등의 규모, 종류에 따라 정하는 것으로 한다. 지반의 상황에 따라서 적절한 원위치시험과 토질시험을 하고, 지지력 및 침하량의 계산과 기초공사의 시공에 필요한 지반의 성질을 구하는 것으로 한다.

15 단위골재량이 증가하면 크리프는 감소한다.

16 지점A에는 1kN의 상향반력이 생기며 여기에 C지점까지의 거리인 4m를 곱하면 4kN · m의 정모멘트가 생기게 된다. 그러므로 C지점에서는 40-4=36kN · m의 부모멘트가 발생하게 된다.

정답 및 해설 13.① 14.④ 15.② 16.①

17 조적식 구조의 설계일반사항에 대한 설명으로 옳지 않은 것은?

① 공간쌓기벽의 개구부 주위에는 개구부의 가장자리에서 300mm 이내에 최대 간격 900mm인 연결철물을 추가로 설치해야 한다.

② 공간쌓기벽의 벽체연결철물 단부는 90°로 구부려 길이가 최소 30mm 이상이어야 한다.

③ 하중시험이 필요한 경우에는 해당 부재나 구조체의 해당 부위에 설계활하중의 2배에 고정하중의 0.5배를 합한 하중을 24시간 동안 작용시킨 후 하중을 제거한다.

④ 다중겹벽에서 줄눈보강철물의 수직간격은 400mm 이하로 한다.

18 철근콘크리트구조의 내진설계 시 특별 고려사항에서 지진력에 저항하는 부재의 콘크리트와 철근에 대한 설명으로 옳지 않은 것은?

① 콘크리트의 설계기준압축강도는 21MPa 이상이어야 한다.

② 경량콘크리트의 설계기준압축강도는 35MPa을 초과할 수 없다. 만약 실험에 의하여 경량콘크리트를 사용한 부재가 같은 강도의 보통중량콘크리트를 사용한 부재의 강도 및 인성 이상을 갖는 것이 확인된다면, 이보다 큰 압축강도를 사용할 수 있다.

③ 철근의 실제 항복강도에 대한 실제 극한인장강도의 비가 1.25 이상이어야 한다.

④ 철근의 실제 항복강도가 공칭항복강도를 200MPa 이상 초과하지 않아야 한다.

19 말뚝재료의 허용응력에 대한 설명으로 옳지 않은 것은? (단, 이음말뚝 및 세장비가 큰 말뚝에 대한 허용응력 저감은 고려하지 않는다.)

① 나무말뚝의 허용지지력은 나무말뚝의 최소단면에 대해 구하는 것으로 한다.

② 기성콘크리트말뚝의 허용압축응력은 콘크리트설계기준강도의 최대 1/3까지를 말뚝재료의 허용압축응력으로 한다.

③ 강재말뚝의 허용압축력은 일반의 경우 부식부분을 제외한 단면에 대해 재료의 항복응력과 국부좌굴응력을 고려하여 결정한다.

④ 현장타설콘크리트말뚝에서 철근의 허용압축응력은 항복강도의 40% 이하로 하고, 형강의 허용압축응력은 항복강도의 50% 이하로 한다.

20 보강조적조의 구조세칙에 대한 설명으로 옳지 않은 것은?

① 6mm 이상의 원형철근의 사용은 금지한다.

② 기둥에서 띠철근과 길이방향철근은 기둥 표면으로부터 38mm 이상에서 150mm 이하로 배근되어야 한다.

③ 평행한 길이방향 철근의 순간격은 기둥단면을 제외하고, 철근의 공칭직경이나 25mm보다 작아서는 안 되지만 이음철근은 예외로 한다.

④ 휨부재에서의 압축철근은 지름 6mm 이하인 띠철근이나 전단보강근으로 보강되어야 한다.

---

17 공간쌓기벽의 벽체연결철물 단부는 90°로 구부려 길이가 최소 50mm 이상이어야 한다.

18 지진력에 저항하는 부재의 철근은 강재를 제작한 공장에서 계측한 실제 항복강도가 공칭항복강도를 120MPa 이상 초과하지 않아야 한다. 재하시험에서는 이 값을 20MPa 이상 초과하지 않아야 한다.

19 기성콘크리트말뚝의 허용압축응력은 콘크리트설계기준강도의 최대 1/4까지를 말뚝재료의 허용압축응력으로 한다.

20 기둥에서 띠철근과 길이방향철근은 기둥 표면으로부터 38mm 이상에서 130mm 이하로 배근되어야 한다.

정답 및 해설 17.② 18.④ 19.② 20.②

2017

6월 17일 | 제1회 지방직 시행

1 막과 케이블 구조에 대한 설명으로 옳지 않은 것은?

① 막구조는 자중을 포함하는 외력이 막응력에 따라서 저항되는 구조물로서 휨 또는 비틀림에 대한 저항이 큰 구조이다.

② 공기막구조는 공기막 내외부의 압력 차에 따라 막면에 강성을 주어 형태를 안정시켜 구성되는 구조물이다.

③ 인열강도는 재료가 접힘 또는 굽힘을 받은 후 견딜 수 있는 최대인장응력이다.

④ 케이블구조는 휨에 대한 저항이 작은 구조로 인장응력만을 받을 목적으로 제작 및 시공된다.

2 직접설계법이 적용된 콘크리트 슬래브의 제한사항에 대한 설명으로 옳지 않은 것은?

① 각 방향으로 3경간 이상 연속되어야 한다.

② 고정하중은 활하중의 2배 이하이어야 한다.

③ 연속한 기둥 중심선을 기준으로 기둥의 어긋남은 그 방향 경간의 10% 이하이어야 한다.

④ 각 방향으로 연속한 받침부 중심간 경간 차이는 긴 경간의 1/3 이하이어야 한다.

3 철근의 정착길이에 대한 설명으로 옳지 않은 것은? (단, d_b : 철근의 공칭지름[mm])

① 단부에 표준갈고리가 있는 인장 이형철근의 정착길이는 항상 $8d_b$ 이상 또한 150mm 이상이어야 한다.

② 압축 이형철근의 정착길이는 항상 200mm 이상이어야 한다.

③ 확대머리 이형철근의 인장에 대한 정착길이는 $8d_b$, 또한 150mm 이상이어야 한다.

④ 인장 이형철근의 정착길이는 항상 200mm 이상이어야 한다.

4 건축물의 기초계획 시 고려해야 할 사항으로 옳지 않은 것은?

① 기초구조의 성능은 상부구조의 안전성 및 사용성을 확보할 수 있도록 계획하여야 한다.

② 연약지반에 구조물을 세우는 경우 시공과정이나 후에 여러 가지 문제가 발생하므로 연약지반 의 공학적 조사와 더불어 개량공법 등의 대책을 수립하여야 한다.

③ 액상화평가결과 대책이 필요한 지반의 경우는 지반개량공법 등을 적용하여 액상화 저항능력 을 증대시키도록 하여야 한다.

④ 동일 구조물의 기초에서는 가능한 한 이종형식기초를 병용하여야 한다.

---

1 막구조는 자중을 포함하는 외력이 막응력에 따라서 저항되는 구조물로서 휨이나 비틀림에 대한 저항이 매우 약한 구조이다.

2 활하중은 고정하중의 2배 이하여야 한다. [※ 부록 참고 : 건축구조 6-22]

3 인장 이형철근의 정착길이는 항상 300mm 이상이어야 한다.

4 동일 구조물의 기초에서는 가능한 한 이종형식기초를 사용하지 않고 통일된 기초형식을 적용해야 한다.

정답 및 해설 1.① 2.② 3.④ 4.④

5 목구조의 구조계획에 대한 설명으로 옳지 않은 것은?

① 고정하중, 활하중, 적설하중 등의 수직하중을 가능한 한 균등하게 분산하며, 안전성을 확보할 수 있도록 기둥—보의 골조 또는 벽체를 배치한다.

② 벽체는 상하벽이 가능한 한 일치하도록 배치하며, 수직하중이 국부적으로 작용하는 경우 편심을 고려하여 설계한다.

③ 골조 또는 벽체 등의 수평저항요소에 수평력을 적절히 전달하기 위하여 벽체가 일체화된 격막구조가 되도록 한다.

④ 각 골조 및 벽체는 되도록 균등하게 하중을 분담하도록 배치하며, 불균일하게 배치한 경우에는 평면적으로 가능한 한 일체가 되도록 하고, 뒤틀림의 영향을 고려한다.

6 래티스 형식 조립압축재에 설치하는 띠판에 대한 요구 조건으로 옳지 않은 것은?

① 띠판의 두께는 조립부재개재를 연결시키는 용접 또는 파스너열 사이 거리의 1/50 이상이 되어야 한다.

② 띠판의 조립부재에 접합은 용접의 경우 용접길이는 띠판 길이의 1/3 이상이어야 한다.

③ 부재단부에 사용되는 띠판의 폭은 조립부재개재를 연결하는 용접 또는 파스너열 간격 이상이 되어야 한다.

④ 부재중간에 사용되는 띠판의 폭은 부재단부 띠판길이의 1/3 이상이 되어야 한다.

7 풍하중 설계풍속 산정 시 건설지점의 지표면조도구분은 주변 지역의 지표면 상태에 따라 정해지는데, 높이 1.5~10m 정도의 장애물이 산재해 있는 지역에 대한 지표면조도구분은?

① A   ② B

③ C   ④ D

8 목구조의 뼈대를 구성하는 수평 부재의 시공 순서를 바르게 나열한 것은?

① 토대 → 깔도리 → 층도리 → 처마도리

② 토대 → 층도리 → 깔도리 → 처마도리

③ 처마도리 → 토대 → 층도리 → 깔도리

④ 처마도리 → 토대 → 깔도리 → 층도리

---

5 • 골조 또는 벽체 등의 수평저항요소에 수평력을 적절히 전달하기 위하여 바닥평면이 일체화된 격막구조가 되도록 한다.

• 또한 각 수평저항요소에 동등한 수평력이 분포하는 경우에도 바닥 전체가 일체화된 격막구조가 되도록 한다.

6 부재중간에 사용되는 띠판의 폭은 부재단부 띠판길이의 1/2 이상이 되어야 한다.

7

지표면 조도구분	주변지역의 지표면 상태
A	대도시 중심부에서 고층건축물(10층 이상)이 밀집해 있는 지역
B	수목·높이 3.5m 정도의 주택과 같은 건축물이 밀집해 있는 지역 중층건물(4~9층)이 산재해 있는 지역
C	높이 1.5~10m 정도의 장애물이 산재해 있는 지역 수목·저층 건축물이 산재해 있는 지역
D	장애물이 거의 없고, 주변 장애물의 평균높이가 1.5m 이하인 지역 해안, 초원, 비행장

8 목구조의 뼈대를 구성하는 수평 부재의 시공 순서는 토대 → 층도리 → 깔도리 → 처마도리 순이다.

정답 및 해설 5.③ 6.④ 7.③ 8.②

9 높이 L=3.0m인 압연H형강 H-200×200×8×12 기둥이 하부는 고정단으로 지지되어 있고 상부는 단순지지되어 있다. 유효좌굴 길이계수로 이론적인 값을 사용할 경우, 기둥의 약축방향 세장비는? (단, 압연H형강 H-200×200×8×12의 약축방향 단면 2차 반경 r_y=50.2mm)

① 29.9

② 41.8

③ 59.8

④ 71.7

10 필릿용접에 대한 설명으로 옳지 않은 것은?

① 접합부의 얇은 쪽 모재두께가 13mm일 때, 필릿용접의 최소 사이즈는 6mm이다.

② 필릿용접의 유효목두께는 용접루트로부터 용접표면까지의 최단거리로 한다. 단, 이음면이 직각인 경우에는 필릿사이즈의 0.7배로 한다.

③ 단부하중을 받는 필릿용접에서 용접길이가 용접사이즈의 100배 이하일 경우에는 유효길이를 실제길이와 같은 값으로 간주할 수 있다.

④ 강도를 기반으로 하여 설계되는 필릿용접의 최소길이는 공칭 용접사이즈의 4배 이상으로 해야 한다.

11 강구조의 국부좌굴에 대한 단면의 분류에서 비구속판요소의 폭(b)에 대한 설명으로 옳지 않은 것은?

① H형강 플랜지에 대한 b는 전체공칭플랜지폭의 반이다.

② ㄱ형강 다리에 대한 b는 전체공칭치수에서 두께를 감한 값이다.

③ T형강 플랜지에 대한 b는 전체공칭플랜지폭의 반이다.

④ 플레이트의 b는 자유단으로부터 파스너 첫 번째 줄 혹은 용접선까지의 길이이다.

12 기초지반 조사방법에 대한 설명으로 옳게 짝지은 것은?

> ㉠ 로드 끝에 +자형 날개를 달아 연약한 점토지반의 점착력을 판단하여 전단강도를 추정하는 방법이다.
>
> ㉡ 와이어로프 끝에 비트를 단 보링로드를 회전시키면서 상하로 충격을 주어 지반을 뚫고 시료를 채취하는 방법이다.
>
> ㉢ 63.5 kg 해머를 75cm 높이에서 자유낙하시켜 30cm 관입시킬 때 타격횟수를 산정하는 방법이다.

	㉠	㉡	㉢
①	표준관입시험	수세식 보링	베인테스트
②	베인테스트	수세식 보링	표준관입시험
③	베인테스트	충격식 보링	표준관입시험
④	표준관입시험	충격식 보링	베인테스트

---

9 단부지지조건은 일단고정 타단힌지이므로 유효좌굴 길이계수(K)는 0.7이 된다.

세장비 $\lambda = \dfrac{KL}{r_{\min}} = \dfrac{0.7 \cdot (3000)}{50.2} = 41.8$

10 필릿용접(모살용접)의 사이즈는 원칙적으로 접합되는 모재의 얇은 쪽 판두께 이하로 한다.

접합부의 얇은 쪽 판 두께, t(mm)	최소 사이즈(mm)
$t \leq 6$	3
$6 < t \leq 13$	5
$13 < t \leq 19$	6
$19 < t$	8

11 ㄱ형강, ㄷ형강 및 Z형강의 다리에 대한 폭 b는 전체공칭치수이다.

  ※ 비구속판요소의 폭(b)

   ㉠ H형강과 T형강 플랜지에 대한 폭 b는 전체공칭플랜지폭 b_f의 반이다.

   ㉡ ㄱ형강, ㄷ형강 및 Z형강의 다리에 대한 폭 b는 전체공칭치수이다.

   ㉢ 플레이트의 폭 b는 자유단으로부터 파스너의 첫 번째 줄 혹은 용접선까지의 길이이다.

  [※ 부록 참고 : 건축구조 7-21]

12 ㉠은 베인테스트, ㉡은 충격식 보링, ㉢은 표준관입시험에 대한 설명이다.

정답 및 해설 9.② 10.① 11.② 12.③

13 폭 b, 높이 h인 직사각형 단면(h>b)에서 도심을 지나고 밑변과 수평인 축이 X축, 수직인 축이 Y축이다. 이 때, 약축에 대한 단면 2차 반경(i_Y)과 강축에 대한 단면 2차 모멘트(I_X)의 비율($\frac{I_X}{i_Y}$)은?

① $\frac{h^2}{\sqrt{3}}$

② $\frac{h^3}{\sqrt{12}}$

③ $\frac{b^2}{\sqrt{3}}$

④ $\frac{b^3}{\sqrt{12}}$

14 허용응력설계법이 적용된 합성조적조에 대한 설명으로 옳지 않은 것은?

① 합성조적조의 어떠한 부분에서도 계산된 최대응력은 그 부분 재료의 허용응력을 초과할 수 없다.

② 재사용되는 조적부재의 허용응력은 같은 성능을 갖는 신설 조적개체의 허용응력을 초과하지 않아야 한다.

③ 해석은 순면적의 탄성환산단면에 기초한다.

④ 환산단면에서 환산된 면적의 두께는 일정하며 부재의 유효 높이나 길이는 변하지 않는다.

15 부유식 구조에 적용하는 하중에 대한 설명으로 옳지 않은 것은?

① 부유식 구조에 적용된 항구적인 발라스트의 하중은 활하중으로 고려한다.

② 부유식 구조의 계류 또는 견인으로 인한 하중에는 활하중의 하중계수를 적용한다.

③ 파랑하중의 설계용 파향은 부유식 구조물 또는 그 부재에 가장 불리한 방향을 취하는 것으로 한다.

④ 부유식 구조의 설계에서는 정수압과 부력의 영향을 고려한다.

16 구조물의 지진하중 산정에 사용되는 분류에 대한 설명으로 옳은 것은?

   ① 지진구역은 3가지로 분류한다.

   ② 지반종류는 4가지로 분류한다.

   ③ 구조물의 내진등급은 4가지로 분류한다.

   ④ 구조물의 내진설계범주는 4가지로 분류한다.

---

13 폭 b, 높이 h인 직사각형 단면(h>b)에서 도심을 지나고 밑변과 수평인 축이 X축, 수직인 축이 Y축일 때, 약 축에 대한 단면 2차 반경(i_Y)과 강축에 대한 단면 2차 모멘트(I_X)의 비율($\frac{I_X}{i_Y}$)은 $\frac{h^3}{\sqrt{12}}$ 가 된다.

14 재사용되는 조적부재의 허용응력은 같은 성능을 갖는 신설 조적개체에 허용응력의 50%를 초과하지 않아야 한다.

15 부유식 구조에 적용된 항구적인 발라스트의 하중은 고정하중으로 고려한다.

16 ① 지진구역은 지진구역Ⅰ, 지진구역Ⅱ의 2가지로 분류한다.
   ② 지반종류는 5가지(경암, 보통암, 매우 조밀한 토사지반 또는 연암지반, 단단한 토사지반, 연약한 토사지반)로 분류한다.
   ③ 건축물의 내진등급은 특, Ⅰ, Ⅱ의 3가지로 분류한다.

17 콘크리트구조 내진설계 시 특별고려사항에서 특수모멘트골조 휨부재의 요구사항에 대한 설명으로 옳지 않은 것은?

① 부재의 순경간은 유효깊이의 4배 이상이어야 한다.

② 부재의 깊이에 대한 폭의 비는 0.3 이상이어야 한다.

③ 부재의 폭은 200mm 이상이어야 한다.

④ 부재의 폭은 휨부재 축방향과 직각으로 잰 지지부재의 폭에 받침부 양 측면으로 휨부재 깊이의 3/4을 더한 값보다 작아야 한다.

18 프리스트레스하지 않는 현장치기콘크리트 부재의 최소피복두께에 대한 설명으로 옳은 것은?

① 옥외의 공기에 직접 노출되는 D29철근을 사용하는 기둥 : 50mm

② 흙에 접하여 콘크리트를 친 후 영구히 흙에 묻혀 있는 보 : 60mm

③ 수중에서 타설하는 기둥 : 80mm

④ 옥외의 공기나 흙에 직접 접하지 않는 콘크리트 설계기준 강도가 30MPa인 보 : 40mm

19 프리스트레스트 콘크리트 슬래브 설계에서 긴장재와 철근의 배치에 대한 설명으로 옳지 않은 것은?

① 긴장재 간격을 결정할 때 슬래브에 작용하는 집중하중이나 개구부를 고려하여야 한다.

② 유효프리스트레스에 의한 콘크리트의 평균압축응력이 0.6MPa 이상이 되도록 긴장재의 간격을 정하여야 한다.

③ 등분포하중에 대하여 배치하는 긴장재의 간격은 최소한 1방향으로는 슬래브 두께의 8배 또는 1.5m 이하로 해야 한다.

④ 비부착긴장재가 배치된 슬래브에서는 관련 규정에 따라 최소 부착철근을 배치하여야 한다.

20 콘크리트구조에 사용되는 용어의 정의로 옳지 않은 것은?

① 계수하중 : 강도설계법으로 부재를 설계할 때 사용하중에 하중계수를 곱한 하중

② 고성능 감수제 : 감수제의 일종으로 소요의 작업성을 얻기 위해 필요한 단위수량을 감소시키고, 유동성을 증진시킬 목적으로 사용되는 혼화재료

③ 공칭강도 : 강도설계법의 규정과 가정에 따라 계산된 강도 감소계수를 적용한 부재 또는 단면의 강도

④ 균형철근비 : 인장철근이 설계기준항복강도에 도달함과 동시에 압축연단 콘크리트의 변형률이 극한변형률에 도달하는 단면의 인장철근비

---

17 부재의 폭은 250mm 이상이어야 한다.

18 프리스트레스하지 않는 현장치기콘크리트 부재의 수중에서 타설하는 기둥의 최소피복두께는 100mm이다.
[※ 부록 참고 : 건축구조 6-1]

19 유효프리스트레스에 의한 콘크리트의 평균압축응력이 0.9MPa 이상이 되도록 긴장재의 간격을 정하여야 한다.

20 공칭강도 : 강도설계법의 규정과 가정에 따라 계산된 부재 또는 단면의 강도로 강도감소계수를 적용하기 전의 강도
설계강도 : 공칭강도에 강도감소계수를 곱한 강도

정답 및 해설 17.③ 18.④ 19.② 20.③

1 다음 중 지진하중에 관한 설명으로 가장 옳지 않은 것은?

① 행정구역에 따라 지진위험도를 결정할 때, 지진구역 Ⅰ의 지진구역계수는 0.22g이고, 지진구역 Ⅱ는 0.14g이다.

② 지반 분류는 일반적으로 지표면을 기준으로 정하지만 지하층을 가진 구조물로서 직접기초를 사용하고 기초 저면의 지반 종류가 S_D 이상의 지반인 경우에는 기초면을 지반 분류의 기준면으로 사용할 수 있다.

③ 내진설계에서 등가정적해석법으로 지진하중을 산정할 때, 밑면 전단력은 건축물의 중요도계수와 주기 1초에서의 설계스펙트럼가속도 값과 비례하고, 반응수정계수와는 반비례한다.

④ 내진설계범주 'D'에 해당하는 구조물은 시스템의 제한과 상호작용 효과, 변형의 적합성, 건축물 높이의 제한을 만족하여야 한다.

2 다음 중 「건축구조기준(국가건설기준코드)」에 따른 건축물 중요도 분류에 관한 설명으로 옳지 않은 것은? (※ 기출 변형)

① 연면적 1,000m² 미만인 위험물저장시설은 중요도(1)에 해당한다.

② 연면적 1,000m² 이상인 소방서는 중요도(특)에 해당한다.

③ 연면적 3,000m² 이상인 학교는 중요도(특)에 해당한다.

④ 연면적 5,000m² 이상인 운수시설은 중요도(1)에 해당한다.

3 다음 중 프리스트레스하지 않는 부재의 현장치기콘크리트의 최소 피복두께에 관한 설명으로 가장 옳지 않은 것은?

① 흙에 접하거나 옥외의 공기에 직접 노출되는 콘크리트에서 D25 이하의 철근일 경우는 50mm이다.

② 흙에 접하여 콘크리트를 친 후 영구히 흙에 묻혀 있는 콘크리트의 경우는 60mm이다.

③ 수중에서 타설하는 콘크리트의 경우는 100mm이다.

④ 옥외의 공기나 흙에 직접 접하지 않는 콘크리트의 보와 기둥은 40mm이다. (콘크리트의 설계기준강도 f_{ck}가 40MPa 이상인 경우 규정된 값에서 10mm 저감시킬 수 있다.)

---

1 지반 분류는 일반적으로 지표면을 기준으로 정하지만 지하층을 가진 구조물로서 직접기초를 사용하고 기초 저면의 지반 종류가 S_C 이상의 지반인 경우에는 기초면을 지반 분류의 기준면으로 사용할 수 있다.

2 건축물의 중요도는 용도 및 규모에 따라 중요도(특), 중요도(1), 중요도(2) 및 중요도(3)으로 분류하며, 학교는 중요도(1)에 해당한다. [※ 부록 참고 : 건축구조 8-5]

3 흙에 접하여 콘크리트를 친 후 영구히 흙에 묻혀 있는 콘크리트의 경우 최소 피복두께는 80mm이다. 단, 보와 기둥의 경우 f_{ck}(콘크리트의 설계기준압축강도)가 40MPa 이상이면 기준 최소피복두께에서 최대 10mm만큼 피복두께를 저감시킬 수 있다. [※ 부록 참고 : 건축구조 6-1]

정답 및 해설 1.② 2.③ 3.②

4 「건축구조기준(국가건설기준코드)」에서 표준갈고리를 갖는 인장 이형철근의 기본정착길이로 옳은 것은? (단, d_b : 철근의 공칭지름, f_y : 철근의 설계기준항복강도, λ : 경량 콘크리트계수, f_{ck} : 콘크리트 설계기준압축강도, α : 철근배치 위치계수, β : 철근 도막계수, C : 철근간격 또는 피복두께에 관련된 치수, K_{tr} : 횡방향 철근지수) (※ 기출 변형)

① $\dfrac{0.90 d_b f_y}{\lambda \sqrt{f_{ck}}} \dfrac{\alpha\beta\gamma}{\left(\dfrac{c + K_{tr}}{d_b}\right)}$

② $\dfrac{0.60 d_b f_y}{\lambda \sqrt{f_{ck}}}$

③ $\dfrac{0.24 \beta d_b f_y}{\lambda \sqrt{f_{ck}}}$

④ $\dfrac{0.25 d_b f_y}{\lambda \sqrt{f_{ck}}}$

5 폭b 및 높이 h인 직사각형 단면(b×h)을 갖는 무근콘크리트보에서, 콘크리트의 인장균열강도가 f_{cr} 인 경우 이 보의 최초 휨인장 균열모멘트 M_{cr} 의 산정값은?

① $M_{cr} = \dfrac{bh^3}{12} f_{cr}$

② $M_{cr} = \dfrac{bh^2}{12} f_{cr}$

③ $M_{cr} = \dfrac{bh^3}{6} f_{cr}$

④ $M_{cr} = \dfrac{bh^2}{6} f_{cr}$

6 「건축구조기준(국가건설기준코드)」에 따른 철근콘크리트 구조의 기초판 설계에 관한 설명으로 가장 옳지 않은 것은? (※ 기출 변형)

① 2방향직사각형 기초판의 장변방향 철근은 단변폭 전체에 균등하게 배치한다.

② 말뚝에 지지되는 기초판의 임의 단면에 있어서, 말뚝의 중심이 임의 단면에서 $d_{pile}/2$ 이상 내측에 있는 말뚝의 반력은 그 단면에 전단력으로 작용하는 것으로 한다.

③ 기초판의 철근 정착 시 각 단면에서 계산된 철근의 인장력 또는 압축력이 발휘될 수 있도록 묻힘길이, 표준갈고리나 기계적 장치 또는 이들의 조합에 의하여 철근을 단면의 양측에 정착하여야 한다.

④ 기초판의 최대 계수휨모멘트 계산 시 위험단면의 경우 조적조 벽체를 지지하는 기초판은 벽체 중심과 단부 사이의 중간이다.

7 트러스 구조 해석을 위한 가정으로 가장 옳지 않은 것은?

① 트러스의 모든 하중과 반력은 오직 절점에서만 작용한다.

② 절점법에 의한 트러스 부재력은 절점이 아닌 전체 평형 조건으로부터 산정한다.

③ 트러스 부재는 인장력 또는 압축력의 축력만을 받는다.

④ 트러스는 유연한 접합부(핀 접합)에 의해 양단이 연결되어 강체로서 거동하는 직선부재의 집합체이다.

---

4 표준갈고리를 갖는 인장 이형철근의 기본정착길이 산정식은 $\dfrac{0.24\beta d_b f_y}{\lambda \sqrt{f_{ck}}}$ 과 같다.

5 휨인장 균열모멘트 산정식 : $M_{cr} = \dfrac{bh^2}{6} f_{cr}$

6 말뚝에 지지되는 기초판의 임의 단면에 대한 전단력은 다음 규정에 따라 계산하여야 한다.

⊙ 말뚝의 중심이 임의 단면에서 $d_{pile}/2$ 이상 외측에 있는 말뚝의 반력 전부는 그 단면에 전단력으로 작용하는 것으로 한다.

ⓛ 말뚝의 중심이 임의 단면에서 $d_{pile}/2$ 이상 내측에 있는 말뚝의 반력은 그 단면에 전단력으로 작용하지 않는 것으로 한다.

ⓒ 말뚝의 중심이 위 ⊙과 ⓛ에서 규정한 중간에 위치하는 경우, 단면의 외측 $d_{pile}/2$의 위치에서 말뚝 반력 전부를, 단면의 내측 $d_{pile}/2$의 위치에서 반력을 0으로 하여 직선보간으로 말뚝중심에서 산정한 반력이 그 단면에 전단력으로 작용하는 것으로 한다.

7 • 절점법은 트러스 내 모든 부재에 걸리는 힘을 결정할 때 효과적이나 특정 부위, 또는 몇 개의 부재만 해석하고자 할 경우에는 불필요한 해석을 피할 수 없으므로 보다 효율적인 절단법을 적용한다.

• 절점법은 부재나 절점을 모두 분해하여 절점에 대해 하나의 자유물체로 하여 평형을 취하는 방법이다.

• 단면법은 하나의 부재나 하나의 트러스가 아니라 트러스 전체를 2개 혹은 3개로 가상으로 절단하여 분리된 일부분의 트러스를 자유물체로 간주하여 평형을 취하는 방식이다.

정답 및 해설 4.③ 5.④ 6.② 7.②

8 「건축구조기준(국가건설기준코드)」에 따른 철근콘크리트 구조 부재에 적용되는 강도감소계수로 옳은 것은? (※ 기출 변형)

① 나선철근기둥 $\phi = 0.65$

② 포스트 텐션 정착구역 $\phi = 0.70$

③ 인장지배단면 $\phi = 0.75$

④ 전단력과 비틀림모멘트 $\phi = 0.75$

9 「건축구조기준(국가건설기준코드)」에 따른 100년 재현기간에 대한 지역별 기본풍속 V_o(m/s)에 관한 설명으로 가장 옳은 것은? (※ 기출 변형)

① 제주시, 서귀포시의 기본풍속 V_o는 44m/s를 적용한다.

② 서울특별시, 인천광역시, 경기도 지역 중에는 기본풍속 V_o가 30m/s인 지역이 없다.

③ 울릉(독도)만 유일하게 기본풍속 V_o가 45m/s인 지역이다.

④ 풍속자료는 지표면조도구분 C인 지상 15m에서 10분간 평균풍속의 재현기간 100년 값으로 균질화해야 한다.

10 「건축구조기준(국가건설기준코드)」에 따른 조적식 구조의 묻힌 앵커볼트 설치에 관한 설명으로 가장 옳지 않은 것은? (※ 기출 변형)

① 앵커볼트 간의 최소 중심간격은 볼트직경의 4배 이상이어야 한다.

② 앵커볼트의 최소 묻힘길이 l_b는 볼트직경의 4배 이상 또는 50mm 이상이어야 한다.

③ 앵커볼트와 평행한 조적조의 연단으로부터 앵커볼트의 표면까지 측정되는 최소 연단거리 l_{be}는 30mm 이상이 되어야 한다.

④ 민머리 앵커볼트, 둥근머리 앵커볼트 및 후크형 앵커볼트의 설치 시 최소한 25mm 이상 조적조와 긴결하되, 6.4mm 직경의 볼트가 두께 13mm 이상인 바닥 가로줄눈에 설치될 때는 예외로 한다.

11 다음 중 프리스트레스트콘크리트 구조의 슬래브 설계 시 긴장재와 철근의 배치에 관한 설명으로 가장 옳지 않은 것은?

① 긴장재 간격을 결정할 때 슬래브에 작용하는 집중하중이나 개구부를 고려하여야 한다.

② 유효프리스트레스에 의한 콘크리트의 평균 압축응력이 0.9MPa 이상이 되도록 긴장재의 간격을 정하여야 한다.

③ 등분포하중에 대하여 배치하는 긴장재의 간격은 최소한 1방향으로는 슬래브 두께의 10배 또는 2.0m 이하로 해야 한다.

④ 경간 내에서 단면 두께가 변하는 경우에는 단면 변화 방향이 긴장재 방향과 평행이거나 직각이거나에 관계없이 유효프리스트레스에 의한 콘크리트의 평균 압축응력이 모든 단면에서 0.9MPa 이상 되도록 설계하여야 한다.

---

8 ① 나선철근기둥 $\phi = 0.70$
② 포스트 텐션 정착구역 $\phi = 0.85$
③ 인장지배단면 $\phi = 0.85$
[※ 부록 참고 : 건축구조 6-4]

9 ② 경기도 지역 중 옹진은 기본풍속 V_o가 30m/s인 지역이다.
③ 울릉(독도)만 유일하게 기본풍속 V_o가 40m/s인 지역이다.
④ 풍속자료는 지표면조도구분 C인 지상 10m에서 10분간 평균풍속의 재현기간 100년 값으로 균질화해야 한다.
[※ 부록 참고 : 건축구조 9-4]

10 앵커볼트와 평행한 조적조의 연단으로부터 앵커볼트의 표면까지 측정되는 최소 연단거리 l_{be}는 40mm 이상이 되어야 한다.

11 등분포하중에 대하여 배치하는 긴장재의 간격은 최소한 1방향으로는 슬래브 두께의 8배 이하이면서 1.5m 이하로 해야 한다.

정답 및 해설 8.④ 9.① 10.③ 11.③

12 강구조에서 압축재가 양단 고정이고, 횡좌굴에 대한 비지지길이는 3m이다. 이 때의 세장비(λ)는? (단, 단면2차반경은 20mm)

① 75

② 105

③ 150

④ 300

13 「건축구조기준(국가건설기준코드)」에 따른 합성부재의 구조 제한 조건으로 가장 옳지 않은 것은? (단, f_y : 구조용 강재 및 철근의 설계기준 항복강도, f_{ck} : 콘크리트의 설계기준 압축강도, ρ_{sr} : 연속된 길이방향철근의 최소철근비) (※ 기출 변형)

① 매입형 합성부재의 강재코어 단면적은 합성기둥 총 단면적의 1% 이상으로 한다.

② $f_y \leq 650\text{MPa}$

③ $21\text{MPa} \leq f_{ck} \leq 70\text{MPa}$

④ 매입형 합성부재의 $\rho_{sr} = 0.024$

14 「건축구조기준(국가건설기준코드)」에 따라 목구조의 벽, 기둥, 바닥, 보, 지붕은 일정 기준 이상의 내화성능을 가진 내화구조로 하여야 한다. 주요구조부재의 내화시간으로 가장 옳은 것은? (※ 기출 변형)

① 내력벽의 내화시간 : 1시간 ~ 3시간

② 보 · 기둥의 내화시간 : 1시간 이내

③ 바닥의 내화시간 : 3시간 이상

④ 지붕틀의 내화시간 : 1시간 ~ 3시간

15 정정구조와 비교하였을 때 부정정구조의 특징으로 가장 옳지 않은 것은?

① 부정정구조는 부재에 발생하는 응력과 처짐이 작다.

② 부정정구조는 모멘트재분배 효과로 보다 안전을 확보할 수 있다.

③ 부정정구조는 강성이 작아 사용성능에서 불리하다.

④ 부정정구조는 온도변화 및 제작오차로 인해 추가적 변형이 일어난다.

16 강재기둥의 좌굴거동에 대하여 기술한 내용 중 가장 옳지 않은 것은?

① 횡이동이 있는 기둥의 경우 유효좌굴길이(KL)는 항상 길이(L) 이상이다.

② 세장비가 한계세장비보다 작은 기둥은 비탄성좌굴에 의해 파괴될 수 있다.

③ 접선탄성계수 이론은 비탄성좌굴에 대한 이론이다.

④ 수평하중이 작용하지 않는 기둥의 좌굴은 횡이동을 수반하지 않는다.

---

12 양단 고정이므로 유효좌굴 길이계수는 0.5이다. 따라서 세장비는 $0.5 \times 3,000/20 = 75$이다.

13 연속된 길이방향철근의 최소철근비 ρ_{sr}는 0.004로 하며 다음과 같은 식으로 구한다.

$$\rho_{sr} = \frac{A_{sr}}{A_g} \, (A_{sr} : \text{연속길이방향철근의 단면적}, \; A_g : \text{합성부재의 총단면적})$$

14

구분			내화시간
벽	외벽	내력벽	1시간 ~ 3시간
		비내력벽 (연소 우려가 있는 부분)	1시간 ~ 1.5시간
		비내력벽 (연소 우려가 없는 부분)	0.5시간
	내 벽		1시간 ~ 3시간
보 · 기둥			1시간 ~ 3시간
바닥			1시간 ~ 2시간
지붕틀			0.5시간 ~ 1시간

15 부정정구조는 정정구조보다 강성이 높고 구조적 안전성이 우수하다.

16 일단이 고정단이고 타단이 자유단인 경우 압축력을 받게 되면 타단부에서부터 수평방향으로 횡이동이 발생할 수 있다.

17 철골구조에서 한계상태 설계법에 의한 인장재의 설계 시 검토할 사항으로 가장 옳지 않은 것은?

① 웨브 크리플링(Web Crippling)
② 전단면적에 대한 항복
③ 유효단면에 대한 파괴
④ 블록시어(Block Shear)

18 다음 중 강구조의 조립인장재에 관한 설명으로 가장 옳지 않은 것은?

① 띠판은 조립인장재의 비충복면에 사용할 수 있으며, 띠판에서의 단속용접 또는 파스너의 재축방향 간격은 150mm 이하로 한다.
② 판재와 형강 또는 2개의 판재로 구성되어 연속적으로 접촉되어 있는 조립인장재의 재축방향 긴결간격은 대기 중 부식에 노출된 도장되지 않은 내후성강재의 경우 얇은 판두께의 16배 또는 180mm 이하로 해야 한다.
③ 판재와 형강 또는 2개의 판재로 구성되어 연속적으로 접촉되어 있는 조립인장재의 재축방향 긴결간격은 도장된 부재 또는 부식의 우려가 없어 도장되지 않은 부재의 경우 얇은 판두께의 24배 또는 300mm 이하로 해야 한다.
④ 끼움판을 사용한 2개 이상의 형강으로 구성된 조립인장재는 개재의 세장비가 가급적 300을 넘지 않도록 한다.

19 「건축구조기준(국가건설기준코드)」에서 제시하는 철근 배치 간격 제한에 관한 설명 중 가장 옳지 않은 것은? (※ 기출 변형)

① 동일 평면에서 평행하는 철근 사이의 수평 순간격은 25mm 이상, 철근의 공칭지름 이상으로 하여야 한다.
② 상단과 하단에 2단 이상으로 배치된 경우 상하 철근은 동일 연직면 내에 배치되어야 하고, 이때 상하 철근의 순간격은 25mm 이상으로 하여야 한다.
③ 나선철근 또는 띠철근이 배근된 압축부재에서 축방향철근의 순간격은 40mm 이상, 또한 철근 공칭지름의 1.5배 이상으로 하여야 한다.
④ 2개 이상의 철근을 묶어서 사용하는 다발철근은 이형철근으로, 그 개수는 5개 이하이어야 하며, 이들은 스터럽이나 띠철근으로 둘러싸여져야 한다.

20 수직 등분포하중 w_o를 받는 지간 l인 단순보에서, 좌측지점으로부터 우측지점으로 $l/4$만큼 떨어진 위치에서의 휨모멘트 M 및 전단력 V의 산정식으로 각각 옳은 것은?

① $M = w_o l^2 (1/32)$, $V = w_o l/8$

② $M = w_o l^2 (1/16)$, $V = w_o l/2$

③ $M = w_o l^2 (3/32)$, $V = w_o l/4$

④ $M = w_o l^2 (1/8)$, $V = w_o l/3$

---

17 웹 크리플링(Web Crippling)은 웹이 압축력을 받아 발생하는 한계상태이다. 특히 집중하중이 작용하는 부분이나 반력에 바로 인접한 부분에서 주로 발생한다.
(참고) Crippling은 '(기능을 상실할 정도로) 심하게 손상(부상)한'이라는 뜻이다.

18 판재와 형강 또는 2개의 판재로 구성되어 연속적으로 접촉되어 있는 조립인장재의 재축방향 긴결간격은 대기 중 부식에 노출된 도장되지 않은 내후성강재의 경우 얇은 판두께의 14배 또는 180mm 이하로 해야 한다.

19 2개 이상의 철근을 묶어서 사용하는 다발철근은 이형철근으로, 그 개수는 4개 이하이어야 하며, 이들은 스터럽이나 띠철근으로 둘러싸여져야 한다.

20 수직 등분포하중 w_o를 받는 지간 l인 단순보에서, 좌측지점으로부터 우측지점으로 $l/4$만큼 떨어진 위치에서의 휨모멘트 M 및 전단력 V의 산정식은 각각 $M = w_o l^2 (3/32)$, $V = w_o l/4$이다.

정답 및 해설 17.① 18.② 19.④ 20.③

2017 12월 16일 | 지방직 추가선발 시행

1 수평하중에 저항하는 목구조 계획에 대한 설명으로 옳지 않은 것은?

① 수평하중에 대하여 충분한 강성과 강도를 갖도록 설계한다.

② 각 골조 및 벽체는 되도록 균등하게 하중을 분담하도록 배치한다.

③ 골조 또는 벽체 등의 수평저항요소가 개별적으로 수평력에 저항할 수 있도록 바닥평면이 개별화된 격막구조가 되도록 한다.

④ 수평하중이 격막구조를 통하여 구조 각부에 전달되도록 바닥구조와 구조 각부를 긴밀하게 접합한다.

2 철근콘크리트 단근 직사각형보를 강도설계법으로 설계할 경우, 등가직사각형 응력블록의 깊이 계산 시 고려하지 않는 것은?

① 종방향 주철근의 설계기준항복강도

② 보의 폭

③ 주철근의 순간격

④ 콘크리트의 설계기준압축강도

3 철근콘크리트 옹벽 및 지하외벽에 대한 설명으로 옳지 않은 것은?

① 옹벽은 상재하중, 뒤채움 흙의 중량, 옹벽의 자중 및 옹벽에 작용되는 토압에 견디도록 설계하여야 한다.

② 활동에 대한 저항력은 옹벽에 작용하는 수평력의 1.5배 이상이어야 한다.

③ 전도에 대한 저항휨모멘트는 횡토압에 의한 전도모멘트의 2.0배 이상이어야 한다.

④ 지반에 유발되는 최대 지반반력은 지반의 허용지지력을 초과하여야 한다.

4 보강조적조의 강도설계법에 의한 내진설계에서 부재의 치수에 대한 설명으로 옳지 않은 것은?

① 보의 폭은 120mm보다 작아서는 안 된다.

② 보의 깊이는 적어도 200mm 이상이어야 한다.

③ 피어의 횡지지 간격은 피어 폭의 30배를 넘을 수 없다.

④ 기둥의 횡지지 간격은 기둥 폭의 30배를 넘을 수 없다.

1 골조 또는 벽체 등의 수평저항요소가 수평력을 적절히 전달하기 위하여 바닥평면이 일체화된 격막구조가 되도록 한다. (또한 각 수평저항요소가 동등한 수평력을 분포하는 경우에도 바닥전체가 일체화된 격막구조가 되도록 한다.)

2 철근콘크리트 단근 직사각형보를 강도설계법으로 설계할 경우, 등가직사각형 응력블록의 깊이 계산 시 주철근의 순간격은 고려해야 할 대상이 아니다.

3 지반에 유발되는 최대 지반반력은 지반의 허용지지력을 초과해서는 안 된다. [※ 부록 참고 : 건축구조 5-8]

4 보의 폭은 150mm보다 작아서는 안 된다.

정답 및 해설 1.③ 2.③ 3.④ 4.①

5 철근콘크리트구조에서 인장 이형철근 및 이형철선의 정착에 대한 설명으로 옳지 않은 것은?

① 에폭시 피복철근의 경우에는 부착력이 증가된다.

② 기본정착길이는 식 $\dfrac{0.6\,d_b f_y}{\lambda\sqrt{f_{ck}}}$에 따라 구하여야 한다.

③ 정착길이는 기본정착길이에 보정계수를 고려하여 구할 수 있다.

④ 횡방향철근이 배치되어 있더라도 설계를 간편하게 하기 위해 횡방향철근지수는 0으로 사용할 수 있다.

6 축력을 받는 철근콘크리트 벽체의 최소철근비에 대한 설명으로 옳지 않은 것은?

① 수직 및 수평철근의 간격은 벽두께의 3배 이하, 또한 450mm 이하로 하여야 한다.

② 지름 16mm 이하 용접철망의 전체 단면적에 대한 최소 수직철근비는 0.0010이다.

③ 설계기준항복강도 400MPa 이상인 D16 이하 이형철근의 전체 단면적에 대한 최소 수직철근비는 0.0012이다.

④ 설계기준항복강도 400MPa 이상인 D16 이하 이형철근의 전체 단면적에 대한 최소 수평철근비는 0.0020이다.

7 단면적이 200mm²로 균질하고 길이가 2m인 선형탄성 부재가 길이방향으로 10 kN의 중심인장력을 받을 경우, 늘어나는 길이는? (단, 부재의 자중은 무시하고 탄성계수 E = 200,000 N/mm²이다)

① 0.5mm   ② 1.0mm
③ 1.5mm   ④ 2.0mm

8 보강조적조의 허용응력설계법에 대한 설명으로 옳지 않은 것은?

① 설계의 기본은 균열단면과 적절한 안전계수를 갖는 선형탄성응력법이다.

② 줄눈보강근 이외에 모든 철근은 모르타르나 그라우트에 묻혀 있어야 한다.

③ 설계 시 철근은 조적재료로 피복 부착되어서 허용응력 이내에서는 하나의 균일한 재료로 작용하는 것으로 가정한다.

④ 설계 시 조적조는 인장응력을 전달하는 것으로 가정한다.

9 철근콘크리트 압축부재에 대한 설명으로 옳지 않은 것은?

① 비합성 압축부재의 축방향 주철근 단면적은 전체 단면적의 0.01배 이상, 0.08배 이하로 하여야 한다.

② 하중에 의해 요구되는 단면보다 큰 단면으로 설계된 압축부재의 경우, 감소된 유효단면적을 사용하여 최소철근량과 설계강도를 결정할 수 있다.

③ 축방향 주철근이 겹침이음되는 경우의 철근비는 0.05 이상이어야 한다.

④ 압축부재 축방향 주철근의 최소 개수는 사각형이나 원형띠철근으로 둘러싸인 경우 4개로 하여야 한다.

---

5 에폭시 피복을 하게 되면 부착력이 저하된다.

6 지름 16mm 이하 용접철망의 전체 단면적에 대한 최소 수직 철근비는 0.0012이다.
[※ 부록 참고 : 건축구조 6-21]

7 $\triangle = \dfrac{PL}{AE} = \dfrac{10^4[N] \cdot 2000[mm]}{200[mm^2] \cdot 2 \cdot 10^5[N/mm^2]} = 0.5[mm]$

8 설계 시 조적조는 압축응력을 전달하는 것으로 가정하여 인장력에 대해서는 저항력이 없다고 가정한다.

9 철근콘크리트 압축부재의 축방향 주철근이 겹침이음되는 경우의 철근비는 0.04 이하이어야 한다.

정답 및 해설 5.① 6.② 7.① 8.④ 9.③

10 그림과 같은 트러스 구조를 구성하는 부재 ㉠~㉣ 중 부재력의 크기가 0이 아닌 것은? (단, 부재의 자중은 무시한다)

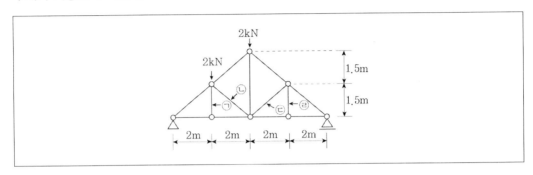

① ㉠
② ㉡
③ ㉢
④ ㉣

11 목구조 구조해석의 기본가정으로 옳지 않은 것은?

① 응력과 변형의 산정은 소성해석을 기본으로 한다.
② 접합부 성상에 따라 핀 또는 강접합으로 가정한다.
③ 가정한 절점이 실상과 다를 경우 필요에 따라 2차응력의 영향을 고려한다.
④ 목구조물을 구성하는 각 부재는 적절한 구조요소로 모델화한다.

12 지반의 안정성 검토를 위한 사전 평가 및 검토 내용에 해당하지 않는 것은?

① 지반침하에 따른 영향
② 경사지에서의 부지를 포함한 사면의 붕괴나 변형의 가능성
③ 옹벽의 전도에 대한 영향
④ 지진 시 액상화 발생의 가능성

13 그림과 같은 H형강의 치수표시법으로 옳은 것은?

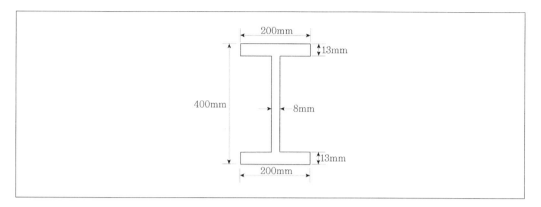

① H − 400 × 200 × 8 × 13

② H − 400 × 200 × 13 × 8

③ H − 200 × 400 × 8 × 13

④ H − 200 × 400 × 13 × 8

10 ⓒ은 압축력이 작용하는 부재이다. [※ 부록 참고 : 건축구조 2-3]

11 목구조 구조해석의 경우, 응력과 변형의 산정은 탄성해석을 기본으로 한다.

12 옹벽의 전도에 대한 영향은 옹벽의 안정성 검토사항이지 지반자체의 안정성에 대한 검토사항이 아니다.

13 보 단면의 높이 400, 플랜지폭 200, 웨브부재의 두께 8, 플랜지의 두께 13이므로 H−400 × 200 × 8 × 13으로 표시한다. [※ 부록 참고 : 건축구조 7-7]

정답 및 해설 10.② 11.① 12.③ 13.①

14 건축구조물에 작용하는 하중에 대한 설명으로 옳지 않은 것은?

① 한계상태설계법을 사용하는 구조기준에서는 하중계수를 사용하여 증가시킨 소요강도와 강도 감소계수를 사용하여 공칭강도를 감소시킨 설계강도를 비교하여 구조물의 안전성을 확보한다.

② 기본지상적설하중은 재현기간 100년에 대한 수직 최심적설깊이를 기준으로 한다.

③ 활하중은 점유 또는 사용에 의하여 발생할 것으로 예상되는 최소의 하중이어야 한다.

④ 풍하중은 각각의 설계풍압에 유효수압면적을 곱하여 산정한다.

15 기성콘크리트말뚝의 구조세칙으로 옳지 않은 것은?

① 주근은 4개 이상으로 한다.

② 주근 단면적의 합은 말뚝 실단면적의 0.8% 이상으로 한다.

③ 주근의 피복두께는 30mm 이상으로 한다.

④ 기성콘크리트말뚝을 타설할 때 그 중심간격은 말뚝머리지름의 2.5배 이상 또한 750mm 이상으로 한다.

16 그림과 같은 조건의 강재기둥이 중심압축력을 받을 때 탄성좌굴응력은? (단, E는 강재의 탄성계수이다)

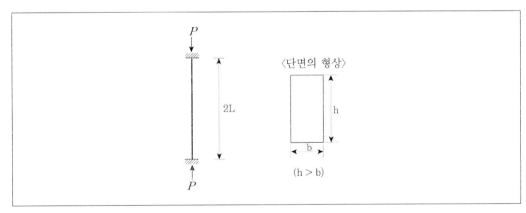

① $\dfrac{\pi^2 E}{12(L/b)^2}$

② $\dfrac{\pi^2 E}{12(L/h)^2}$

③ $\dfrac{\pi^2 E}{\sqrt{12}(L/b)}$

④ $\dfrac{\pi^2 E}{\sqrt{12}(L/h)}$

17 지진하중 산정 시 증축 구조물의 설계에 대한 설명으로 옳지 않은 것은?

① 기존 구조물과 구조적으로 독립된 증축 구조물은 신축 구조물로 취급한다.

② 기존 구조물과 구조적으로 독립되지 않은 증축 구조물의 경우에는 전체 구조물을 신축 구조물로 취급한다.

③ 기존 구조물의 구조변경으로 인하여 산정한 소요강도가 기존 부재의 구조내력을 5% 이상 초과하는 경우에는 구조보강 등의 조치를 하여야 한다.

④ 용도변경으로 인해 구조물이 건축물의 중요도분류에서 더 높은 내진중요도 그룹에 속하는 경우에 이 구조물은 변경 이전 그룹에 속하는 구조물에 대한 하중기준을 따라야 한다.

---

14 활하중은 점유 또는 사용에 의하여 발생할 것으로 예상되는 최대의 하중이어야 한다.

15 기성콘크리트 말뚝의 주근은 6개 이상으로 한다.

16 탄성좌굴하중을 단면의 면적으로 나눈 값을 구해야 한다.

탄성좌굴하중 $P_{cr} = \dfrac{\pi^2 \cdot E \cdot I_{\min}}{(K \cdot 2L)^2} = \dfrac{\pi^2 \cdot E \cdot I_{\min}}{(0.5 \cdot 2L)^2} = \dfrac{\pi^2 \cdot E \cdot I_{\min}}{L^2} = \dfrac{\pi^2 \cdot E \cdot h \cdot b^3}{12L^2}$

($I_{\min} = \dfrac{hb^3}{12}$ 이며, 단면적은 $b \cdot h$)

탄성좌굴하중을 단면적으로 나눈 값인 탄성좌굴응력은 $\dfrac{\pi^2 E}{12(L/b)^2}$ 가 된다.

17 용도변경으로 인해 구조물이 건축물의 중요도분류에서 더 높은 내진중요도 그룹에 속하는 경우에 이 구조물은 변경 이후의 그룹에 속하는 구조물에 대한 하중기준을 따라야 한다.

정답 및 해설 14.③ 15.① 16.① 17.④

18 강구조에서 고장력볼트의 미끄럼 한계상태에 대한 마찰접합의 설계강도 계산 시 고려하지 않는 것은?

① 볼트구멍의 종류
② 피접합재의 두께
③ 설계볼트장력
④ 전단면의 수

19 강구조 용어의 정의로 옳지 않은 것은?

① 가새골조는 횡력에 저항하기 위하여 건물골조시스템 또는 이중골조시스템에서 사용하는 중심형 또는 편심형의 수직트러스 또는 이와 동등한 구성체이다.
② 구속판요소는 H형강의 플랜지와 같이 하중의 방향과 평행하게 한쪽 끝단이 직각방향의 판요소에 의해 연접된 평판요소이다.
③ 비지지길이는 한 부재의 횡지지가새 사이의 간격으로 가새부재의 도심 간 거리로 측정한다.
④ 스티프너는 하중을 분배하거나, 전단력을 전달하거나, 좌굴을 방지하기 위해 부재에 부착하는 구조요소이다.

20 그림과 같은 조건을 갖는 보에서 휨모멘트의 크기가 0이 아닌 지점은?

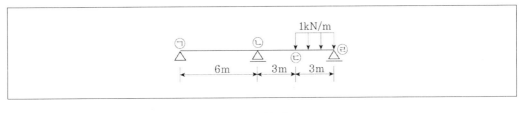

① ㉠
② ㉡
③ ㉢
④ ㉣

18 고장력볼트의 설계미끄럼강도 산정식은 다음과 같다.

$\phi R_n = \phi \cdot \mu \cdot h_{sc} \cdot T_o \cdot N_s$

(μ : 미끄럼계수, h_{sc} : 구멍계수[볼트구멍의 종류에 따라 차이가 남], N_s : 전단면의 수, T_o : 설계볼트장력)

※ 피접합재의 두께는 마찰접합의 설계강도에 직접적인 영향을 주지 않는다.

19 H형강의 플랜지는 비구속판 요소에 속한다. 비구속판요소는 하중의 방향과 평행한 면 중에서 한쪽 면에만 지지되어 있는 구조요소이다. 반면, 구속판요소는 압축력방향과 평행한 양쪽면에 지지된 구조요소이다.

[※ 부록 참고 : 건축구조 7-21]

20 직관적으로 판단할 때 내부힌지인 ㉢에는 휨모멘트가 작용하지 않으며 양단인 ㉠, ㉣은 핀지점으로서 휨모멘트가 0이 된다. 결과적으로 ㉡에만 휨모멘트가 발생한다.

정답 및 해설   18.② 19.② 20.②

1 철근콘크리트구조의 극한강도설계법에서 강도감소계수를 사용하는 이유로 가장 옳지 않은 것은?

① 부정확한 부재강도 계산식에 대한 여유 확보

② 구조물에서 구조부재가 차지하는 부재의 중요도 반영

③ 구조물에 작용하는 하중의 불확실성에 대한 여유 확보

④ 주어진 하중조건에 대한 부재의 연성능력과 신뢰도 확보

2 건물에 작용하는 하중에 관한 설명으로 가장 옳지 않은 것은?

① 풍하중에서 설계속도압은 공기밀도와 설계풍속의 제곱에 비례한다.

② 기본지상적설하중은 재현기간 100년에 대한 수직 최심적설깊이를 기준으로 한다.

③ 구조물의 반응수정계수가 클수록 구조물에 작용하는 지진하중은 증가한다.

④ 지붕층을 제외한 일반층의 기본등분포활하중은 부재의 영향면적이 $36m^2$ 이상일 경우 저감할 수 있다.

3 기초 및 지반에 관한 설명으로 가장 옳지 않은 것은?

① 점토질 지반은 강한 점착력으로 흙의 이동이 없고 기초주변의 지반반력이 중심부에서의 지반 반력보다 크다.

② 샌드드레인 공법은 모래질 지반에 사용하는 지반개량 공법으로, 모래의 압밀침하현상을 이용 하여 물을 제거하는 공법이다.

③ 슬러리월 공법은 가설 흙막이벽뿐만 아니라 영구적인 구조 벽체로 사용할 수 있다.

④ 평판재하시험은 지름 300mm의 재하판에 지반의 극한지지력 또는 예상장기설계하중의 3배를 최대 재하하중으로 지내력을 측정한다.

4 〈보기〉와 같이 동일한 재료로 만들어진 변단면 구조물이 100N의 인장력을 받아 1mm 늘어났을 때, 이 구조물을 이루는 재료의 탄성계수는? (단, 괄호 안의 값은 단면적이다.)

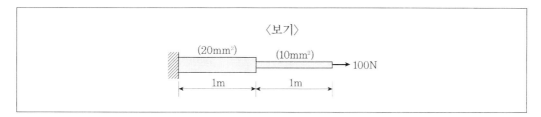

① $5,000N/mm^2$

② $10,000N/mm^2$

③ $15,000N/mm^2$

④ $20,000N/mm^2$

---

1 구조물에 작용하는 하중의 불확실성에 대한 여유 확보를 위해 사용하는 계수는 하중계수이다.

2 구조물의 반응수정계수가 클수록 구조물에 작용하는 지진하중은 감소하게 된다.

3 샌드드레인 공법은 점토질 지반에 사용하는 지반개량공법이다. [※ 부록 참고 : 건축구조 5-6]

4 $\delta = \sum \dfrac{P \cdot L_i}{A_i \cdot E_i} = \dfrac{100}{20 \cdot E} + \dfrac{100}{10 \cdot E} = \dfrac{300}{20 \cdot E} = \dfrac{15}{E}[m] = 0.001[mm]$

$\therefore E = 15,000[N/mm^2]$

<u>**정답 및 해설**</u> 1.③ 2.③ 3.② 4.③

5 철근콘크리트 구조물의 철근배근에 관한 설명으로 가장 옳은 것은?

① 기둥에서 철근의 피복 두께는 40mm 이상으로 하며, 주근비는 1% 이상 6% 이하로 한다.

② 보에서 주근의 순간격은 25mm 이상이고 주근 공칭지름의 1.5배 이상이며 굵은골재 최대치수의 4/3배 이상으로 하여야 한다.

③ 기둥에서 나선철근의 중심간격은 25mm 이상 75mm 이하로 한다.

④ 보에서 깊이 h가 900mm를 초과하는 경우, 보의 양측면에 인장연단으로부터 h/2 위치까지 표피철근을 길이 방향으로 배근한다.

6 프리스트레스트 콘크리트구조의 프리텐션공법에서 긴장재의 응력손실 원인이 아닌 것은?

① 긴장재와 덕트(시스) 사이의 마찰

② 콘크리트의 크리프

③ 긴장재 응력의 이완(relaxation)

④ 콘크리트의 탄성수축

7 「건축구조기준(국가건설기준코드)」에 따른 철골부재의 이음부 설계 세칙에 대한 설명으로 가장 옳지 않은 것은?

① 응력을 전달하는 필릿용접 이음부의 길이는 필릿 사이즈의 10배 이상이며, 또한 30mm 이상이다.

② 겹침길이는 얇은 쪽 판 두께의 5배 이상이며, 또한 25mm 이상 겹치게 한다.

③ 응력을 전달하는 겹침이음은 2열 이상의 필릿용접을 원칙으로 한다.

④ 고장력볼트의 구멍 중심 간 거리는 공칭직경의 1.5배 이상으로 한다.

8 건축구조물의 기초를 선정할 때, 상부 건물의 구조와 지반상태를 고려하여 적절히 선정하여야 한다. 기초선정과 관련된 설명으로 가장 옳지 않은 것은?

① 연속기초(wall footing)는 상부하중이 편심되게 작용하는 경우에 적합하다.

② 온통기초(mat footing)는 지반의 지내력이 약한 곳에서 적합하다.

③ 복합기초(combined footing)는 외부기둥이 대지 경계선에 가까이 있을 때나 기둥이 서로 가까이 있을 때 적합하다.

④ 독립기초(isolated footing)는 지반이 비교적 견고하거나 상부하중이 작을 때 적합하다.

---

5 ① 기둥에서 철근의 피복 두께는 40mm 이상으로 하며, 주근(주철근)비는 1% 이상 8% 이하로 한다.
  ② 보에서 주근의 순간격은 25mm이상이고 주근 공칭지름 이상이며 굵은골재 최대치수의 4/3배 이상으로 하여야 한다. (굵은 골재는 개별철근, 다발철근, 긴장재 또는 덕트 사이의 최소 순간격의 4/3 이하여야 한다.)
  ③ 기둥에서 나선철근의 순간격은 25mm 이상 75mm 이하로 한다.

6 긴장재와 덕트(시스) 사이의 마찰은 포스트텐션공법에서 발생하는 응력손실이다.
  [※ 부록 참고 : 건축구조 6-27]

7 고장력볼트의 구멍 중심 간 거리는 공칭직경의 2.5배 이상으로 한다.

8 연속기초(wall footing, 줄기초)는 벽 또는 일련의 기둥으로부터의 응력을 띠모양으로 하여 지반 또는 지정에 전달토록 하는 기초이다. 연속기초의 접지압은 각 기둥의 지배면적 범위 안에서 균등하게 분포되는 것으로 가정한다. (캔틸레버기초 확인)

정답 및 해설 5.④ 6.① 7.④ 8.①

9 철근콘크리트구조에서 전단마찰설계에 대한 설명으로 가장 옳지 않은 것은?

① 전단마찰철근이 전단력 전달면에 수직한 경우 공칭전단강도 $V_n = A_{vf}f_y\mu$로 산정한다.

② 보통중량콘크리트의 경우 일부러 거칠게 하지 않은 굳은 콘크리트와 새로 친 콘크리트 사이의 마찰계수는 0.6으로 한다.

③ 전단마찰철근은 굳은 콘크리트와 새로 친 콘크리트 양쪽에 설계기준항복강도를 발휘할 수 있도록 정착시켜야 한다.

④ 전단마찰철근의 설계기준항복강도는 600MPa 이하로 한다.

10 철골구조에서 설계강도를 계산할 때 저항계수의 값이 다른 것은?

① 볼트 구멍의 설계지압강도

② 압축재의 설계압축강도

③ 인장재의 인장파단 시 설계인장강도

④ 인장재의 블록전단강도

11 〈보기〉와 같이 양단 단순지지 보에서 최대 휨모멘트가 발생하는 지점이 지점 A로부터 x만큼 떨어진 곳에 있을 때 x의 값은?

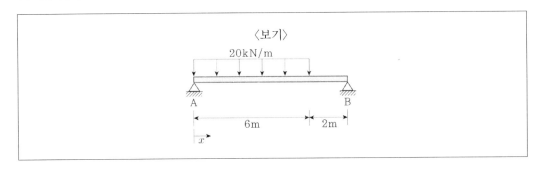

① 1.54m

② 2.65m

③ 3.75m

④ 4.65m

12 지진에 저항하는 구조물을 설계할 때, 지반과 구조물을 분리함으로써 지진동이 지반으로부터 구조물에 최소한으로 전달되도록 하여 수평진동을 감소시키는 건축구조기술에 해당하는 것은?

① 면진구조   ② 내진구조

③ 복합구조   ④ 제진구조

---

9 전단마찰철근의 설계기준항복강도는 500MPa 이하로 한다.

10 압축재의 설계압축강도 저항계수값은 0.90이다.
볼트구멍의 설계지압강도, 인장재의 인장파단 시 설계인장강도, 인장재의 블록전단강도 저항계수값은 0.75이다.

11 등분포하중을 집중하중으로 치환하면 120kN의 힘이 A지점으로부터 3m인 지점에 작용하게 된다.
이 때 A점에는 75kN의 상향반력, B점에서는 45kN의 상향반력이 발생하게 된다.
전단력이 0이 되는 점에서 최대휨모멘트가 발생하므로, $R_1 - 20 \cdot x = 75 - 20 \cdot x = 0$에 따라 $x = 3.75[m]$

12 면진구조에 대한 설명이다.
　※ 내진구조 : 구조물이 지진력에 대항하여 싸워 이겨내도록 구조물 자체를 튼튼하게 설계하는 기술
　※ 제진구조 : 별도의 장치를 이용하여 지진력에 상응하는 힘을 구조물 내에서 발생시키거나 지진력을 흡수하여 구조물이 부담해야 할 지진력을 감소시키는 기술

정답 및 해설   9.④   10.②   11.③   12.①

13 강구조 접합에서 용접과 볼트의 병용에 대한 설명으로 가장 옳지 않은 것은?

① 신축 구조물의 경우 인장을 받는 접합에서는 용접이 전체 하중을 부담한다.

② 신축 구조물에서 전단접합 시 표준구멍 또는 하중 방향에 수직인 단슬롯구멍이 사용된 경우, 볼트와 하중 방향에 평행한 필릿용접이 하중을 각각 분담할 수 있다.

③ 마찰볼트접합으로 기 시공된 구조물을 개축할 경우 고장력 볼트는 기 시공된 하중을 받는 것으로 가정하고 병용되는 용접은 추가된 소요강도를 받는 것으로 용접설계를 병용할 수 있다.

④ 높이가 38m 이상인 다층구조물의 기둥이음부에서는 볼트가 설계하중의 25%까지만 부담할 수 있다.

14 철근콘크리트구조에서 철근의 정착 및 이음에 관한 설명으로 가장 옳지 않은 것은?

① 보에서 상부철근의 정착길이가 하부철근의 정착길이보다 길다.

② 압축을 받는 철근의 정착길이가 부족할 경우 철근 단부에 표준갈고리를 설치하여 정착길이를 줄일 수 있다.

③ 겹침이음의 경우 철근의 순간격은 겹침이음길이의 1/5 이하이며, 또한 150mm 이하이어야 한다.

④ 연속부재의 받침부에서 부모멘트에 배치된 인장철근 중 1/3 이상은 변곡점을 지나 부재의 유효깊이, 주근 공칭지름의 12배 또는 순경간의 1/16 중 큰 값 이상의 묻힘길이를 확보하여야 한다.

15 〈보기〉와 같은 원형 독립기초에 축력 N=50kN, 휨모멘트 M=20kN·m가 작용할 때, 기초바닥과 지반 사이에 접지압으로 압축반력만 생기게 하기 위한 최소 지름(D)은?

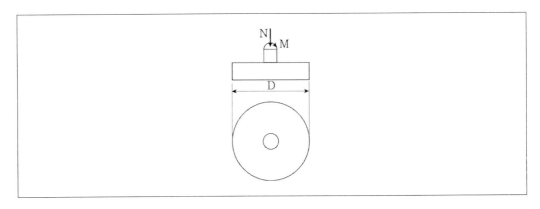

① 1.2m ② 2.4m

③ 3.2m ④ 4.0m

13 높이가 38m 이상인 다층구조물의 기둥이음부에서는 용접 또는 마찰접합, 또는 전인장조임을 사용해야만 한다.

※ 볼트와 용접접합의 제한

다음의 접합에 대해서는 용접접합, 마찰접합 또는 전인장조임을 적용해야 한다.

• 높이가 38m 이상되는 다층구조물의 기둥이음부
• 높이가 38m 이상되는 구조물에서, 모든 보와 기둥의 접합부 그리고 기둥에 횡지지를 제공하는 기타의 모든 보의 접합부
• 용량 50kN 이상의 크레인구조물 중 지붕트러스이음, 기둥과 트러스접합, 기둥이음. 기둥횡지지가새, 크레인 지지부
• 기계류 지지부 접합부 또는 충격이나 하중의 반전을 일으키는 활하중을 지지하는 접합부

14 압축을 받는 철근은 표준갈고리를 설치하여도 압축에 대한 효과가 없는 것으로 간주한다.

15 압축응력 $\sigma_c = \dfrac{P}{A} - \dfrac{M}{Z} = 0$을 만족하는 직경을 구해야 한다.

원형단면인 경우 $Z = \dfrac{\pi D^3}{32}$ 이므로,

$$\sigma_c = \frac{P}{A} - \frac{M}{Z} = \frac{4 \cdot 50}{\pi D^2} - \frac{32 \cdot 20}{\pi D^3} = 0$$

$$\therefore D = 3.2[m]$$

정답 및 해설 13.④ 14.② 15.③

16 철근콘크리트 구조 설계에서 보의 휨모멘트 계산을 위한 압축응력 등가블록깊이 계산 시 사용되는 설계변수가 아닌 것은?

① 보의 폭
② 콘크리트 탄성계수
③ 인장철근의 설계기준항복강도
④ 인장철근 단면적

17 KS D3529에 따른 두께 16mm SMA275CP 강재에 대한 설명으로 가장 옳지 않은 것은? (※ 기출 변형)

① 용접구조용 강재이다.
② 항복강도는 275MPa이다.
③ 일반구조용 강재에 비해 대기 중에서 부식에 대한 저항성이 우수하다.
④ 샤르피 흡수에너지가 가장 낮은 등급이다.

18 「콘크리트구조기준(2012)」에서는 응력교란영역에 해당하는 구조부재에 스트럿-타이 모델(strut-tie model)을 적용하도록 권장하고 있다. 스트럿-타이 모델을 구성하는 요소에 해당하지 않는 것은?

① 절점(node)
② 하중경로(load path)
③ 타이(tie)
④ 스트럿(strut)

16 콘크리트의 탄성계수는 철근콘크리트 구조 설계에서 보의 휨모멘트 계산을 위한 압축응력 등가블록깊이 계산 시 사용되는 설계변수가 아니다.

※ 등가응력블록

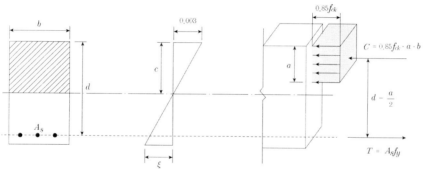

중립축거리(c)와 압축응력 등가블럭깊이(a)의 관계는 $a = \beta_1 C$가 성립하며 등가압축영역계수 β_1은 다음의 표를 따른다.

f_{ck}	등가압축영역계수 β_1
$f_{ck} \leq 28MPa$	$\beta_1 = 0.85$
$f_{ck} \geq 28MPa$	$\beta_1 = 0.85 - 0.007(f_{ck} - 28) \geq 0.65$

17 C는 샤르피 흡수에너지 등급 중 가장 높은 등급을 의미한다. [※ 부록 참고 : 건축구조 7-3]

※ SMA275CP의 해석 : 용접구조용 내후성 열간 압연강재. 강재의 항복강도는 275Mpa이며 샤르피 에너지 흡수 등급은 C(우수한 충격치 요구)를 의미한다.
   ㉠ 샤르피 흡수에너지 등급
   • A : 별도 조건 없음 / B : 일정 수준의 충격치 요구 / C : 우수한 충격치 요구
   ㉡ 내후성 등급
   • W : 녹안정화 처리 / P : 일반도장 처리 후 사용
   ㉢ 열처리의 종류
   • N : Normalizing(소준) / QT : Quenching Tempering / TMC : Thermo Mechanical Control(열가공제어)
   ㉣ 내라멜라테어 등급
   • ZA : 별도보증 없음 / ZB : Z방향 15% 이상 / ZC : Z방향 25% 이상

18 하중경로(load path)는 스트럿-타이 모델의 구성요소에 해당되지 않는다. [※ 부록 참고 : 건축구조 6-26]

정답 및 해설 16.② 17.④ 18.②

19 〈보기〉와 같은 단면을 갖는 캔틸레버 보에 작용할 수 있는 최대 등분포하중(W)은? (단, 내민길이 l=4m, 허용전단 응력 f_s=2MPa이고 휨모멘트에 대해서는 충분히 안전한 것으로 가정한다.)

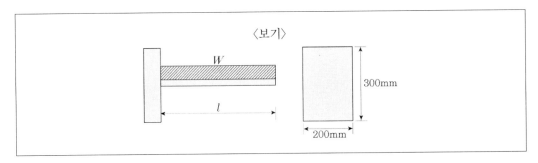

〈보기〉

W

l

300mm

200mm

① 20.00kN/m

② 22.50kN/m

③ 25.00kN/m

④ 27.50kN/m

20 〈보기〉와 같이 스팬이 8,000mm이며 간격이 3,000mm인 합성보의 슬래브 유효폭은?

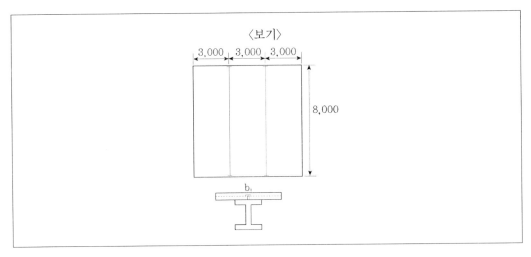

〈보기〉

3,000 | 3,000 | 3,000

8,000

b_q

① 1,000mm

② 2,000mm

③ 3,000mm

④ 4,000mm

19 캔틸레버 고정지점 부분에서 최대휨모멘트와 최대전단력이 발생하게 된다. 이 때 발생하는 최대전단력은

$$W \cdot l = 4W$$

평균전단응력 $\tau_{avg} = \dfrac{S_{max}}{A} = \dfrac{4 \cdot W}{200 \cdot 300}$ 이며 최대전단응력은 이 값의 1.5배이고, 이는 허용전단응력보다 작아야 한다.

$$\tau_{max} \cdot \frac{3}{2} T_{avg} = \frac{3}{2} \cdot \frac{S_{max}}{A} = \frac{3}{2} \cdot \frac{4 \cdot W}{200 \cdot 300} \le 2[N/mm^2]$$

따라서 $W \le 20.000[N/m] = 20.00[kN/m]$

20 합성보 콘크리트 슬래브의 유효폭은 보 중심을 기준으로 좌우 각 방향에 대한 유효폭의 합으로 구하며 <u>보 중심에 대해서 좌우 중 한쪽 방향에 대한 유효폭은 다음 중에서 최솟값으로 구한다.</u>

- 보 스팬(지지점의 중심간)의 1/8 : 1,000[mm]
- 보 중심선에서 인접보 중심선까지의 거리의 1/2 : 1,500[mm]
- 보 중심선에서 슬래브 가장자리까지의 거리 : 3,000[mm]

한쪽 면에 대한 유효폭이 아니라 좌우 양방향에 대한 유효폭을 묻고 있으므로, 위의 값에 2배를 해야 슬래브의 유효폭이 구해진다. 따라서 위의 값 중 가장 작은 값인 1,000[mm]에 2배를 한 2,000[mm]가 유효폭이 된다.

정답 및 해설   19.①   20.②

1 토질 및 기초에 대한 설명으로 옳지 않은 것은?

① 물에 포화된 느슨한 모래가 진동, 충격 등에 의하여 간극수압이 급격히 상승하기 때문에 전단 저항을 잃어버리는 현상을 액상화 현상이라 한다.

② 온통기초는 상부구조의 광범위한 면적 내의 응력을 단일 기초판으로 연결하여 지반 또는 지정에 전달하도록 하는 기초이다.

③ 사질토 지반의 기초하부 토압분포는 기초 중앙부 토압이 기초 주변부보다 작은 형태이다.

④ 연약한 점성토 지반에서 땅파기 외측의 흙의 중량으로 인하여 땅파기 된 저면이 부풀어 오르는 현상을 히빙(Heaving)이라 한다.

2 목재에 대한 설명으로 옳지 않은 것은?

① 목재 단면의 수심에 가까운 중앙부를 심재, 수피에 가까운 부분을 변재라 한다.

② 목재의 단면에서 볼트 등의 철물을 위한 구멍이나 홈의 면적을 포함한 단면적을 순단면적이라 한다.

③ 기계등급구조재는 기계적으로 목재의 강도 및 강성을 측정하여 등급을 구분한 목재이다.

④ 육안등급구조재는 육안으로 목재의 표면결점을 검사하여 등급을 구분한 목재이다.

3 프리스트레스하지 않는 부재의 현장치기콘크리트의 최소피복두께에 대한 설명으로 옳지 않은 것은?

① 수중에서 타설하는 콘크리트 : 80mm

② 옥외의 공기나 흙에 직접 접하지 않는 콘크리트 절판부재 : 20mm

③ 흙에 접하여 콘크리트를 친 후 영구히 흙에 묻혀 있는 콘크리트 : 80mm

④ 옥외의 공기나 흙에 직접 접하지 않는 콘크리트로 D35 이하의 철근을 사용한 슬래브 : 20mm

1 강성기초의 경우, 사질토 지반의 기초하부 토압분포는 기초 중앙부 토압이 기초 주변부보다 큰 형태이다. (점토 지반은 이와는 반대이다.) [※ 부록 참고 : 건축구조 5-2]

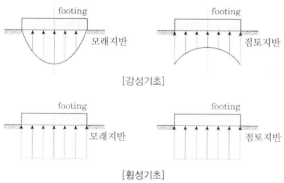

2 순단면적은 목재의 단면에서 볼트 등의 철물을 위한 구멍이나 홈의 면적을 제외한 나머지 단면적이다.

3 수중에서 타설하는 콘크리트의 최소피복두께는 100mm이다. [※ 부록 참고 : 건축구조 6-1]

정답 및 해설　1.③　2.②　3.①

4 강구조의 용접접합에 대한 설명으로 옳지 않은 것은?

① 플러그 및 슬롯용접의 유효전단면적은 접합면 내에서 구멍 또는 슬롯의 공칭단면적으로 한다.

② 그루브용접의 유효길이는 접합되는 부분의 폭으로 한다.

③ 그루브용접의 유효면적은 용접의 유효길이에 유효목두께를 곱한 것으로 한다.

④ 필릿용접의 유효길이는 필릿용접의 총길이에서 4배의 필릿사이즈를 공제한 값으로 한다.

5 현장 말뚝재하실험에 대한 설명으로 옳지 않은 것은?

① 말뚝재하실험은 지지력 확인, 변위량 추정, 시공방법과 장비의 적합성 확인 등을 위해 수행한다.

② 말뚝재하실험에는 압축재하, 인발재하, 횡방향재하실험이 있다.

③ 말뚝재하실험을 실시하는 방법으로 정재하실험방법은 고려할 수 있으나, 동재하실험방법을 사용해서는 안 된다.

④ 압축정재하실험의 수량은 지반조건에 큰 변화가 없는 경우 구조물별로 1회 실시한다.

6 다음 미소 응력 요소의 평면 응력 상태(σ_x = 4 MPa, σ_y = 0 MPa, τ = 2 MPa)에서 최대 주응력의 크기는?

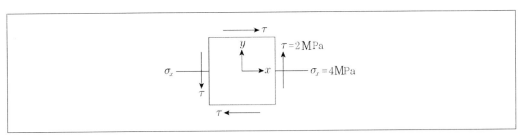

① $4+2\sqrt{2}$ MPa

② $2+2\sqrt{2}$ MPa

③ $4+\sqrt{2}$ MPa

④ $2+\sqrt{2}$ MPa

7 다음 단순보에 등변분포하중이 작용할 때, 각 지점의 수직반력의 크기는? (단, 부재의 자중은 무시한다)

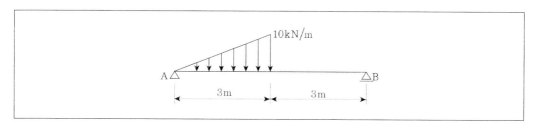

	A지점	B지점
①	20 kN	10 kN
②	15 kN	10 kN
③	10 kN	5 kN
④	12 kN	3 kN

4 필릿용접의 유효길이는 필릿용접의 총길이에서 2배의 필릿사이즈를 공제한 값으로 한다.
[※ 부록 참고 : 건축구조 7–19]

5 말뚝재하시험에서는 동재하실험방법의 사용도 가능하다.

6
$$\sigma_{\max} = \frac{\sigma_x + \sigma_y}{2} + \sqrt{\left(\frac{\sigma_x - \sigma_y}{2}\right)^2 + \tau_{xy}^2} = \frac{4+0}{2} + \sqrt{\left(\frac{4-0}{2}\right)^2 + 2^2} = 2 + 2\sqrt{2}$$

7 A점에 대한 모멘트의 합이 0임을 이용하여 구한다.
등변분포하중은 집중하중으로 치환하면 손쉽게 반력을 구할 수 있다.
집중하중으로 치환하면 15kN이 작용하게 되며, 이는 A점으로부터 2m 떨어진 곳에 작용하게 된다.
$$\sum M_A = 0 \rightarrow 15 \cdot 2 - R_B \cdot 6 = 0 \text{이므로 } R_B = 5kN$$
$$\sum V = 0 \rightarrow R_A + R_B = 15 \text{이므로 } R_A = 10kN$$

정답 및 해설 4.④ 5.③ 6.② 7.③

8 목재의 기준 허용휨응력 F_b로부터 설계 허용휨응력 F_b'을 결정하기 위해서 적용되는 보정계수에 해당하지 않는 것은?

① 좌굴강성계수 C_T

② 습윤계수 C_M

③ 온도계수 C_t

④ 형상계수 C_f

9 $F10T$ 고장력볼트의 나사부가 전단면에 포함되지 않을 경우, 지압접합의 공칭전단강도(F_{nv})는?

① 300 MPa

② 400 MPa

③ 500 MPa

④ 600 MPa

10 콘크리트구조의 내진설계 시 고려사항에 대한 설명으로 옳지 않은 것은?

① 지진력에 의한 휨모멘트 및 축력을 받는 특수모멘트 골조에 사용하는 철근은 실제 항복강도에 대한 실제 극한인장강도의 비가 1.25 이상이어야 한다.

② 프리캐스트 및 프리스트레스트 콘크리트 구조물은 일체식 구조물에서 요구되는 안전성 및 사용성에 관한 조건을 갖추고 있지 않더라도 내진구조로 다룰 수 있다.

③ 지진력에 의한 휨모멘트 및 축력을 받는 특수모멘트 골조에 사용하는 보강철근은 설계기준항복강도 f_y가 전단철근인 경우 500MPa까지 허용된다.

④ 구조물의 진동을 감소시키기 위하여 관련 구조전문가에 의해 설계되고 그 성능이 실험에 의해 검증된 진동감쇠장치를 사용할 수 있다.

11 그림과 같이 트러스구조의 상단에 10kN의 수평하중이 작용할 때, 옳지 않은 것은? (단, 부재의 자중은 무시한다)

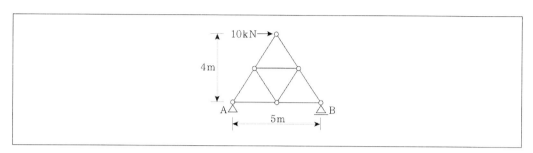

① 트러스의 모든 절점은 활절점이다.

② A 지점의 수직반력은 하향으로 8kN이다.

③ B 지점의 수평반력은 0이다.

④ 1차 부정정구조물이다.

---

8 목재의 기준 허용휨응력을 결정하기 위해서 적용되는 보정계수는 하중기간계수, 습윤계수, 온도계수, 보안정계수, 치수계수, 부피계수, 평면사용계수, 반복부재사용계수, 곡률계수, 형상계수이다. (좌굴강성계수는 탄성계수를 구할 때 적용한다.) [※ 부록 참고 : 건축구조 4-3]

9

강도		강종	고장력볼트		일반볼트	
			F8T	F10T	F13T[1]	4.6[2]
공칭인장강도, F_{nt}			600	750	975	300
지압접합의 공칭전단 강도, F_{nv}	나사부가 전단면에 포함될 경우		320	400	520	160
	나사부가 전단면에 포함되지 않을 경우		400	500	650	

1) 고장력볼트 중 F13T는 KS B 1010에 의하여 수소지연파괴민감도에 대하여 합격된 시험성적표가 첨부된 제품에 한하여 사용하여야 한다.

2) KS B 1002에 따른 강도 구분에 따른 강종의 강도이다.

10 프리캐스트 및 프리스트레스트 콘크리트 구조물은 일체식 구조물에서 요구되는 안전성 및 사용성에 관한 조건을 갖추고 있는 경우에 한하여 내진구조로 다룰 수 있다.

11 그림의 트러스는 정정구조물이다.

정답 및 해설 8.① 9.③ 10.② 11.④

12 조적구조의 벽체를 보강하기 위한 테두리보의 역할에 대한 설명으로 옳지 않은 것은?

① 기초판 위에 설치하여 조적벽체의 부동침하를 방지한다.

② 조적벽체에 작용하는 하중에 의한 수직 균열을 방지한다.

③ 조적벽체 상부의 하중을 균등하게 분산시킨다.

④ 조적벽체를 일체화하여 벽체의 강성을 증대시킨다.

13 조적구조에 대한 설명으로 옳지 않은 것은?

① 조적구조에서 기초의 부동침하는 조적 벽체 균열의 발생 원인이 될 수 있다.

② 보강조적이란 보강근이 조적체와 결합하여 외력에 저항하는 조적시공 형태이다.

③ 조적구조에 사용되는 그라우트의 압축강도는 조적개체의 압축강도의 1.3배 이상으로 한다.

④ 통줄눈으로 시공한 벽체는 막힌줄눈으로 시공한 벽체보다 수직하중에 대한 균열 저항성이 크다.

14 철근과 콘크리트의 재료특성과 휨 및 압축을 받는 철근콘크리트 부재의 설계가정에 대한 설명으로 옳지 않은 것은?

① 철근은 설계기준항복강도가 높아지면 탄성계수도 증가한다.

② 콘크리트 압축응력 분포와 콘크리트변형률 사이의 관계는 직사각형, 사다리꼴, 포물선형 또는 강도의 예측에서 광범위한 실험의 결과와 실질적으로 일치하는 어떤 형상으로도 가정할 수 있다.

③ 등가직사각형 응력블록계수 β_1의 범위는 $0.65 \leq \beta_1 \leq 0.85$ 이다.

④ 철근의 변형률이 f_y에 대응하는 변형률보다 큰 경우 철근의 응력은 변형률에 관계없이 f_y로 하여야 한다.

15 막구조 및 케이블 구조의 허용응력 설계법에 따른 하중조합으로 옳지 않은 것은?

① 고정하중 + 활하중 + 초기장력

② 고정하중 + 활하중 + 강우하중 + 초기장력

③ 고정하중 + 활하중 + 풍하중 + 초기장력

④ 고정하중 + 활하중 + 적설하중 + 초기장력

16 휨모멘트와 축력을 받는 특수모멘트골조의 부재에 대한 설명으로 옳지 않은 것은?

① 면의 도심을 지나는 직선상에서 잰 최소단면치수는 300mm 이상이어야 한다.

② 횡방향철근의 연결철근이나 겹침후프철근은 부재의 단면 내에서 중심간격이 350mm 이내가 되도록 배치하여야 한다.

③ 축방향철근의 철근비는 0.01 이상, 0.08 이하이어야 한다.

④ 최소단면치수의 직각방향 치수에 대한 길이비는 0.4 이상이어야 한다.

---

12 테두리보 : 기둥과 기둥을 연결하는 보를 만들어 기둥사이, 보 하부에 벽돌이나 블록으로 벽체를 만드는 구조를 갖는데, 이 때 블록이나 벽돌 위에 만든 보이다.

13 통줄눈으로 시공한 벽체는 막힌줄눈으로 시공한 벽체보다 수직하중에 대한 균열 저항성이 약하다.

14 철근의 탄성계수는 설계기준항복강도와는 독립적인 관계로서 재료의 고유값이다.

15 막구조 및 케이블 구조 허용응력설계법의 하중조합에서 강우하중은 고려하지 않는다.

16 휨모멘트와 축력을 받는 특수모멘트골조의 부재 축방향철근의 철근비는 0.01 이상 0.06 이하이어야 한다.

정답 및 해설 12.① 13.④ 14.① 15.② 16.③

17 강구조의 국부좌굴에 대한 단면의 분류에서 구속판요소에 해당하지 않는 것은?

① 압연 H형강 휨재의 플랜지

② 압축을 받는 원형강관

③ 휨을 받는 원형강관

④ 휨을 받는 ㄷ형강의 웨브

18 강구조에서 조립인장재에 대한 설명으로 옳지 않은 것은?

① 판재와 형강 또는 2개의 판재로 구성되어 연속적으로 접촉되어 있는 조립인장재의 재축방향 긴결간격은 대기 중 부식에 노출된 도장되지 않은 내후성강재의 경우 얇은 판두께의 24배 또는 280mm 이하로 해야 한다.

② 판재와 형강 또는 2개의 판재로 구성되어 연속적으로 접촉되어 있는 조립인장재의 재축방향 긴결간격은 도장된 부재 또는 부식의 우려가 없어 도장되지 않은 부재의 경우 얇은 판두께의 24배 또는 300mm 이하로 해야 한다.

③ 띠판은 조립인장재의 비충복면에 사용할 수 있으며, 띠판에서의 단속용접 또는 파스너의 재축방향 간격은 150mm 이하로 한다.

④ 끼움판을 사용한 2개 이상의 형강으로 구성된 조립인장재는 개재의 세장비가 가급적 300을 넘지 않도록 한다.

19 내진설계 시 반응수정계수(R)가 가장 작은 구조형식은?

① 모멘트−저항골조 시스템에서의 철근콘크리트 보통모멘트 골조

② 내력벽시스템에서의 철근콘크리트 보통전단벽

③ 건물골조시스템에서의 철근콘크리트 보통전단벽

④ 철근콘크리트 보통 전단벽−골조 상호작용 시스템

20 다음 그림은 휨모멘트만을 받는 철근콘크리트 보의 극한상태에서 변형률 분포를 나타낸 것이다. 휨모멘트에 대한 설계강도를 산정할 때 적용되는 강도감소계수는? (단, $f_y = 400MPa$, $f_{ck} = 24MPa$ 이다)

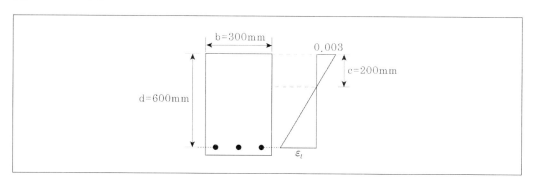

① 0.95

② 0.85

③ 0.75

④ 0.65

---

17 구속판요소는 하중의 방향과 평행하게 양면이 직각방향의 판요소에 의해 연속된 압축을 받는 평판요소이다. 압연 H형강 휨재의 플랜지는 비구속판요소에 해당한다. [※ 부록 참고: 건축구조 7-21]

18 판재와 형강 또는 2개의 판재로 구성되어 연속적으로 접촉되어 있는 조립인장재의 재축방향 긴결간격은 대기 중 부식에 노출된 도장되지 않은 내후성강재의 경우 얇은 판두께의 24배 또는 300mm 이하로 해야 한다. [※ 부록 참고 : 건축구조 7-28]

19 ① 모멘트-저항골조 시스템에서의 철근콘크리트 보통모멘트 골조 : R=3.0
② 내력벽시스템에서의 철근콘크리트 보통전단벽 : R=4.0
③ 건물골조시스템에서의 철근콘크리트 보통전단벽 : R=5.0
④ 철근콘크리트 보통 전단벽-골조 상호작용 시스템 : R=4.5
[※ 부록 참고 : 건축구조 : 8-4]

20 인장지배단면으로서 $0.003 : 200 = \varepsilon_t : 400$ 이므로 $\varepsilon_t = 0.006$ 이 된다.
인장지배변형률 한계인 0.005를 초과하였으므로 인장지배단면이므로 인장지배단면의 강도감소계수인 0.85를 적용해야 한다. [※ 부록 참고 : 건축구조 6-4]

정답 및 해설 17.① 18.① 19.① 20.②

1 일반 조적식구조의 설계법으로 옳지 않은 것은?

① 허용응력설계
② 소성응력설계
③ 강도설계
④ 경험적설계

2 건축물에 작용하는 하중에 대한 설명으로 옳지 않은 것은?

① 구조물의 사용과 점유에 의해 발생하는 하중은 활하중으로 분류된다.
② 적설하중은 지붕의 경사도가 크고 바람의 영향을 많이 받을수록 감소된다.
③ 외부온도변화는 건축물에 하중으로 작용하지 않는다.
④ 건축물의 중량이 클수록 지진하중이 커진다.

3 건축물의 기초계획에 있어 고려할 사항으로 옳지 않은 것은?

① 구조성능, 시공성, 경제성 등을 검토하여 합리적으로 기초형식을 선정하여야 한다.
② 기초는 상부구조의 규모, 형상, 구조, 강성 등을 함께 고려해야 한다.
③ 기초형식 선정 시 부지 주변에 미치는 영향은 물론 장래 인접대지에 건설되는 구조물과 그 시공에 의한 영향까지 함께 고려하는 것이 바람직하다.
④ 액상화는 경암지반이 비배수상태에서 급속한 재하를 받게 되면 과잉간극수압의 발생과 동시에 유효응력이 감소하며, 이로 인해 전단저항이 크게 감소하여 액체처럼 유동하는 현상으로 그 발생 가능성을 검토하여야 한다.

4 강재의 접합부 형태가 아닌 것은?

① 완전강접합   ② 부분강접합

③ 보강접합   ④ 단순접합

1 조적식구조의 설계법에는 허용응력설계법, 강도설계법, 경험적설계법이 있다.

2 온도에 의한 재료의 변형이 발생하므로 반드시 하중으로서 외부온도변화를 고려해야 한다.

3 액상화는 사질지반에서 발생하는 현상이다. [※ 부록 참고 : 건축구조 5-5]
   ※ **액상화** : 포화된 느슨한 모래가 진동이나 지진 등의 충격을 받으면 입자들이 재배열되어 약간 수축하며 큰
       과잉 간극수압을 유발하게 되고 그 결과로 유효응력과 전단강도가 크게 감소되어 모래가 유체처럼 거동하게
       되는 현상이다.

4 강재의 접합부 형태는 접합부의 성능과 회전에 대한 구속정도에 따라 전단접합(단순접합), 반강접합(부분강접
   합), 강접합(완전강접합)으로 분류한다.

정답 및 해설 1.② 2.③ 3.④ 4.③

5 콘크리트구조 벽체설계에서 실용설계법에 대한 설명으로 옳지 않은 것은?

① 벽체의 축강도 산정 시 강도감소계수 ϕ는 0.65이다.

② 벽체의 두께는 수직 또는 수평받침점 간 거리 중에서 작은 값의 1/25 이상이어야 하고, 또한 100mm 이상이어야 한다.

③ 지하실 외벽 및 기초벽체의 두께는 150mm 이상으로 하여야 한다.

④ 상·하단이 횡구속된 벽체로서 상·하 양단 모두 회전이 구속되지 않은 경우 유효길이계수 k는 1.0이다.

6 콘크리트구조에서 표준갈고리에 대한 설명으로 옳지 않은 것은?

① 주철근의 표준갈고리는 180° 표준갈고리와 90° 표준갈고리로 분류된다.

② 주철근의 90° 표준갈고리는 구부린 끝에서 공칭지름의 12배 이상 더 연장되어야 한다.

③ 스터럽과 띠철근의 표준갈고리는 90° 표준갈고리와 135° 표준갈고리로 분류된다.

④ D19 철근을 사용한 스터럽의 90° 표준갈고리는 구부린 끝에서 공칭지름의 6배 이상 더 연장되어야 한다.

7 벽돌공사에 대한 설명으로 옳지 않은 것은?

① 담당원의 승인 없이 사용할 수 있는 줄눈 모르타르 잔골재의 절건비중은 2.4g/cm^3 이상이어야 한다.

② 벽돌공사의 충전 콘크리트에 사용하는 굵은골재는 양호한 입도분포를 가진 것으로 하고, 그 최대치수는 충전하는 벽돌공동부 최소 직경의 1/3 이하로 한다.

③ 보강벽돌쌓기에서 철근의 피복 두께는 20mm 이상으로 한다. 다만, 칸막이벽에서 콩자갈 콘크리트 또는 모르타르를 충전하는 경우에 있어서 10mm 이상으로 한다.

④ 보강벽돌쌓기에서 벽돌 공동부의 모르타르 및 콘크리트 1회의 타설높이는 1.5m 이하로 한다.

8 다음 구조물의 지점 A에서 발생하는 수직방향 반력의 크기는? (단, 부재의 자중은 무시한다)

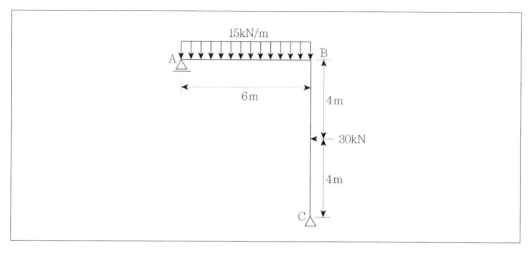

① 65 kN (↑)

② 70 kN (↑)

③ 75 kN (↑)

④ 80 kN (↑)

---

5 지하실 외벽 및 기초벽체의 두께는 200mm 이상으로 하여야 한다.

6 D19 철근을 사용한 스터럽의 90˚ 표준갈고리는 구부린 끝에서 공칭지름의 12배 이상 더 연장되어야 한다.
[※ 부록 참고 : 건축구조 6-16]

7 벽돌공사의 충전 콘크리트에 사용하는 굵은골재는 양호한 입도분포를 가진 것으로 하고, 그 최대치수는 충전하는 벽돌공동부 최소 직경의 1/4 이하로 한다.

8 A지점은 이동지점으로서 수평반력은 0이 된다.
C점을 기준으로 하여 모멘트가 평형을 이루어야 하므로,
A점의 수직방향 반력을 R_1 라고 하고 AB부재에 걸쳐 작용하는 등분포하중을 계산의 편의상 집중하중으로 치환시켜서 모멘트평형조건을 구하면,
$$\sum M_C = 0 : R_1 \cdot 6 - 90 \cdot 3 - 30 \cdot 4 = 6R_1 - 390 = 0$$
$$\therefore R_1 = 65[kN](\uparrow)$$

정답 및 해설   5.③   6.④   7.②   8.①

9 구조내력상 주요한 부분에 사용하는 막구조의 재료(막재)에 대한 설명으로 옳지 않은 것은?

① 두께는 0.5mm 이상이어야 한다.

② 인장강도는 폭 1cm당 300N 이상이어야 한다.

③ 인장크리프에 따른 신장률은 30% 이하이어야 한다.

④ 파단신율은 35% 이하이어야 한다.

10 건축 구조물의 시간이력해석을 수행하는 경우에 대한 설명으로 옳지 않은 것은?

① 탄성시간이력해석에 의한 층전단력, 층전도모멘트, 부재력 등 설계값은 시간이력해석에 의한 결과에 중요도계수와 반응수정계수를 곱하여 구한다.

② 비탄성시간이력해석 시 부재의 비탄성 능력 및 특성은 중요도 계수를 고려하여 실험이나 충분한 해석결과에 부합하도록 모델링해야 한다.

③ 지반효과를 고려하기 위하여 기반암 상부에 위치한 지반을 모델링하여야 하며, 되도록 넓은 면적의 지반을 모델링하여 구조물로부터 멀리 떨어진 지반의 운동이 구조물과 인접지반의 상호작용에 의하여 영향을 받지 않도록 한다.

④ 3개의 지반운동을 이용하여 해석할 경우에는 최대응답을 사용하여 설계해야 하며, 7개 이상의 지반운동을 이용하여 해석할 경우에는 평균응답을 사용하여 설계할 수 있다.

11 콘크리트구조 기둥에 사용되는 띠철근의 주요한 역할에 대한 설명으로 옳지 않은 것은?

① 축방향 주철근을 정해진 위치에 고정시킨다.

② 기둥의 휨내력을 증가시킨다.

③ 축방향력을 받는 주철근의 좌굴을 억제시킨다.

④ 압축콘크리트의 파괴 시 기둥의 벌어짐을 구속하여 연성을 증가시킨다.

12 인장력만을 이용하는 구조 형식은?

① 케이블(Cable) 구조

② 돔(Dome) 구조

③ 볼트(Vault) 구조

④ 아치(Arch) 구조

---

9 인장크리프에 따른 신장률은 15%(합성섬유 직포로 구성된 막재료에 있어서는 25%) 이하이어야 한다.

※ 막재의 강도 및 내구성

• 두께 : 0.5mm 이상

• 인장강도 : 300N/cm 이상

• 파단신장률 : 35% 이하

• 인열강도 : 100N 이상 또한 인장강도에 1cm를 곱해서 얻은 수치의 15% 이상이어야 함 (인열강도 : 재료가 접힘 또는 굽힘을 받은 후 견딜 수 있는 최대인장응력)

• 인장크리프 신장률 : 15%(합성섬유 직포로 구성된 막재료에 있어서는 25%) 이하

10 탄성시간이력해석을 수행하는 경우 충전단력, 충전도모멘트, 부재력 등 설계값은 해석값에 중요도계수를 곱하고 반응수정계수로 나누어 구한다.

11 기둥의 가장 주된 목적은 연직하중을 저항하기 위함이지만 횡하중에 의한 전단력과 휨모멘트에 대한 저항성능도 갖추어야만 하는데 이는 기둥의 주철근이 부담을 하도록 설계를 한다. 기둥의 띠철근은 축방향주철근을 횡지지하거나 결속시키기 위해 사용된다.

12 케이블구조는 인장력만을 이용하는 전형적인 구조이다.

정답 및 해설 9.③ 10.① 11.② 12.①

13 콘크리트구조의 설계강도 산정 시 적용하는 강도감소계수로 옳지 않은 것은?

① 인장지배 단면 : 0.85

② 압축지배 단면(나선철근으로 보강된 철근콘크리트 부재) : 0.70

③ 포스트텐션 정착구역 : 0.85

④ 전단력과 비틀림모멘트 : 0.70

14 다음 용접기호에 대한 설명으로 옳지 않은 것은?

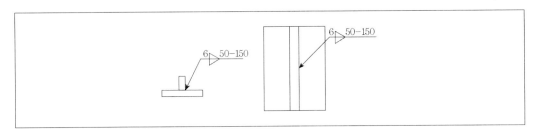

① 그루브(Groove) 용접을 부재 양면에 시행한다.

② 용접사이즈는 6mm이다.

③ 용접길이는 50mm이다.

④ 용접간격은 150mm이다.

13 전단력과 비틀림모멘트의 강도감소계수는 0.75가 된다. [※ 부록 참고 : 건축구조 6-4]

14 그루브(Groove)용접은 한쪽, 또는 양쪽 부재의 끝을 용접이 양호하게 되도록 끝단면을 비스듬히 절단하여 용접을 하는 방법이다. 부재의 끝을 절단을 해낸 것이 바로 그루브(홈, 개선)이다. 이는 효율적으로 용접을 하기 위해 용접하는 모재사이에 만들어진 가공부이다.

- 개선(groove) : 접합하려는 두개의 부재의 각각 한쪽을 개선각을 내어 절단하고 서로 맞대어서(맞대기 이음) 용접봉 또는 와이어를 녹여 양 개선면을 용착시키는 방법
- 루트간격(root opening) : 이음부 밑에 충분한 용입을 주기 위한 루트면 사이의 간격
- 루트면(root face) : 개선홈의 밑바닥이 곧게 일어선 면
- 홈면(groove face) : 이음부를 가공할 때, 경사나 모따기 등으로 절단한 이음면
- 경사각(bevel angle) : 개선면(홈면)과 수직의 각도
- 홈의 각도(groove angle) : 접합시킬 두 모재 단면 사이에 형성된 각

  ※ 용접의 크기(size of weld)

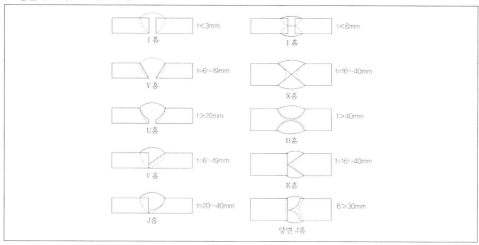

[※ 부록 참고 : 건축구조 7-14 및 7-15]

정답 및 해설 13.④ 14.①

15 콘크리트구조 해석에 대한 설명으로 옳지 않은 것은? (단, ε_t : 공칭축강도에서 최외단 인장철근의 순인장변형률이며, 유효프리스트레스 힘, 크리프, 건조수축 및 온도에 의한 변형률은 제외함)

① 근사해법에 의해 휨모멘트를 계산한 경우를 제외하고, 어떠한 가정의 하중을 적용하여 탄성이론에 의하여 산정한 연속 휨부재 받침부의 부모멘트는 20% 이내에서 $1,000\,\varepsilon_t$ %만큼 증가 또는 감소시킬 수 있다.

② 2경간 이상인 경우, 인접 2경간의 차이가 짧은 경간의 20% 이하인 경우, 등분포하중이 작용하는 경우, 활하중이 고정하중의 3배를 초과하지 않는 경우 및 부재의 단면크기가 일정한 경우를 모두 만족하는 연속보는 근사해법을 적용할 수 있다.

③ 연속 휨부재의 모멘트 재분배 시, 경간 내의 단면에 대한 휨모멘트의 계산은 수정 전 부모멘트를 사용하여야 하며, 휨모멘트 재분배 이후에도 정적 평형은 유지되어야 한다.

④ 휨모멘트의 재분배는 휨모멘트를 감소시킬 단면에서 최외단 인장철근의 순인장변형률 ε_t 가 0.0075 이상인 경우에만 가능하다.

16 압축력과 휨을 받는 1축 및 2축 대칭단면부재에 적용되는 휨과 압축력의 상관관계식에 대한 설명으로 옳지 않은 것은?

① 소요압축강도와 설계압축강도의 상대적인 비율은 상관관계식의 변수 중 하나이다.

② 보의 공칭휨강도는 항복, 횡비틀림좌굴, 플랜지국부좌굴, 웨브국부좌굴 등 4가지 한계상태강도 가운데 최솟값으로 산정한다.

③ 강축 및 약축에 대하여 동시에 휨을 받을 때 약축에 대한 휨만 고려한다.

④ 소요휨강도는 2차효과가 포함된 모멘트이다.

17 강구조의 합성부재에 대한 설명으로 옳지 않은 것은?

① 합성단면의 공칭강도는 소성응력분포법 또는 변형률적합법에 따라 결정한다.

② 압축력을 받는 충전형 합성부재의 단면은 조밀, 비조밀, 세장으로 분류한다.

③ 매입형 합성부재는 국부좌굴의 영향을 고려해야 하나, 충전형 합성부재는 국부좌굴을 고려할 필요가 없다.

④ 합성기둥의 강도를 계산하는 데 사용되는 구조용 강재 및 철근의 설계기준항복강도는 650MPa를 초과할 수 없다.

---

15 연속 휨부재의 모멘트 재분배 시, 경간 내의 단면에 대한 휨모멘트의 계산은 수정된 부모멘트를 사용하여야 하며, 휨모멘트 재분배 이후에도 정적 평형은 유지되어야 한다.

16 강축 및 약축에 대하여 동시에 휨을 받을 때에는 강축과 약축에 대한 휨을 모두 고려해야 한다.

17 충전형 합성부재는 국부좌굴을 고려해야 하나 매입형 합성부재는 국부좌굴을 고려할 필요가 없다.

정답 및 해설 15.③ 16.③ 17.③

18 목구조의 구조계획 및 각부구조에 대한 설명으로 옳지 않은 것은?

① 구조해석 시 응력과 변형의 산정은 탄성해석에 의한다. 다만, 경우에 따라 접합부 등에서는 국부적인 탄소성 변형을 고려할 수 있다.

② 기초는 상부구조가 수직 및 수평하중에 대하여 침하, 부상, 전도, 수평이동이 생기지 않고 지반에 안전하게 지지하도록 설계한다.

③ 골조 또는 벽체 등의 수평저항요소에 수평력을 적절히 전달하기 위하여 바닥평면이 일체화된 격막구조가 되도록 한다.

④ 목구조 설계에서는 고정하중, 바닥활하중, 지붕활하중, 적설하중, 풍하중, 지진하중을 적용한 세 가지 하중조합을 고려하여 사용하중조합을 결정한다.

19 목구조에서 맞춤과 이음 접합부에 대한 설명으로 옳지 않은 것은?

① 인장을 받는 부재에 덧댐판을 대고 길이이음을 하는 경우에 덧댐판의 면적은 요구되는 접합면적의 1.3배 이상이어야 한다.

② 맞춤 부위의 보강을 위하여 접합제를 사용할 수 있다.

③ 구조물의 변형으로 인하여 접합부에 2차응력이 발생할 가능성이 있는 경우 이를 설계에서 고려한다.

④ 접합부에서 만나는 모든 부재를 통하여 전달되는 하중의 작용선은 접합부의 중심 또는 도심을 통과하여야 하며 그렇지 않을 경우 편심의 영향을 설계에 고려한다.

20 강구조의 설계기본원칙에 대한 설명으로 옳지 않은 것은?

① 구조해석에서 연속보의 모멘트재분배는 소성해석에 의한다.

② 한계상태설계는 구조물이 모든 하중조합에 대하여 강도 및 사용성한계상태를 초과하지 않는다는 원리에 근거한다.

③ 강구조는 탄성해석, 비탄성해석 또는 소성해석에 의한 설계가 허용된다.

④ 강도한계상태에서 구조물의 설계강도가 소요강도와 동일한 경우는 구조물이 강도한계상태에 도달한 것이다.

18 목구조 설계에서는 고정하중, 바닥활하중, 지붕활하중, 적설하중, 풍하중, 지진하중을 적용한 다음의 네 가지 하중조합을 고려하여 사용하중조합을 결정한다. (D : 고정하중, L : 활하중, L_r : 지붕활하중, S : 적설하중, E : 지진하중)

ⓐ D

ⓑ $D + L$

ⓒ $D + L + (L_r \text{ or } S)$

ⓓ $D + L + (W \text{ or } 0.7E) + (L_r \text{ or } S)$

19 인장을 받는 부재에 덧댐판을 대고 길이이음을 하는 경우에 덧댐판의 면적은 요구되는 접합면적의 1.5배 이상이어야 한다. [※ 부록 참고 : 건축구조 4-8]

20 구조해석에서 연속보의 모멘트재분배는 탄성해석에 의한다.

정답 및 해설 18.④ 19.① 20.①

1 철골기둥의 좌굴하중에 영향을 주지 않는 것은?

① 항복강도
② 단면2차모멘트
③ 기둥의 단부지지조건
④ 탄성계수

2 서울시에서 장경간의 문서수장고 용도의 철근콘크리트 구조물을 계획하고 있다. 수장고 바닥을 지지하는 보의 장기 처짐량을 저감하기 위한 방안으로 가장 효율적인 것은?

① 고강도 철근을 사용한다.
② 고강도 콘크리트를 사용한다.
③ 복근보로 설계한다.
④ 표피철근을 배근한다.

3 「건축구조기준(국가건설기준코드)」에 따른 건축구조물에 적용하는 기본등분포활하중의 용도별 최솟값에 대한 설명으로 가장 옳지 않은 것은? (※ 기출 변형)

① 총 중량 30kN 이하의 차량에 대한 옥내 주차장과 옥외 주차장의 기본등분포활하중은 서로 다르다.
② 공동주택의 공용실과 주거용 건축물의 거실의 기본등분포활하중은 서로 다르다.
③ 사무실 건물에서, 1층 외의 모든 층 복도와 일반 사무실의 기본등분포활하중은 서로 다르다.
④ 집회 및 유흥장에서, 집회장(이동 좌석)과 연회장의 기본등분포활하중은 서로 다르다.

4 철근콘크리트 깊은보에 대한 설명으로 가장 옳지 않은 것은?

① 비선형 변형률 분포를 고려하여 설계한다.

② 스트럿-타이모델에 따라 설계한다.

③ 순경간이 부재 깊이의 2배 이하인 부재를 깊은 보로 정의한다.

④ 깊은보의 최소 휨인장철근량은 휨부재의 최소철근량과 동일하다.

---

1 기둥부재의 좌굴하중은 $P_{cr} = \dfrac{\pi^2 EI}{l_k}$ 이며 l_k 는 기둥의 단부지지조건에 따라 정해지는 값이므로, 항복강도는 좌
굴하중과 직접적으로 관련이 있다고 보기는 어렵다.

2 주어진 보기 중 수장고 바닥을 지지하는 보의 장기 처짐량을 저감하기 위한 방안으로 가장 효율적인 것은 복근
보로 설계하는 것이다. (크리프는 압축철근이 많을수록 감소하게 된다.) [※ 부록 참고 : 건축구조 6-14]

3 집회 및 유흥장에서, 집회장(이동 좌석)과 연회장의 기본 등분포활하중은 5.0[kN/m²]로서 서로 동일하다.
[※ 부록 참고 : 건축구조 8-1]

4 순경간이 부재 깊이의 4배 이하인 부재를 깊은 보로 정의한다.

정답 및 해설 1.① 2.③ 3.④ 4.③

5 〈보기〉와 같은 보에서 D점에 최대 휨모멘트가 유발되기 위하여 가하여야 하는 C점의 집중하중(P)의 크기는?

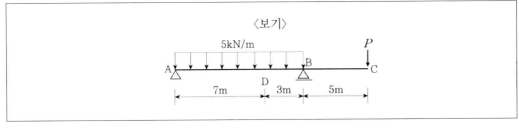

① 20kN(↑)

② 20kN(↓)

③ 45kN(↑)

④ 45kN(↓)

6 강구조 용접부의 비파괴 검사법에 해당하지 않는 것은?

① 방사선 투과 검사

② 자기분말 탐상법

③ 정전 탐상법

④ 침투 탐상법

7 포화사질토가 비배수상태에서 급속한 재하를 받아 과잉간극수압의 발생과 동시에 유효응력이 감소하는 현상은?

① 분사현상

② 액상화

③ 사운딩

④ 슬라임

8 「건축구조기준(국가건설기준코드)」에서 풍동실험에 따라 특별풍하중을 산정하여야 하는 조건이 아닌 것은? (※ 기출 변형)

① 평면이 원형인 건축물로 형상비 H/d(H : 건축물의 기준높이, d : 높이 2H/3에서의 외경)가 7 미만인 경우

② 장경간의 현수, 사장, 공기막 지붕 등 경량이며 강성이 낮은 지붕골조

③ 국지적인 지형 및 지물의 영향으로 골바람 효과가 발생하는 곳에 위치한 건축물

④ 인접효과가 우려되는 건축물

---

5 A지점의 반력은 상향으로 가정하고 P는 그림처럼 하향으로 가정하면 다음의 식이 성립해야 한다.

$$\sum M_B = 0 : R_A \cdot 10 - 5 \cdot 10 \cdot 5 + 5 \cdot P = 0$$

여기서 A점의 반력은 $R_A = \dfrac{250 - 5P}{10}(\uparrow)$

D점에서 휨모멘트가 최대가 되려면, 전단력이 0이 되어야 하므로, $V_D = R_A - 5 \cdot 7 = 0$이어야 한다.

따라서 $R_A = 35[kN](\uparrow)$이어야 하며,

$R_A = \dfrac{250 - 5P}{10}[kN] = 35[kN]$이므로, 하중 P는 −20[kN]이 되며 이는 본래 가정한 하향의 반대인 상향력을 의미한다. 따라서 P는 20kN($\uparrow$)이어야 한다.

6 정전 탐상법은 비파괴 검사법의 일종이지만 강구조 용접부의 비파괴 검사법으로 적용되는 방법이 아니다. 비전기 전도성 재료 표면의 공극성 결함의 검출에 사용한다. 탄산칼슘 등의 미세 분말을 마찰에 의해 하전시키고 압착 공기에 의해 시험재 위에 불어 붙이면, 이 하전 분말은 결함 부분에만 붙기 때문에 결함이 보기 쉽도록 하는 방법이다.

7 액상화 현상에 관한 설명이다. [※ 부록 참고 : 건축구조 5-5]

8 특별풍하중 : 바람의 직접적인 작용 또는 간접적인 작용을 받는 대상건축물 및 공작물에서 발생하는 현상이 매우 불규칙하고 복잡하여 풍하중을 평가하는 방법이 확립되어 있지 않기 때문에 풍동실험을 통하여 풍하중을 평가해야만 하는 경우의 하중이다.

※ 평면이 원형인 건축물로 형상비 H/d(H : 건축물의 기준 높이, d : 높이 2H/3에서의 외경)가 7 이상인 경우 특별풍하중으로 본다.

정답 및 해설 5.① 6.③ 7.② 8.①

9 「건축구조기준(국가건설기준코드)」에 따른 콘크리트 공시체의 제작에 대한 설명으로 가장 옳지 않은 것은? (※ 기출 변형)

① 압축강도용 공시체는 $\phi 100 \times 200mm$를 기준으로 한다.

② 습윤양생 시 온도는 21~25℃ 정도로 유지한다.

③ 임의의 1개 운반차로부터 채취한 시료에서 3개의 공시체를 제작하여 시험한 시험값의 평균값을 이용한다.

④ 공시체는 28일 동안 습윤양생한다.

10 보가 있는 2방향 슬래브를 직접설계법으로 계산할 때 계수모멘트가 1,000kN·m로 산정되었다. 이때 내부스팬의 부계수 모멘트와 정계수모멘트는?

부계수모멘트	정계수모멘트
① 250kN·m	750kN·m
② 350kN·m	650kN·m
③ 650kN·m	350kN·m
④ 750kN·m	250kN·m

11 「건축구조기준(국가건설기준코드)」에서 국부좌굴에 대한 구조용 강재 중 조밀단면과 비조밀단면의 분류 기준으로 사용되는 것은? (※ 기출 변형)

① 전단강도

② 판폭두께비

③ 단면적

④ 단면2차모멘트

12 「건축구조기준(국가건설기준코드)」에 따른 조적식구조에 사용되는 모르타르와 그라우트의 요구 조건에 대한 설명으로 가장 옳지 않은 것은? (※ 기출 변형)

① 그라우트의 압축강도는 조적개체 강도의 1.3배 이상으로 한다.

② 시멘트 성분을 지닌 재료 또는 첨가제들은 내화점토를 포함할 수 없다.

③ 줄눈용 모르타르의 시멘트, 석회, 모래, 자갈의 용적비는 1 : 1 : 3 : 3이다.

④ 동결방지용액이나 염화물 등의 성분은 모르타르에 사용할 수 없다.

9 콘크리트의 공시체를 제작할 때 압축강도용 공시체는 ϕ150×300mm를 기준으로 하며, ϕ100×200mm의 공시체를 사용할 경우 강도보정계수 0.97을 사용하며, 이외의 경우에도 적절한 강도보정계수를 고려하여야 한다.

10 보가 있는 2방향 슬래브를 직접설계법으로 계산할 때 내부스팬의 부계수모멘트와 정계수모멘트의 비는 0.65 : 0.35를 이루므로 부계수모멘트는 650[kNm], 정계수모멘트는 350[kNm]이다.

11 「건축구조기준(국가건설기준코드)」에서 국부좌굴에 대한 구조용 강재 중 조밀단면과 비조밀단면의 분류 기준으로 사용되는 것은 판폭두께비이다.

12 줄눈용 모르타르의 경우 시멘트, 석회, 모래의 용적비는 1:1:3으로 규정되어 있으나 자갈은 규정된 사항이 없다.

종류		배합비			
		시멘트	석회	모래	자갈
모르타르	줄눈용	1	1	3	–
	사춤용	1	–	3	–
	치장용	1	–	1	–
그라우트	사춤용	1	–	2	3

정답 및 해설 9.① 10.③ 11.② 12.③

13 「건축구조기준(국가건설기준코드)」의 기존 철근콘크리트 구조물의 안전성 및 내하력 평가 방법에 대한 설명으로 가장 옳지 않은 것은? (※ 기출 변형)

① 구조부재의 치수는 중앙부와 단부를 측정하여 그 평균값을 부재치수로 하여야 한다.

② 기존 구조물의 안전성 평가에서는 구조치수, 재료 및 하중에 대한 조사 및 시험에 따라 측정한 값을 근거로 평가기준 값을 결정하여 사용한다.

③ 단면크기 및 재료특성이 조사 및 시험에 근거한 평가기준 값을 적용하였다면 강도감소계수를 증가시킬 수 있다.

④ 하중의 크기를 현장조사에 의하여 정밀하게 확인하는 경우 부재의 소요강도 산정을 위하여 적용되는 고정하중 및 활하중의 하중계수를 5%만큼 저감할 수 있다.

14 〈보기〉의 지점 A에서 발생하는 반력의 크기는?

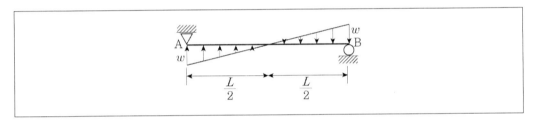

① $\dfrac{wL}{3}$

② $\dfrac{wL}{4}$

③ $\dfrac{wL}{5}$

④ $\dfrac{wL}{6}$

15 단면이 가로×세로 10mm×10mm인 사각형이고 길이가 1,000mm인 부재에 100N의 하중이 작용하여 길이가 1mm 늘어났다면 이 부재의 탄성계수는?

① 1MPa

② 10MPa

③ 100MPa

④ 1,000MPa

16 공칭강도에 대한 설명으로 가장 옳은 것은?

① 하중계수를 곱한 하중

② 규정된 재료강도 및 부재치수를 사용하여 계산된 부재의 하중에 대한 저항능력

③ 하중 및 외력에 의하여 구조부재의 단면에 생기는 축방향력

④ 구조설계 시 적용하는 하중

---

13 구조부재의 치수는 위험단면에서 확인을 해야 한다.

14 일반적인 단순보에서 A지점의 방향만을 바꾼 것으로 보고 직관적으로 풀 수 있는 문제이다.
등변분포하중을 집중하중으로 치환하고, 우력모멘트의 크기를 구한 후 이를 부재길이로 나누면 지점의 반력이
된다.

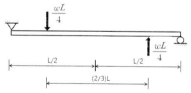

- 우선 우력모멘트의 크기는 $M = \dfrac{wL}{4} \cdot \dfrac{2}{3} L = \dfrac{wL^2}{6}$

- 이를 부재의 길이로 나누면 $R_A = \dfrac{M}{L} = \dfrac{\dfrac{wL^2}{6}}{L} = \dfrac{wL}{6}$

15 $\delta = \dfrac{PL}{AE} = \dfrac{100[N] \cdot 1000[mm]}{10^2[mm^2] \cdot E} = 1[mm]$ 이므로 이를 만족하는 탄성계수 E는 $1,000[N/mm^2]$ 이므로 1,000MPa
이 된다.

16 공칭강도는 규정된 재료강도 및 부재치수를 사용하여 계산된 부재의 하중에 대한 저항능력이다.

정답 및 해설 13.① 14.④ 15.④ 16.②

17 프리스트레스트(Prestressed) 콘크리트 부재에서 프리스트레스(Prestress)의 손실원인에 해당하지 않는 것은?

① 콘크리트의 수축

② 정착장치의 활동

③ 긴장재 응력의 릴랙세이션

④ 포스트텐셔닝 긴장재와 콘크리트 부재의 비부착

18 단면 필릿용접의 총 용접 길이가 1,000mm, 필릿사이즈가 20mm인 경우 필릿용접의 유효단면적은?

① $9,600\text{mm}^2$

② $13,440\text{mm}^2$

③ $19,200\text{mm}^2$

④ $26,880\text{mm}^2$

19 「건축구조기준(국가건설기준코드)」에 따라 20층 이하이고, 높이 70m 미만인 정형구조물의 등가정적해석법에 의한 설계지진력을 산정할 때, 밑면전단력의 계산에 영향을 주지 않는 것은? (※ 기출 변형)

① 지반종류

② 유효건물 중량

③ 내진등급

④ 내진설계범주

20 「건축구조기준(국가건설기준코드)」에서 정하는 구조용 무근콘크리트를 사용할 수 없는 부재에 해당하는 것은? (※ 기출 변형)

① 기둥 부재

② 지반 또는 다른 구조용 부재에 의하여 연속적으로 수직 지지되는 부재

③ 모든 하중 조건에서 아치작용에 의하여 압축력이 유발되는 부재

④ 벽체와 주각

---

17 포스트텐셔닝 긴장재와 콘크리트 부재의 비부착은 프리스트레스의 손실원인으로 보기는 어렵다.

18 용접의 유효길이 : $1,000 - 2s = 1,000 - 2 \cdot 20 = 960[mm]$
용접의 목두께 : $0.7 \cdot s = 0.7 \cdot 20 = 14[mm]$
용접의 유효면적은 유효길이와 목두께의 곱이므로 $13,440[mm^2]$가 된다.
(s : 다리길이, 필릿사이즈)

19 내진설계범주는 건물의 내진등급 및 설계응답스펙트럼가속도값에 의해 결정되는 내진설계상의 구분이다. (이는 등가정적해석법에 의한 설계지진력 산정 시 고려하지 않는다.)

20 구조용 무근콘크리트는 다음의 경우에만 사용할 수 있으며, 기둥에는 무근콘크리트를 사용할 수 없다.
• 지반 또는 다른 구조용 부재에 의해 연속적으로 수직 지지되는 부재
• 모든 하중조건에서 아치작용에 의해 압축력이 유발되는 부재
• 벽체와 주각

정답 및 해설 17.④ 18.② 19.④ 20.①

1 「건축물강구조설계기준(KDS 41 31 00)」에 따라 보 플랜지를 완전용입용접으로 접합하고 보의 웨브는 용접으로 접합한 접합부를 적용한 경우, 철골중간모멘트골조 지진하중저항시스템에 대한 요구사항으로 가장 옳지 않은 것은?

① 내진설계를 위한 철골중간모멘트골조의 반응수정계수는 4.5이다.

② 보-기둥 접합부는 최소 0.02rad의 층간변위각을 발휘할 수 있어야 한다.

③ 보의 춤이 900mm를 초과하지 않으면 실험결과 없이 중간모멘트골조의 접합부로서 인정할 수 있다.

④ 중간모멘트골조의 보소성힌지영역은 보호영역으로 고려되어야 한다.

2 다음과 같은 단면을 가진 단순보에 등분포하중(w)이 작용하여 처짐이 발생하였다. 단면 높이 h를 2h로 2배 증가하였을 경우, 보에 작용하는 최대 모멘트와 처짐의 변화에 대한 설명으로 가장 옳은 것은?

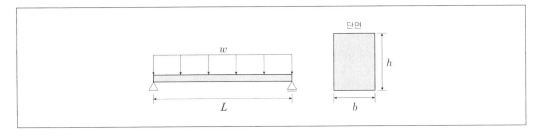

① 최대 모멘트와 처짐이 둘 다 8배가 된다.

② 최대 모멘트는 동일하고, 처짐은 8배가 된다.

③ 최대 모멘트는 8배, 처짐은 1/8배가 된다.

④ 최대 모멘트는 동일하고, 처짐은 1/8배가 된다.

3 콘크리트구조의 철근상세에 대한 설명으로 가장 옳지 않은 것은?

① 주철근의 180도 표준갈고리는 구부린 반원 끝에서 철근지름의 4배 이상, 또한 60mm 이상 더 연장되어야 한다.

② 주철근의 90도 표준갈고리는 구부린 끝에서 철근지름의 6배 이상 더 연장되어야 한다.

③ 스터럽과 띠철근의 90도 표준갈고리의 경우, D16 이하의 철근은 구부린 끝에서 철근지름의 6배 이상 더 연장되어야 한다.

④ 스터럽과 띠철근의 135도 표준갈고리의 경우, D25 이하의 철근은 구부린 끝에서 철근지름의 6배 이상 더 연장되어야 한다.

---

1 보플랜지를 완전용입용접으로 접합하고 보의 웨브는 용접 또는 고장력볼트로서 접합한 접합부로서 보의 춤이 750mm를 초과하지 않으면 중간모멘트골조의 접합부로서 인정할 수 있다.

2 단면의 높이가 2배가 되면 단면2차모멘트가 8배가 되므로 처짐은 1/8배로 줄어들게 된다.

3 주철근의 90도 표준갈고리는 구부린 끝에서 철근지름의 12배 이상 더 연장되어야 한다.
[※ 부록 참고 : 건축구조 6-16]

정답 및 해설 1.③ 2.④ 3.②

4 다음과 같이 1단고정, 타단핀고정이고 절점 횡이동이 없는 중심압축재가 있다. 부재단면은 압연H형강이고, 부재길이는 10m, 부재 중간에 약축 방향으로만 횡지지(핀고정)되어 있다. 이 부재의 휨좌굴강도를 결정하는 세장비로 가장 옳은 것은? (단, 부재단면의 국부좌굴은 발생하지 않으며, 세장비는 유효좌굴길이(이론값)를 단면2차반경으로 나눈 값으로 정의하고, 강축에 대한 단면2차반경 r_x=100mm, 약축에 대한 단면2차반경 r_y=50mm이다.)

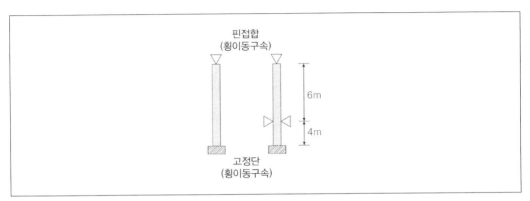

① 70

② 100

③ 120

④ 56

5 「건축물강구조설계기준(KDS 41 31 00)」에서 충전형 합성기둥에 대한 설명으로 가장 옳지 않은 것은?

① 강관의 단면적은 합성기둥 총단면적의 1% 이상으로 한다.

② 압축력을 받는 각형강관 충전형합성부재의 강재요소의 최대폭두께비가 $2.26\sqrt{E/F_y}$ 이하이면 조밀로 분류한다.

③ 실험 또는 해석으로 검증되지 않을 경우, 합성기둥에 사용되는 구조용 강재의 설계기준항복강도는 700MPa를 초과할 수 없다.

④ 실험 또는 해석으로 검증되지 않을 경우, 합성기둥에 사용되는 콘크리트의 설계기준압축강도는 70MPa를 초과할 수 없다(경량콘크리트 제외).

6 시험실에서 양생한 공시체의 강도평가에 대한 다음 설명에서 ㈀~㈂에 들어갈 값을 순서대로 바르게 나열한 것은?

> 콘크리트 각 등급의 강도는 다음의 두 요건이 충족되면 만족할 만한 것으로 간주할 수 있다.
> ㈎ ㈀번의 연속강도 시험의 결과 그 평균값이 ㈁ 이상일 때
> ㈏ 개개의 강도시험값이 f_{ck}가 35MPa 이하인 경우에는 $(f_{ck}-3.5)$MPa 이상, 또한 f_{ck}가
>   35MPa 초과인 경우에는 ㈂ 이상인 경우

	㈀	㈁	㈂
①	2	f_{ck}	$0.85f_{ck}$
②	2	$0.9f_{ck}$	$0.9f_{ck}$
③	3	$0.9f_{ck}$	$0.85f_{ck}$
④	3	f_{ck}	$0.9f_{ck}$

---

4 강축을 x축, 약축을 y축이라고 가정할 때, 이 압축재의 좌굴은 횡지지된 점부터 끝단까지의 거리가 먼 부재의 좌굴에 지배를 받게 된다. 6m가 4m보다 더 기므로 6m 부분에서 좌굴이 먼저 발생하게 되며 이 부재는 양단힌지와 같은 거동을 하므로 유효좌굴길이계수는 1.0이 된다.

따라서 세장비는 $\lambda = \dfrac{KL}{r_y} = \dfrac{1.0 \cdot 6}{0.05} = 120$

5 실험 또는 해석으로 검증되지 않을 경우, 합성기둥에 사용되는 구조용 강재의 설계기준항복강도는 450MPa를 초과할 수 없다.

6 콘크리트 각 등급의 강도는 다음의 두 요건이 충족되면 만족할 만한 것으로 간주할 수 있다.
㈎ 3번의 연속강도 시험의 결과 그 평균값이 f_{ck} 이상일 때
㈏ 개개의 강도시험값이 f_{ck}가 35MPa 이하인 경우에는 $(f_{ck}-3.5)$MPa 이상, 또한 f_{ck}가 35MPa 초과인 경우에는 $0.9f_{ck}$ 이상인 경우

정답 및 해설 4.③ 5.③ 6.④

7 기본등분포 활하중의 저감에 대한 설명으로 가장 옳지 않은 것은?

① 지붕활하중을 제외한 등분포활하중은 부재의 영향 면적이 $36m^2$ 이상인 경우 저감할 수 있다.

② 기둥 및 기초의 영향면적은 부하면적의 4배이다.

③ 부하면적 중 캔틸레버 부분은 영향면적에 단순 합산한다.

④ 1개 층을 지지하는 부재의 저감계수는 0.6보다 작을 수 없다.

8 다음과 같은 단면의 X-X 축에 대한 단면2차 모멘트의 값으로 옳은 것은?

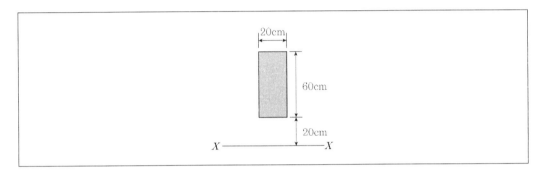

① $360,000cm^4$

② $2,640,000cm^4$

③ $3,000,000cm^4$

④ $3,360,000cm^4$

9 다음과 같은 단순트러스 구조물 C점에 수평력 10kN이 작용하고 있다. 부재 BC에 걸리는 힘의 크기 F_{BC}값은? (단, 인장력은 (+), 압축력은 (−)이다.)

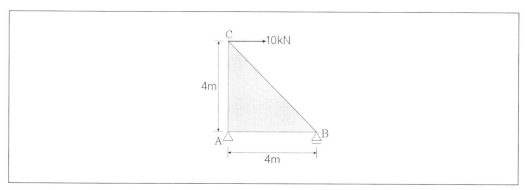

① $10\sqrt{2}$ (인장력)

② $10\sqrt{2}$ (압축력)

③ $\dfrac{10}{\sqrt{2}}$ (인장력)

④ $\dfrac{10}{\sqrt{2}}$ (압축력)

---

7 1개 층을 지지하는 부재의 저감계수 C는 0.5 이상, 2개 층 이상을 지지하는 부재의 저감계수 C는 0.4 이상으로 한다.

  ※ 활하중 저감계수 ··· 활하중 저감계수는 $C = 0.3 + \dfrac{4.2}{\sqrt{A}}$ (영향면적 $A \geq 36\mathrm{m}^2$)

  [※ 부록 참고 : 건축구조 8-2]

8 $I_{X-X} = I + A \cdot e^2 = \dfrac{20 \cdot 60^3}{12} + 60 \cdot 20 \cdot 50^2 = 3,360,000$

9 힘의 평형에 관한 단순한 문제이다.

  BC에는 직관적으로 압축력이 걸리며 이 때 힘의 크기는 $10 \cdot \dfrac{1}{\cos 45°} = \dfrac{10}{\frac{\sqrt{2}}{2}} = 10\sqrt{2}$

10 다음과 같이 등분포 하중 w를 지지하는 스팬 L인 단순보가 있다. 이 보의 단면의 폭은 b, 춤은 h라고 할 때, 최대 휨모멘트로 인해 이 단면에 발생하는 최대 인장응력도의 크기는?

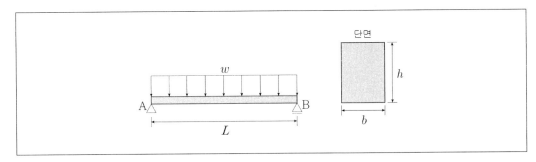

① $\dfrac{wL^2}{2bh^2}$

② $\dfrac{wL^2}{bh^2}$

③ $\dfrac{3wL^2}{4bh^2}$

④ $\dfrac{11wL^2}{12bh^2}$

11 다음 구조물의 부정정 차수는?

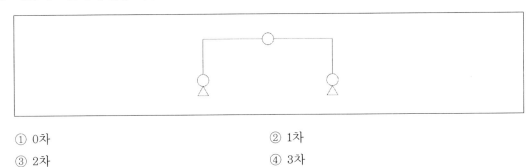

① 0차

② 1차

③ 2차

④ 3차

12 콘크리트 재료에 대한 설명으로 가장 옳은 것은?

① 강도설계법에서 파괴 시 극한 변형률을 0.005로 본다.

② 콘크리트의 탄성계수는 콘크리트의 압축강도에 따라 그 값을 달리한다.

③ 할선탄성계수(secant modulus)는 응력−변형률 곡선에서 초기 선형 상태의 기울기를 뜻한다.

④ 압축강도 실험 시 하중을 가하는 재하속도는 강도 값에 영향을 미치지 않는다.

13 다음과 같은 단면을 갖는 직사각형 보의 인장철근비는? (단, D22 철근 3개의 단면적 합은 600mm²이다.)

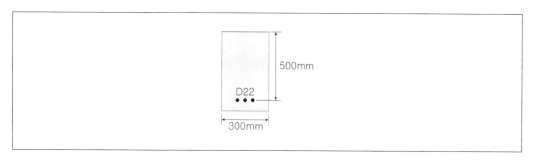

① 0.004

② 0.006

③ 0.008

④ 0.01

---

10 최대휨모멘트는 부재의 중앙에서 발생하며, 최대휨응력은 부재의 중앙단면 하연에서 발생하게 되며 이때의 휨 인장응력의 크기는 $\dfrac{3wL^2}{4bh^2}$ 가 된다.

11 $N_c = r - 3 = (2+2) - 3 = 1$
$N_i = -1 \times 1 = -1$
$N = N_c + N_i = 1 - 1 = 0$

12 ① 강도설계법에서 파괴 시 극한 변형률을 0.003로 본다.
③ 응력-변형률 곡선에서 초기 선형 상태의 기울기는 초기접선계수이다.
④ 압축강도 실험 시 하중을 가하는 재하속도는 강도 값에 영향을 미친다.
※ 탄성계수의 종류
　㉠ 초기접선탄성계수 : 0점에서 맨 처음 응력-변형률 곡선에 그은 접선이 이루는 각의 기울기
　㉡ 접선탄성계수 : 임의의 점 A에서 응력-변형률곡선에 그은 접선이 이루는 각의 기울기
　㉢ 할선탄성계수 : 압축응력이 압축강도의 30~50%정도이며 이 점을 A라고 할 경우 OA의 기울기 (콘크리트의 실제적인 탄성계수를 의미한다.)

13 인장철근비 $\rho = \dfrac{A_s}{b \cdot d} = \dfrac{600}{500 \cdot 300} = 0.004$

정답 및 해설 10.③ 11.① 12.② 13.①

14 강도설계법의 하중조합으로 가장 옳은 것은? (단, D : 고정하중, L : 활하중, S : 적설하중, W : 풍하중, E : 지진하중이다.)

① 1.2D

② 1.4D + 1.6L

③ 1.2D + 1.6S + 0.5W

④ 0.9D + 1.0E

15 지진력저항시스템을 성능설계법으로 설계하고자 할 때, 내진등급별 최소성능목표를 만족해야 한다. 내진등급 *I*의 최소성능목표에 대한 설명으로 가장 옳은 것은?

① 건축구조기준의 설계스펙트럼가속도에 대해 기능 수행의 성능수준을 만족해야 한다.

② 건축구조기준의 설계스펙트럼가속도의 1.2배에 대해 인명안전의 성능수준을 만족해야 한다.

③ 건축구조기준의 설계스펙트럼가속도의 1.2배에 대해 붕괴방지의 성능수준을 만족해야 한다.

④ 건축구조기준의 설계스펙트럼가속도의 1.5배에 대해 인명안전의 성능수준을 만족해야 한다.

14 ① 1.4D

② 1.2D + 1.6L

③ 1.2D + 1.6S + 0.65W

※ 강도설계법의 하중조합 [※ 부록 참고 : 건축구조 7-9]

$$U = 1.4(D+F)$$

$$U = 1.2(D+F+T) + 1.6(L + a_H \cdot H_v + H_h) + 0.5(L_r \text{ or } S \text{ or } R)$$

$$U = 1.2D + 1.6(L_r \text{ or } S \text{ or } R) + (1.0L \text{ or } 0.65W)$$

$$U = 1.2D + 1.3W + 1.0L + 0.5(L_r \text{ or } S \text{ or } R)$$

$$U = 1.2(D + H_v) + 1.0E + 1.0L + 0.2S + (1.0H_h \text{ or } 0.5H_h)$$

$$U = 1.2(D+F+T) + 1.6(L + a_H \cdot H_v) + 0.8H_h + 0.5(L_r \text{ or } S \text{ or } R)$$

$$U = 0.9(D + H_v) + 1.3W + (1.6H_h \text{ or } 0.8H_h)$$

$$U = 0.9(D + H_v) + 1.0E + (1.0H_h \text{ or } 0.5H_h)$$

(단, D는 고정하중, L은 활하중, W는 풍하중, E는 지진하중, S는 적설하중, H_v는 흙의 자중에 의한 연직방향 하중, H_h는 흙의 횡압력에 의한 수평방향 하중, α는 토피 두께에 따른 보정계수를 나타내며 F는 유체의 밀도를 알 수 있고, 저장 유체의 높이를 조절할 수 있는 유체의 중량 및 압력에 의한 하중 또는 이에 의해서 생기는 단면력이다.)

• 차고, 공공장소, $L \geq 5.0kN/m^2$인 모든 장소 이외에는 활하중(L)을 0.5L로 감소시킬 수 있다.

• 지진하중 E에 대하여 사용수준 지지력을 사용하는 경우 지진하중은 1.4E를 적용한다.

• 흙, 지하수 또는 기타 재료의 횡압력에 의한 수평방향하중(H_h)와 연직방향하중(H_v)로 인한 하중효과가 풍하중(W) 또는 지진하중(E)로 인한 하중효과를 상쇄시키는 경우 수평방향하중(H_h)와 연직방향하중(H_v)에 대한 계수는 0으로 한다.

• 측면토압이 다른 하중에 의한 구조물의 거동을 감소시키는 저항효과를 준다면 이를 수평방향하중에 포함시키지 않아야 하지만 설계강도를 계산할 경우에는 수평방향하중의 효과를 고려해야 한다.

15 지진력저항시스템을 성능설계법으로 설계하고자 할 때, 내진등급별 최소성능목표는 다음과 같다.

내진 등급	성능목표	
	성능수준	지진위험도
특	기능수행(또는 즉시거주)	설계스펙트럼가속도의 1.0배
	인명안전 및 붕괴방지	설계스펙트럼가속도의 1.5배
I	인명안전	설계스펙트럼가속도의 1.2배
	붕괴방지	설계스펙트럼가속도의 1.5배
II	인명안전	설계스펙트럼가속도의 1.0배
	붕괴방지	설계스펙트럼가속도의 1.5배

위의 표에 따르면 내진등급I의 경우 건축구조기준의 설계스펙트럼가속도의 1.2배에 대해 인명안전의 성능수준을 만족해야 한다.

정답 및 해설 14.④ 15.②

16 콘크리트 인장강도에 대한 설명으로 가장 옳지 않은 것은?

① 휨재의 균열발생, 전단, 부착 등 콘크리트의 인장응력 발생 조건별로 적합한 인장강도 시험방법으로 평가해야 한다.

② f_{ck}을 이용하여 콘크리트파괴계수 f_r을 산정할 때, 동일한 f_{ck}를 갖는 경량콘크리트와 일반중량콘크리트의 f_r은 동일하다.

③ 시험 없이 계산으로 산정된 콘크리트파괴계수 f_r과 쪼갬인장강도 f_{sp}는 $\sqrt{f_{ck}}$에 비례한다.

④ 쪼갬인장강도 시험 결과는 현장 콘크리트의 적합성 판단 기준으로 사용할 수 없다.

17 철근콘크리트구조에서 인장을 받는 SD500 D22 표준 갈고리를 갖는 이형철근의 기본 정착길이 l_{hb}는 철근 지름 d_b의 몇 배인가? (단, 일반중량콘크리트로 설계기준압축강도 f_{ck}=25MPa이고, 도막은 없다.)

① 19배 　　　　　　　　　② 24배
③ 25배 　　　　　　　　　④ 40배

18 다음의 매입형 합성부재 안에 사용하는 스터드앵커에 관한 표에서 A~E 중 가장 작은 값과 가장 큰 값을 순서대로 바르게 나열한 것은? (단, 표는 각 하중조건에 대한 스터드앵커의 최소 h/d값을 나타낸 것이다.)

하중조건	보통콘크리트	경량콘크리트
전단	$h/d \geq (A)$	$h/d \geq (B)$
인장	$h/d \geq (C)$	$h/d \geq (D)$
전단과 인장의 조합력	$h/d \geq (E)$	※

h/d = 스터드앵커의 몸체직경(d)에 대한 전체길이(h) 비
※ 경량콘크리트에 묻힌 앵커에 대한 조합력의 작용효과는 관련 콘크리트 기준을 따른다.

① A, D 　　　　　　　　　② B, E
③ C, A 　　　　　　　　　④ D, B

16 콘크리트파괴계수(쪼갬인장강도) $f_r = 0.63\lambda\sqrt{f_{ck}}\,[MPa]$ 에서 λ는 중량계수로서 일반콘크리트의 경우 1.0, 경량 콘크리트의 경우 0.75가 되므로 경량콘크리트와 일반중량콘크리트의 쪼갬인장강도는 차이가 있다.

17 $$l_{hb} = \frac{0.24\beta d_b f_y}{\lambda\sqrt{f_{ck}}} = \frac{0.24 \cdot 1.0 \cdot d_b \cdot 500}{1.0 \cdot \sqrt{25}} = 24d_b$$

18

하중조건	보통콘크리트	경량콘크리트
전단	$h/d \geq 5$	$h/d \geq 7$
인장	$h/d \geq 8$	$h/d \geq 10$
전단과 인장의 조합력	$h/d \geq 8$	※

h/d는 스터드앵커의 몸체직경(d)에 대한 전체길이(h) 비이며 경량콘크리트에 묻힌 앵커에 대한 조합력의 작용 효과는 관련 콘크리트 기준을 따른다.

정답 및 해설 16.② 17.② 18.①

19 말뚝기초에 대한 설명으로 가장 옳은 것은?

① 말뚝기초의 허용지지력은 말뚝의 지지력에 따른 것으로만 한다.

② 말뚝기초의 설계에 있어서는 하중의 편심에 대하여 검토하지 않아도 된다.

③ 동일 구조물에서 지지말뚝과 마찰말뚝을 혼용할 수 있다.

④ 타입말뚝, 매입말뚝 및 현장타설콘크리트말뚝의 혼용을 적극 권장하여 경제성을 확보할 수 있다.

20 강구조 볼트 접합에 대한 설명으로 가장 옳지 않은 것은?

① 고장력볼트의 미끄럼 한계상태에 대한 마찰접합의 설계강도 산정에서 볼트 구멍의 종류에 따라 강도 감소계수가 다르다.

② 고장력볼트의 마찰접합볼트에 끼움재를 사용할 경우에는 미끄럼에 관련되는 모든 접촉면에서 미끄럼에 저항할 수 있도록 해야 한다.

③ 지압한계상태에 대한 볼트구멍의 지압강도 산정에서 구멍의 종류에 따라 강도감소계수가 다르다.

④ 지압접합에서 전단 또는 인장에 의한 소요응력 f가 설계응력의 20% 이하이면 조합응력의 효과를 무시할 수 있다.

19 ② 말뚝기초의 설계에 있어서는 하중의 편심에 대하여 검토해야 한다.

③ 동일 구조물에서 지지말뚝과 마찰말뚝을 혼용하지 않도록 한다.

④ 타입말뚝, 매입말뚝 및 현장타설콘크리트말뚝을 혼용하지 않도록 한다.

20 지압한계상태에 대한 볼트구멍의 지압강도 산정 시 구멍의 종류에 관계없이 볼트구멍에서 설계강도의 강도감소계수는 0.75로 동일하다. [※ 부록 참고 : 건축구조 6-4]

정답 및 해설 19.① 20.③

1 건축물 구조설계법에 대한 설명으로 옳지 않은 것은?

① 허용응력설계법은 탄성이론에 의한 구조해석으로 산정한 부재단면의 응력이 허용응력을 초과하도록 구조부재를 설계하는 방법이다.

② 강도설계법은 구조부재를 구성하는 재료의 비탄성거동을 고려하여 산정한 부재단면의 공칭강도에 강도감소계수를 곱한 설계강도가 계수하중에 의한 소요강도 이상이 되도록 구조부재를 설계하는 방법이다.

③ 성능설계법은 건축설계기준에서 규정한 목표성능을 만족하면서 건축구조물을 건축주가 선택한 성능지표에 만족하도록 설계하는 방법이다.

④ 한계상태설계법은 한계상태를 명확히 정의하여 하중 및 내력의 평가에 준해서 한계상태에 도달하지 않는 것을 확률통계적 계수를 이용하여 설정하는 설계법이다.

2 콘크리트구조 현장재하실험에 대한 설명으로 옳지 않은 것은?

① 재하할 보나 슬래브 수와 하중배치는 강도가 의심스러운 구조부재의 위험단면에서 최대응력과 처짐이 발생하도록 결정하여야 한다.

② 재하할 실험하중은 해당 구조 부분에 작용하고 있는 고정하중을 포함하여 설계하중의 75% 이상이어야 한다.

③ 실험하중은 4회 이상 균등하게 나누어 증가시켜야 한다.

④ 측정된 최대처짐과 잔류처짐이 허용기준을 만족하지 않을 때 재하실험을 반복할 수 있다.

3 건축구조물에서 각 날짜에 타설한 각 등급의 콘크리트 강도시험용 시료를 채취하는 기준으로 옳지 않은 것은?

① 하루에 1회 이상

② 150m^{3}당 1회 이상

③ 슬래브나 벽체의 표면적 500m^{2}마다 1회 이상

④ 배합이 변경될 때마다 1회 이상

---

1 허용응력설계법은 탄성이론에 의한 구조해석으로 산정한 부재단면의 응력이 허용응력을 초과하지 않도록 구조부재를 설계하는 방법이다.

2 재하할 실험하중은 해당 구조 부분에 작용하고 있는 고정하중을 포함하여 설계하중의 85%, 즉 0.85(1.2D+1.6L) 이상이어야 한다. 활하중 L의 결정은 해당 구조물의 관련기준에 규정된 대로 활하중감소율 등을 적용시켜 허용범위 내에서 감소시킬 수 있다.

3 각 날짜에 친 각 등급의 콘크리트 강도시험용 시료를 다음과 같이 채취하여야 한다.
- 하루에 1회 이상
- 120m^{3}당 1회 이상
- 슬래브나 벽체의 표면적 500m^{2}마다 1회 이상
- 배합이 변경될 때마다 1회 이상

정답 및 해설 1.① 2.② 3.②

4 조적조 기준압축강도 확인에 대한 설명으로 옳지 않은 것은?

① 시공 전에는 규정에 따라 5개의 프리즘을 제작하여 시험한다.

② 구조설계에 규정된 허용응력의 1/2을 적용한 경우, 시공 중 시험을 반드시 시행해야 한다.

③ 구조설계에 규정된 허용응력을 모두 적용한 경우, 벽면적 500m^{2}당 3개의 프리즘을 규정에 따라 제작하여 시험한다.

④ 기시공된 조적조의 프리즘시험은 벽면적 500m^{2}마다 품질을 확인하지 않은 부분에서 재령 28일이 지난 3개의 프리즘을 채취한다.

5 목구조 바닥에 대한 설명으로 옳지 않은 것은?

① 바닥구조는 수직하중에 대하여 충분한 강도와 강성을 가져야 한다.

② 바닥구조는 바닥구조에 전달되는 수평하중을 안전하게 골조와 벽체에 전달할 수 있는 강도와 강성을 지녀야 한다.

③ 구조용바닥판재로 구성된 플랜지재는 수평하중에 의해 발생하는 면내전단력에 대해 충분한 강도와 강성을 지녀야 한다.

④ 바닥격막구조의 구조형식에는 수평격막구조, 수평트러스 등이 있다.

6 보통모멘트골조에서 압축을 받는 철근콘크리트 기둥의 띠철근에 대한 설명으로 옳지 않은 것은? (단, 전단이나 비틀림 보강철근 등이 요구되는 경우, 실험 또는 구조해석 검토에 의한 예외사항 등과 같은 추가 규정은 고려하지 않는다)

① 모든 모서리 축방향철근은 135° 이하로 구부린 띠철근의 모서리에 의해 횡지지되어야 한다.

② 띠철근의 수직간격은 축방향 철근지름의 16배 이하, 띠철근이나 철선지름의 48배 이하, 또한 기둥단면의 최소 치수 이하로 하여야 한다.

③ D35 이상의 축방향 철근은 D10 이상의 띠철근으로 둘러싸야 하며, 이 경우 띠철근 대신 용접철망을 사용할 수 없다.

④ 기초판 또는 슬래브의 윗면에 연결되는 기둥의 첫 번째 띠철근 간격은 다른 띠철근 간격의 1/2 이하로 하여야 한다.

4 ② 구조설계에 규정된 허용응력의 1/2를 적용한 경우 시공 중 별도의 시험은 필요하지 않다.

5 목구조 바닥
- 구조용바닥판재로 구성된 웹재는 수평하중에 따라 발생되는 면내전단력에 대해 충분한 강도와 강성을 지녀야 하며, 면재의 좌굴이 생기지 않도록 한다.
- 수평격막구조의 외주에 배치된 보와 장선 등의 플랜지재와는 수평하중에 따라 발생하는 축방향력에 대해 충분한 강도, 강성을 갖도록 한다.
- 바닥구조를 구성하는 보와 바닥판재 등은 충분한 휨강도 및 전단강도를 갖도록 한다. 또한 과도한 처짐이나 진동 등의 문제점을 일으키지 않도록 하여 사용목적에 합당하도록 한다.
- 보 또는 장선의 따냄은 되도록 피하고, 특히 부재의 중앙 하단부의 따냄을 피한다. 불가피하게 따냄을 설치할 경우는 충분한 유효단면을 확보한다.
- 보와 바닥판재와 이를 지지하는 부재의 접합부는 각부에 존재하는 응력을 안전하게 전달하는 구조로 한다.
- 강재보를 사용할 경우에는 품질과 강도가 보증된 제품을 사용한다.
- 바닥격막구조의 구조형식에는 수평격막구조, 수평트러스 등이 있고, 건축의 규모와 구조형식에 따라 선택한다.
- 수평트러스를 구성하는 각 부재단면은 수평하중에 따라 발생하는 응력에 대하여 안전하도록 한다. 또한 트러스 각부의 접합부는 충분한 강도와 강성을 지닌 구조로 한다.
- 바닥격막구조와 골조, 벽체 등의 다른 구조부분과의 접합부는 응력을 전달할 수 있는 충분한 강도와 강성을 지닌 구조로 한다.

6 보통모멘트골조로서 압축을 받는 철근콘크리트기둥 띠철근
- D32 이하의 축방향 철근은 D10 이상의 띠철근으로, D35 이상의 축방향 철근과 다발철근은 D13 이상의 띠철근으로 둘러싸야 하며, 이 경우 띠철근 대신 등가단면적의 이형철선 또는 용접철망을 사용할 수 있다.
- 띠철근의 수직간격은 축방향 철근지름의 16배 이하, 띠철근이나 철선지름의 48배 이하, 또한 기둥단면의 최소 치수 이하로 하여야 한다.
- 모든 모서리 축방향 철근과 하나 건너 위치하고 있는 축방향 철근들은 135° 이하로 구부린 띠철근의 모서리에 의해 횡지지되어야 한다. 다만, 띠철근을 따라 횡지지된 인접한 축방향 철근의 순간격이 150mm 이상 떨어진 경우에는 추가 띠철근을 배치하여 축방향 철근을 횡지지하여야 한다. 또한, 축방향 철근이 원형으로 배치된 경우에는 원형띠철근을 사용할 수 있다. 이 때 원형 띠철근을 150mm 이상 겹쳐서 표준 갈고리로 기둥 주근을 감싸야 한다.
- 기초판 또는 슬래브의 윗면에 연결되는 압축부재의 첫 번째 띠철근 간격은 다른 띠철근 간격의 1/2 이하로 하여야 하고, 슬래브나 지판 기둥전단머리에 배치된 최하단 수평철근 아래에 배치되는 첫 번째 띠철근도 다른 띠철근 간격의 1/2 이하로 하여야 한다.
- 보 또는 브래킷이 기둥의 4면에 연결되어 있는 경우에 가장 낮은 보 또는 브래킷의 최하단 수평철근 아래에서 75mm 이내에서 띠철근 배치를 끝낼 수 있다. 단, 이때, 보의 폭은 해당 기둥면 폭의 1/2 이상이어야 한다.
- 앵커볼트가 기둥 상단이나 주각 상단에 위치한 경우에 앵커볼트는 기둥이나 주각의 적어도 4개 이상의 수직철근을 감싸고 있는 횡방향 철근에 의해 둘러싸여야 한다. 횡방향 철근은 기둥 상단이나 주각 상단에서 125mm 이내에 배치하고 적어도 2개 이상의 D13 철근이나 3개 이상의 D10 철근으로 구성되어야 한다.

정답 및 해설 4.② 5.③ 6.③

7 건축물 강구조 설계기준에서 SS275 강종의 압연H형강 H-400×200×8×13의 강도 및 재료 정수로 옳은 것은?

① 인장강도(F_u)는 410MPa이다.

② 항복강도(F_y)는 265MPa이다.

③ 탄성계수(E)는 205,000MPa이다.

④ 전단탄성계수(G)는 79,000MPa이다.

8 강구조 고장력볼트 접합의 일반사항에 대한 설명으로 옳은 것은?

① 고장력볼트 구멍중심 간 거리는 공칭직경의 2.0배 이상으로 한다.

② 고장력볼트 전인장조임은 임팩트렌치로 수 회 또는 일반렌치로 최대한 조이는 조임법이다.

③ 고장력볼트는 용접과 조합하여 하중을 부담시킬 수 없고, 고장력볼트와 용접을 병용할 경우 고장력볼트에 전체하중을 부담시킨다.

④ 고장력볼트 마찰접합에서 하중이 접합부의 단부를 향할 때는 적절한 설계지압강도를 갖도록 검토하여야 한다.

9 길이가 L이고 변형이 구속되지 않은 트러스 부재가 온도변화 △T에 의해 일어나는 축방향 변형률(ε)은? (단, 트러스 부재의 재료는 열팽창계수 α인 등방성 균질재료로 온도변화에 따라 선형으로 변형한다)

① $\varepsilon = \alpha(\triangle T)$

② $\varepsilon = \alpha(\triangle T)\sqrt{L}$

③ $\varepsilon = \alpha(\triangle T)L$

④ $\varepsilon = \alpha(\triangle T)L^2$

10 그림과 같이 AB구간과 BC구간의 단면이 상이한 캔틸레버 보에서 B점에 집중하중 P가 작용할 때, 자유단인 C점의 처짐은? (단, AB구간과 BC구간의 휨강성은 각각 2EI와 EI이며 자중을 포함한 기타 하중의 영향은 무시한다)

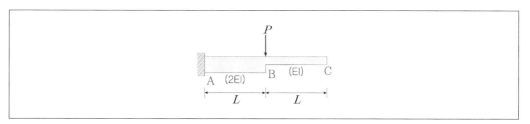

① $\dfrac{PL^3}{3EI}$

② $\dfrac{2PL^3}{3EI}$

③ $\dfrac{5PL^3}{6EI}$

④ $\dfrac{5PL^3}{12EI}$

---

7 ② 웨브와 플랜지의 두께가 모두 16mm 이하이므로 항복강도는 275MPa 이상이어야 한다. (SS표시는 당초에는 인장강도를 의미하였으나 구조기준 개정에 의해 항복강도를 의미하는 것으로 변경되었다.)

③ 강과 주강의 탄성계수는 개정 전에는 205,000MPa이었으나 개정 후 210,000MPa로 변경되었다.

④ 전단탄성계수(G)는 개정 전에는 79,000MPa이었으나 개정 후 81,000MPa로 변경되었다.

8 ① 고장력볼트 구멍중심 간 거리는 공칭직경의 2.5배 이상으로 한다.

② 임팩트렌치로 수 회 또는 일반렌치로 최대한 조이는 방법은 밀착조임법이다.

③ 볼트접합은 용접과 조합해서 하중을 부담시킬 수 없다. 이러한 경우 용접이 전체하중을 부담하는 것으로 한다. 다만 전단접합에는 용접과 볼트의 병용이 허용된다. 표준구멍과 하중방향에 직각인 단슬롯의 경우 볼트접합과 하중방향에 평행한 필릿용접이 하중을 각각 분담할 수 있다. 이때 볼트의 설계강도는 지압볼트접합 설계강도의 50%를 넘지 않도록 한다. 마찰볼트접합으로 이미 시공된 구조물을 개축할 경우 고장력볼트는 이미 시공된 하중을 받는 것으로 가정하고 병용되는 용접은 추가된 소요강도를 받는 것으로 용접설계를 병용할 수 있다.

9 온도변화에 의한 축방향 변형률 : $\varepsilon = \alpha(\Delta T)$

(온도변형률 자체는 길이와는 무관한 부재 고유의 성질이다.)

10 일반적인 캔틸레버의 경우 자유단에 집중하중 P가 작용할 경우의 처짐은 $\dfrac{PL^3}{3EI}$ 가 된다.

문제에서 주어진 조건에 의하면 B점의 처짐은 $\dfrac{PL^3}{3(2EI)}$ 이 되며, B점의 처짐각은 $\dfrac{PL^2}{2EI}$ 이다.

따라서 B점에 대한 C점의 상대처짐은 $\dfrac{PL^2}{2(2EI)} \cdot L = \dfrac{PL^3}{4EI}$, C점의 처짐값은 $\dfrac{PL^3}{6EI} + \dfrac{PL^3}{4EI} = \dfrac{5PL^3}{12EI}$ 이 된다.

정답 및 해설 7.① 8.④ 9.① 10.④

11 항복점 이상의 응력을 받는 금속재료가 소성변형을 일으켜 파괴되지 않고 변형을 계속하는 성질은?

① 연성
② 취성
③ 탄성
④ 강성

12 등가정적해석법에 의한 내진설계에서 밑면전단력 산정에 대한 설명으로 옳지 않은 것은?

① 반응수정계수가 클수록 밑면전단력은 감소한다.
② 건축물 중요도계수가 클수록 밑면전단력은 감소한다.
③ 건축물 고유주기가 클수록 밑면전단력은 감소한다.
④ 유효건물중량이 작을수록 밑면전단력은 감소한다.

13 설계지진 시 큰 횡변위가 발생되도록 상부구조와 하부구조 사이에 설치하는 수평적으로 유연하고 수직적으로 강한 구조요소는?

① 능동질량감쇠기
② 동조질량감쇠기
③ 점탄성감쇠기
④ 면진장치

14 보통모멘트골조에서 철근콘크리트 보의 전단철근 설계에 대한 설명으로 옳지 않은 것은? (단, 스트럿−타이모델에 따라 설계하지 않은 일반적인 보 부재로, 전단철근에 의한 전단강도는 콘크리트에 의한 전단강도의 2배 이하이며, d는 보의 유효깊이이다)

① 용접이형철망을 사용한 전단철근의 설계기준항복강도는 600MPa를 초과할 수 없다.

② 부재축에 직각으로 배치된 전단철근의 간격은 철근콘크리트 부재인 경우 d/2 이하 또한 600mm 이하로 하여야 한다.

③ 종방향 철근을 구부려 전단철근으로 사용할 때는 그 경사길이의 중앙 3/4만이 전단철근으로서 유효하다.

④ 경사스터럽과 굽힘철근은 부재의 중간 높이에서 반력점 방향으로 주인장철근까지 연장된 30° 선과 한 번 이상 교차되도록 배치하여야 한다.

---

11 ㉠ 연성 : 항복점 이상의 응력을 받는 금속재료가 소성변형을 일으켜 파괴되지 않고 변형을 계속하는 성질
ⓛ 취성 : 재료가 외력을 받았을 때 작은 변형에도 파괴가 되는 성질
ⓒ 탄성 : 외력을 받으면 재료가 변형이 생기고, 외력을 제거하면 원래 상태로 되돌아가는 성질
ⓔ 소성 : 외력을 받으면 재료가 변형이 생겼다가 외력을 제거해도 원래 상태로 되돌아가지 않고 변형된 상태로 남는 성질
ⓜ 강성 : 재료가 외력을 받으면 변형도 생기지 않고 파괴도 되지 않는 성질
ⓗ 인성 : 재료가 외력(에너지)을 견딜 수 있는 능력

12 건축물의 중요도계수가 클수록 밑면전단력은 증가한다.

13 ㉠ 면진장치 : 설계지진 시 큰 횡변위가 발생되도록 상부구조와 하부구조 사이에 설치하는 수평적으로 유연하고 수직적으로 강한 구조이다.
ⓛ 능동질량감쇠기 : '건물의 제진을 위해 에너지를 사용하는 시스템으로서 외력 또는 건물의 응답을 감지하는 센서부분'과 '주어진 제어 알고리즘에 근거하여 센서를 통하여 전달받은 정보를 이용하여 제어력을 계산하는 부분' 및 '건물에 제어력을 가하는 부분'의 3가지로 구성된다.
ⓒ 동조질량감쇠기 : 건물 상부에 건물 고유주기와 같은 고유주기를 가지는 추와 스프링과 감쇠장치로 이루어지는 진동계를 설치한 것으로 건물이 진동하면 이것을 억제하려고 하는 힘이 건물에 작용하도록 하는 제진장치이다. (장치의 주기를 건물의 주기와 같게 하므로 "동조"라는 단어가 붙는다.)
ⓔ 점탄성감쇠기 : 점성체 혹은 점성체의 점성감쇠에 의해 에너지를 흡수하는 시스템으로서 비교적 작은 진폭에서도 감쇠효과가 우수하며 건물의 고차진동의 저감효과도 우수하나 온도와 진폭에 민감하므로 이에 대한 고려가 요구된다.

14 경사스터럽과 굽힘철근은 부재의 중간 높이에서 반력점 방향으로 주인장철근까지 연장된 45° 선과 한 번 이상 교차되도록 배치하여야 한다.

정답 및 해설 11.① 12.② 13.④ 14.④

15 현장타설콘크리트말뚝 구조세칙으로 옳지 않은 것은?

① 현장타설콘크리트말뚝의 선단부는 지지층에 확실히 도달시켜야 한다.

② 현장타설콘크리트말뚝은 특별한 경우를 제외하고 주근은 4개 이상 또한 설계단면적의 0.25% 이상으로 하고 띠철근 또는 나선철근으로 보강하여야 한다.

③ 저부의 단면을 확대한 현장타설콘크리트말뚝의 측면경사가 수직면과 이루는 각이 30°를 초과할 경우, 전단력에 대해 검토하여 사용하도록 한다.

④ 현장타설콘크리트말뚝을 배치할 때 그 중심간격은 말뚝머리 지름의 2.0배 이상 또한 말뚝머리 지름에 1,000mm를 더한 값 이상으로 한다.

16 강구조 H형단면 부재에서 플랜지에 수직이며 웨브에 대하여 대칭인 집중하중을 받는 경우, 플랜지와 웨브에 대하여 검토하는 항목이 아닌 것은? (단, 한쪽의 플랜지에 집중하중을 받는 경우이다)

① 웨브크리플링강도

② 웨브횡좌굴강도

③ 블록전단강도

④ 플랜지국부휨강도

17 기초구조 및 지반에 대한 설명으로 옳은 것은?

① 2개의 기둥으로부터의 응력을 하나의 기초판을 통해 지반 또는 지정에 전달하도록 하는 기초는 연속기초이다.

② 구조물을 지지할 수 있는 지반의 최대저항력은 지반의 허용 지지력이다.

③ 직접기초에 따른 기초판 또는 말뚝기초에서 선단과 지반 간에 작용하는 압력은 지내력이다.

④ 지지층에 근입된 말뚝의 주위 지반이 침하하는 경우 말뚝 주면에 하향으로 작용하는 마찰력은 부마찰력이다.

18 콘크리트구조에서 용접철망에 대한 설명으로 옳은 것은?

① 냉간신선 공정을 통하여 가공되므로 연신율이 감소되어 큰 연성이 필요한 부위에 사용할 경우 주의가 필요하다.

② 인장을 받는 용접이형철망은 정착길이 내에 교차철선이 없을 경우 철망계수를 1.5로 한다.

③ 겹침이음길이 사이에 교차철선이 없는 인장을 받는 용접이형 철망의 겹침이음은 이형철선 겹침이음길이의 1.3배로 한다.

④ 뚜렷한 항복점이 없는 경우 인장변형률 0.002일 때의 응력을 항복강도로 사용한다.

---

15 저부의 단면을 확대한 현장타설콘크리트말뚝의 측면경사가 수직면과 이루는 각은 30° 이하로 하고 전단력에 대해 검토하여야 한다.

※ 참고

• 말뚝기초에 관한 구조세칙에 의하면 현장타설콘크리트말뚝은 특별한 경우를 제외하고 주근은 최소 4개 이상이어야 하며 철근량은 설계단면적의 0.25% 이상으로 하고 띠철근 또는 나선철근으로 보강하여야 한다. (이 경우 철근의 피복두께는 60mm 이상으로 한다.)

• 그러나 말뚝기초의 시공 시 현장타설콘크리트 말뚝에 사용되는 주근은 겹침이음을 하는 경우가 많으며 이런 경우 설계단면적의 0.40% 이상의 철근량이 확보되어야 하며 원형을 유지하기 위해서 주근을 6개 이상 사용해야 한다.

16 한쪽의 플랜지에 집중하중을 받는 경우에는 플랜지국부휨, 웨브국부항복, 웨브크리플링 및 웨브횡좌굴에 대하여 설계한다.

17 ① 2개의 기둥으로부터의 응력을 하나의 기초판을 통해 지반 또는 지정에 전달하도록 하는 기초는 복합기초이다. 줄기초, 연속기초는 벽 또는 일련의 기둥으로부터의 응력을 띠모양으로 하여 지반 또는 지정에 전달토록 하는 기초이다.

② 구조물을 지지할 수 있는 지반의 최대저항력은 지반의 극한지지력이다. 허용지지력은 구조물의 중요성, 설계지반정수의 정확도, 흙의 특성을 고려하여 지반의 극한 지지력을 적정의 안전율로 나눈 값이다.

③ 직접기초에 따른 기초판 또는 말뚝기초에서 선단과 지반 간에 작용하는 압력은 접지압이다.

• 허용지내력 : 지반의 허용지지력 내에서 침하 또는 부등침하가 허용한도 내로 될 수 있게 하는 하중

• 말뚝의 허용지내력 : 말뚝의 허용지지력 내에서 침하 또는 부등침하가 허용한도 내로 될 수 있게 하는 하중

• 말뚝의 허용지지력 : 말뚝의 극한지지력을 안전율로 나눈 값

18 ② 정착길이 내에 교차철선이 없거나 위험단면에서 50mm 이내에 1개의 교차철선이 있는 용접이형철망의 철망계수는 1.0으로 한다.

③ 겹침이음길이 사이에 교차철선이 없는 인장을 받는 용접이형 철망의 겹침이음은 이형철선의 겹침이음 규정에 따라야 한다.

④ 철근, 철선 및 용접철망의 설계기준항복강도가 400MPa를 초과하여 뚜렷한 항복점이 없는 경우 설계기준항복강도는 변형률 0.0035에 상응하는 응력값으로 사용하여야 한다.

정답 및 해설　15.③　16.③　17.④　18.①

19 그림과 같은 철근콘크리트 보에서 인장을 받는 6가닥의 D25 주철근이 모두 한곳에서 정착된다고 가정할 때, 주철근의 직선 정착길이 산정을 위한 c값(철근간격 또는 피복두께에 관련된 치수)은? (단, D25 주철근은 최대 등간격으로 배치되어 있고, D10 스터럽의 굽힘부 내면반지름과 마디는 고려하지 않으며, D10, D25 철근 직경은 각각 10mm, 25mm로 계산한다)

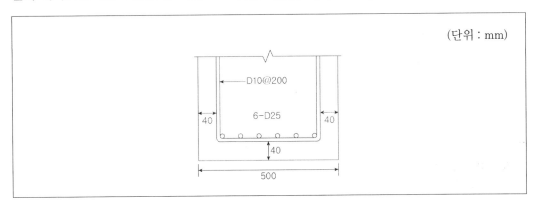

① 25.0mm

② 37.5mm

③ 50.0mm

④ 62.5mm

20 그림과 같이 양단고정보에 등분포하중(w)과 집중하중(P)이 작용할 때, 고정단 휨모멘트(M_A, M_B)와 중앙부 휨모멘트(M_C)의 절댓값 비는? (단, 부재의 휨강성은 티로 동일하며, 자중을 포함한 기타 하중의 영향은 무시한다)

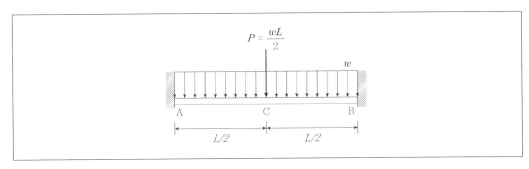

① $|M_A| : |M_C| : |M_B| = 1.2 : 1.0 : 1.2$

② $|M_A| : |M_C| : |M_B| = 1.4 : 1.0 : 1.4$

③ $|M_A| : |M_C| : |M_B| = 1.6 : 1.0 : 1.6$

④ $|M_A| : |M_C| : |M_B| = 2.0 : 1.0 : 2.0$

19 철근 또는 철선의 중심으로부터 콘크리트 표면까지의 최단거리는 40[mm]

정착되는 철근 또는 철선의 중심 간 거리의 1/2은 [(500 − 2×40 − 2×10 − 25)/5]의 1/2이므로 37.5[mm]

위의 값 중 작은 값을 택해야 하므로 37.5[mm]가 된다.

이 c값은 정착길이 산정식 중 정밀식에 사용되는 값이다.

주철근의 직선 정착길이 산정을 위한 c값 : 철근간격 또는 피복두께에 관련된 치수로서 철근 또는 철선의 중심
으로부터 콘크리트 표면까지의 최단거리 또는 정착되는 철근 또는 철선의 중심 간 거리의 1/2 중 작은 값

20 중첩의 원리를 적용하면 바로 풀 수 있는 문제이다.

등분포하중에 의해 발생되는 각 점의 휨모멘트는

$$M_{Aw} = M_{Cw} = -\frac{wL^2}{12}, \quad M_{Bw} = +\frac{wL^2}{24} \text{ 이다.}$$

중앙에 작용하는 집중하중에 의해 발생되는 각 점의 휨모멘트는

$$M_{Ap} = M_{Cp} = -\frac{PL}{8}, \quad M_{Bp} = +\frac{PL}{8} \text{ 이다.}$$

$$|M_A| = |M_C| = \left| -\frac{wL^2}{12} - \frac{PL}{8} \right|, \quad |M_{Bp}| = \left| +\frac{wL^2}{24} + \frac{PL}{8} \right|$$

$P = \dfrac{wL}{2}$ 이므로 이를 대입하면

$$|M_A| = |M_C| = \left| -\frac{wL^2}{12} - \frac{PL}{8} \right| = \left| -\frac{wL^2}{12} - \frac{wL^2}{16} \right| = \frac{7wL^2}{48}$$

$$|M_B| = \left| +\frac{wL^2}{24} + \frac{PL}{8} \right| = \left| +\frac{wL^2}{24} + \frac{wL^2}{16} \right| = \frac{5wL^2}{48}$$

따라서 $|M_A| : |M_C| : |M_B| = 1.4 : 1.0 : 1.4$가 된다.

정답 및 해설 19.② 20.②

1 지붕활하중을 제외한 등분포활하중의 저감에 대한 설명으로 옳지 않은 것은?

① 부재의 영향면적이 $25m^2$ 이상인 경우 기본등분포활하중에 활하중저감계수를 곱하여 저감할 수 있다.

② 1개 층을 지지하는 부재의 저감계수는 0.5 이상으로 한다.

③ 2개 층 이상을 지지하는 부재의 저감계수는 0.4 이상으로 한다.

④ 활하중 $5kN/m^2$ 이하의 공중집회 용도에 대해서는 활하중을 저감할 수 없다.

2 적설하중에 대한 설명으로 옳지 않은 것은?

① 기본지상적설하중은 재현기간 50년에 대한 수직 최심적설깊이를 기준으로 한다.

② 최소 지상적설하중은 $0.5kN/m^2$로 한다.

③ 평지붕적설하중은 기본지상적설하중에 기본지붕적설하중 계수, 노출계수, 온도계수 및 중요도계수를 곱하여 산정한다.

④ 경사지붕적설하중은 평지붕적설하중에 지붕경사도계수를 곱하여 산정한다.

3 콘크리트구조의 사용성 설계기준에 대한 설명으로 옳지 않은 것은?

① 사용성 검토는 균열, 처짐, 피로의 영향 등을 고려하여 이루어져야 한다.

② 특별히 수밀성이 요구되는 구조는 적절한 방법으로 균열에 대한 검토를 하여야 하며, 이 경우 소요수밀성을 갖도록 하기 위한 허용균열폭을 설정하여 검토할 수 있다.

③ 미관이 중요한 구조는 미관상의 허용균열폭을 설정하여 균열을 검토할 수 있다.

④ 균열제어를 위한 철근은 필요로 하는 부재 단면의 주변에 분산시켜 배치하여야 하고, 이 경우 철근의 지름과 간격을 가능한 한 크게 하여야 한다.

4 철근콘크리트 공사에서 각 날짜에 친 각 등급의 콘크리트 강도시험용 시료 채취기준으로 옳지 않은 것은?

① 하루에 1회 이상

② 250m³당 1회 이상

③ 슬래브나 벽체의 표면적 500m²마다 1회 이상

④ 배합이 변경될 때마다 1회 이상

---

1 부재의 영향면적이 36m² 이상인 경우 기본등분포활하중에 활하중저감계수를 곱하여 저감할 수 있다.
[※ 부록 참고 : 건축구조 8-2]

2 기본지상적설하중은 재현기간 100년에 대한 수직 최심적설깊이를 기준으로 한다.

3 균열제어를 위한 철근은 필요로 하는 부재 단면의 주변에 분산시켜 배치하여야 하고, 이 경우 철근의 지름과 간격을 가능한 한 작게 하여야 한다.

4 ② 120m³당 1회 이상이어야 한다.

정답 및 해설   1.① 2.① 3.④ 4.②

5 그림과 같이 내민보에 등변분포하중이 작용하는 경우 B점에서 발생하는 휨모멘트는? (단, 보의 자중은 무시한다)

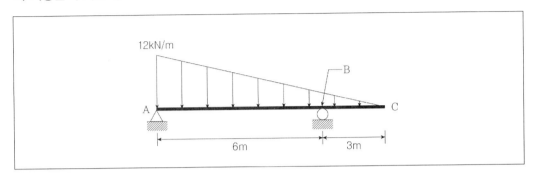

① $-3\text{kN} \cdot \text{m}$

② $-6\text{kN} \cdot \text{m}$

③ $-9\text{kN} \cdot \text{m}$

④ $-12\text{kN} \cdot \text{m}$

6 강구조의 인장재에 대한 설명으로 옳은 것은?

① 순단면적은 전단지연의 영향을 고려하여 산정한 것이다.

② 유효순단면의 파단한계상태에 대한 인장저항계수는 0.80이다.

③ 인장재의 설계인장강도는 총단면의 항복한계상태와 유효순단면의 파단한계상태에 대해 산정된 값 중 큰 값으로 한다.

④ 부재의 총단면적은 부재축의 직각방향으로 측정된 각 요소단면의 합이다.

7 그림과 같은 응력요소의 평면응력 상태에서 최대 전단응력의 크기는? (단, 양의 최대 전단응력이며, 면내 응력만 고려한다)

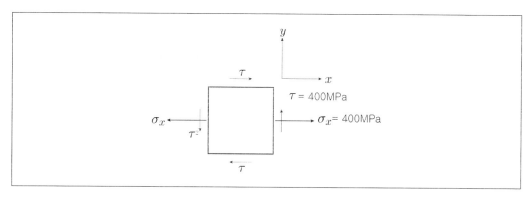

① $\sqrt{5} \times 10^2 MPa$

② $\sqrt{10} \times 10^2 MPa$

③ $\sqrt{15} \times 10^2 MPa$

④ $\sqrt{20} \times 10^2 MPa$

---

5 BC구간을 캔틸레버로 볼 수 있으며, BC구간상의 등변분포하중의 합력은 6[kN]이 되며 이 합력의 작용위치는 B점으로부터 1m 떨어진 곳이고 부의 휨모멘트가 발생하므로 −6[kN · m]이 B점에서 발생하게 된다.

6 ① 순단면적은 인장에 의한 파괴를 고려하여 산정한 것이다.
　② 유효순단면의 파단한계상태에 대한 인장저항계수는 0.75이다.
　③ 인장재의 설계인장강도는 총단면의 항복한계상태와 유효순단면의 파단한계상태에 대해 산정된 값 중 작은 값으로 한다.

7 $\tau_{\theta.\max} = \sqrt{\left(\dfrac{\sigma_x - \sigma_y}{2}\right)^2 + \tau^2} = \sqrt{\left(\dfrac{400}{2}\right)^2 + 400^2} = \sqrt{200,000} = 100\sqrt{20}[MPa]$

8 콘크리트 내진설계기준에서 중간모멘트골조의 보에 대한 요구사항으로 옳지 않은 것은?

① 접합면에서 정 휨강도는 부 휨강도의 1/3 이상이 되어야 한다.

② 부재의 어느 위치에서나 정 또는 부 휨강도는 양측 접합부의 접합면의 최대 휨강도의 1/6 이상이 되어야 한다.

③ 보부재의 양단에서 지지부재의 내측 면부터 경간 중앙으로 향하여 보 깊이의 2배 길이 구간에는 후프철근을 배치하여야 한다.

④ 스터럽의 간격은 부재 전 길이에 걸쳐서 d/2 이하이어야 한다. (단, d는 단면의 유효깊이이다.)

9 로드에 연결한 저항체를 지반 중에 삽입하여 관입, 회전 및 인발 등에 대한 저항으로부터 지반의 성상을 조사하는 방법은?

① 동재하시험

② 평판재하시험

③ 지반의 개량

④ 사운딩

10 기존 콘크리트구조물의 안전성 평가기준에 대한 설명으로 옳지 않은 것은?

① 조사 및 시험에서 구조 부재의 치수는 위험단면에서 확인하여야 한다.

② 철근, 용접철망 또는 긴장재의 위치 및 크기는 계측에 의해 위험단면에서 결정하여야 한다. 도면의 내용이 표본조사에 의해 확인된 경우에는 도면에 근거하여 철근의 위치를 결정할 수 있다.

③ 건물에서 부재의 안전성을 재하시험 결과에 근거하여 직접 평가할 경우에는 보, 슬래브 등과 같은 휨부재의 안전성 검토에만 적용할 수 있다.

④ 구조물의 평가를 위한 하중의 크기를 정밀 현장 조사에 의하여 확인하는 경우에는, 구조물의 소요강도를 구하기 위한 하중조합에서 고정하중과 활하중의 하중계수는 25%만큼 감소시킬 수 있다.

11 강관이나 파이프가 입체적으로 구성된 트러스로 중간에 기둥이 없는 대공간 연출이 가능한 구조는?

① 절판구조

② 케이블구조

③ 막구조

④ 스페이스 프레임구조

---

8 부재의 어느 위치에서나 정 또는 부 휨강도는 양측 접합부의 접합면의 최대 휨강도의 1/5 이상이 되어야 한다.

9 사운딩 : 로드에 연결한 저항체를 지반 중에 삽입하여 관입, 회전 및 인발 등에 대한 저항으로부터 지반의 성상을 조사하는 방법

10 구조물의 평가를 위한 하중의 크기를 정밀 현장 조사에 의하여 확인하는 경우에는, 구조물의 소요강도를 구하기 위한 하중조합에서 고정하중과 활하중의 하중계수는 5%만큼 감소시킬 수 있다.

11 스페이스 프레임구조는 강관이나 파이프가 입체적으로 구성된 트러스로 중간에 기둥이 없는 대공간 연출이 가능한 구조이다.

정답 및 해설 8.② 9.④ 10.④ 11.④

12 구조용강재의 명칭에 대한 설명으로 옳지 않은 것은?

① SN : 건축구조용 압연 강재

② SHN : 건축구조용 열간 압연 형강

③ HSA : 건축구조용 탄소강관

④ SMA : 용접구조용 내후성 열간 압연 강재

13 아치구조에서 아치의 추력을 보강하는 방법으로 옳지 않은 것은?

① 버트레스 설치

② 스테이 설치

③ 연속 아치 연결

④ 타이 바(tie bar)로 구속

14 조적식 구조의 용어에 대한 설명으로 옳지 않은 것은?

① 대린벽은 비내력벽 두께방향의 단위조적개체로 구성된 벽체이다.

② 속빈단위조적개체는 중심공간, 미세공간 또는 깊은 홈을 가진 공간에 평행한 평면의 순단면적
　이 같은 평면에서 측정한 전단면적의 75%보다 적은 조적단위이다.

③ 유효보강면적은 보강면적에 유효면적방향과 보강면과의 사이각의 코사인값을 곱한 값이다.

④ 환산단면적은 기준 물질과의 탄성비의 비례에 근거한 등가면적이다.

15 경골목구조 바닥 및 기초에 대한 설명으로 옳지 않은 것은?

① 바닥의 총하중에 의한 최대처짐 허용한계는 경간(L)의 1/240로 한다.

② 바닥장선 상호 간의 간격은 650mm 이하로 한다.

③ 줄기초 기초벽의 두께는 최하층벽 두께의 1.5배 이상으로서 150mm 이상이어야 한다.

④ 바닥덮개에는 두께 15mm 이상의 구조용 합판을 사용한다.

---

12 HSA : 'KS D 5994 건축구조용 고성능 열간 압연강재'이며 영문명은 HSA(High-performance rolled Steel for Architecture)이다.

기호	강재의 종류	기호	강재의 종류
SS	일반구조용 압연강재	SPS	일반구조용 탄소강관
SM	용접구조용 압연강재	SPSR	일반구조용 각형강관
SMA	용접구조용 내후성 열간압연강재	STKN	건축구조용 원형강관
SN	건축구조용 압연강재	SPA	내후성강
FR	건축구조용 내화강재	SHN	건축구조용 H형강
HSA	건축구조용 고성능 열간 압연강재		

13 스테이 설치를 아치의 추력을 보강하는 방법으로 보기에는 무리가 있다.

14 대린벽은 서로 직각으로 교차되는 벽을 말한다.

15 바닥덮개에는 두께 18mm 이상의 구조용합판, OSB, 파티클보드 또는 이와 동등 이상의 구조용판재를 사용한다.

정답 및 해설   12.③   13.②   14.①   15.④

16 그림과 같이 균질한 재료로 이루어진 강봉에 중심 축하중 P가 작용하는 경우 강봉이 늘어난 길이는? (단, 강봉은 선형탄성적으로 거동하는 단일 부재이며, 강봉의 탄성계수는 E이다)

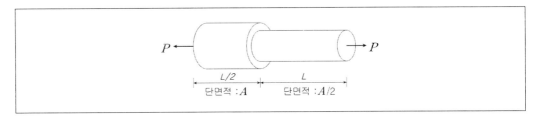

① $\dfrac{PL}{2AE}$

② $\dfrac{3PL}{2AE}$

③ $\dfrac{5PL}{2AE}$

④ $\dfrac{7PL}{2AE}$

17 강축휨을 받는 2축대칭 H형강 콤팩트부재의 설계에 대한 설명으로 옳은 것은?

① 설계 휨강도 산정 시 휨저항계수는 0.85이다.

② 소성휨모멘트는 강재의 인장강도에 소성단면계수를 곱하여 산정할 수 있다.

③ 보의 비지지길이가 소성한계 비지지길이보다 큰 경우에는 횡좌굴강도를 고려하여야 한다.

④ 자유단이 지지되지 않은 캔틸레버와 내민 부분의 횡좌굴모멘트 수정계수 C_b는 2이다.

18 유효좌굴길이가 4m이고 직경이 100mm인 원형단면 압축재의 세장비는?

① 100

② 160

③ 250

④ 400

16

길이가 L/2인 부분의 신장량 : $\delta_{L/2} = \dfrac{P \cdot \dfrac{L}{2}}{EA} = \dfrac{PL}{2EA}$

길이가 L인 부분의 신장량 : $\delta_L = \dfrac{PL}{E(0.5A)} = \dfrac{2PL}{EA}$

따라서 강봉 전체가 늘어난 길이는 $\dfrac{5PL}{2EA}$ 가 된다.

17 ① 설계 휨강도 산정 시 휨저항계수는 0.90이다.

② 소성휨모멘트는 항복강도와 소성단면계수를 곱하여 산정한다. ($M_n = M_p = F_y Z_x$ 에서 F_y : 강재의 항복강도, MPa, Z_x : x축에 대한 소성단면계수)

④ 자유단이 지지되지 않은 캔틸레버와 내민 부분의 횡좌굴모멘트 수정계수 C_b는 1이다.

18 $\lambda = \dfrac{L}{r} = \dfrac{4[m]}{0.25d} = \dfrac{4[m]}{0.25 \cdot 0.1[m]} = 160$

정답 및 해설 16.③ 17.③ 18.②

19 그림과 같은 철근콘크리트 보 단면에서 극한상태에서의 중립축 위치 c(압축연단으로부터 중립축까지의 거리)에 가장 가까운 값은? (단, 콘크리트의 설계기준압축강도는 20MPa, 철근의 설계기준 항복강도는 400MPa로 가정하며, A_s는 인장철근량이다)

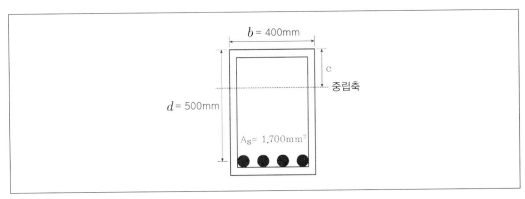

① 109.7mm

② 113.4mm

③ 117.6mm

④ 120.3mm

20 기초지반의 지지력 및 침하에 대한 설명으로 옳지 않은 것은?

① 즉시침하량은 지반을 탄성체로 보고 탄성이론에 기초한 지반의 탄성계수와 간극비를 적절히 설정하여 산정할 수 있다.

② 과대한 침하를 피할 수 없을 때에는 적당한 개소에 신축조인트를 두거나 상부구조의 강성을 크게 하여 유해한 부등침하가 생기지 않도록 하여야 한다.

③ 기초는 접지압이 지반의 허용지지력을 초과하지 않아야 한다.

④ 허용침하량은 지반조건, 기초형식, 상부구조 특성, 주위상황들을 고려하여 유해한 부등침하가 생기지 않도록 정하여야 한다.

19 콘크리트의 설계기준강도가 28[MPa]보다 작으므로 등가압축영역계수 $\beta_1=0.85$가 된다.

콘크리트가 받는 압축력과 철근이 받는 인장력의 크기가 같아야 하므로

$C = 0.85\ f_{ck}ab = T = A_s f_y$ 가 성립되어야 한다.

$a = \beta_1 c$이므로 중립축의 길이(c)에 등가압축영역계수를 곱한 값이 등가응력블록의 깊이가 된다.

$C = 0.85 \cdot 20[MPa] \cdot (0.85c) \cdot 400 = T = 1,700[mm^2] \cdot 400[MPa]$

이를 만족하는 중립축의 길이(c)는 117.64[mm]가 된다.

20 즉시침하량은 지반을 탄성체로 보고 탄성이론에 기초한 지반의 탄성계수와 포아송비를 적절히 설정하여 탄성이론에 따른 계산식으로 산정할 수 있다.

정답 및 해설 19.③ 20.①

1 콘크리트 쉘과 절판구조물의 설계 방법으로 가장 옳지 않은 것은? (단, f_{ck}는 콘크리트의 설계 기준압축강도이다.)

① 얇은 쉘의 내력을 결정할 때, 탄성거동으로 가정할 수 있다.

② 쉘 재료인 콘크리트 포아송비의 효과는 무시할 수 있다.

③ 수치해석 방법을 사용하기 전, 설계의 안전성 확보를 확인하여야 한다.

④ 막균열이 예상되는 영역에서 균열과 같은 방향에 대한 콘크리트의 공칭압축강도는 $0.5f_{ck}$이 어야 한다.

2 그림과 같이 높이 h인 옹벽 저면에서의 주동토압 P_A 및 옹벽 전체에 작용하는 주동토압의 합력 H_A의 값은? (단, γ는 흙의 단위중량, K_A는 흙의 주동토압계수이다.)

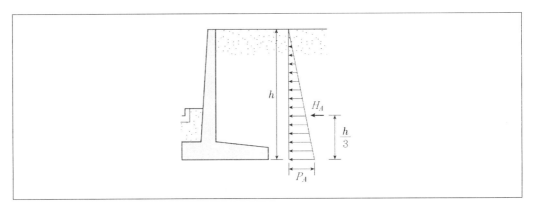

① $P_A = K_A \gamma h^2$, $H_A = \dfrac{1}{3}K_A \gamma h^3$

② $P_A = K_A \gamma h$, $H_A = \dfrac{1}{3}K_A \gamma h^2$

③ $P_A = K_A \gamma h^2$, $H_A = \dfrac{1}{2}K_A \gamma h^3$

④ $P_A = K_A \gamma h$, $H_A = \dfrac{1}{2}K_A \gamma h^2$

3 건축물 기초구조에서 현장타설콘크리트말뚝에 대한 설명으로 가장 옳지 않은 것은?

① 현장타설콘크리트말뚝의 단면적은 전 길이에 걸쳐 각 부분의 설계단면적 이하여서는 안 된다.

② 현장타설콘크리트말뚝의 선단부는 지지층에 확실히 도달시켜야 한다.

③ 현장타설콘크리트말뚝은 특별한 경우를 제외하고 주근은 4개 이상 또는 설계단면적의 0.15% 이상으로 하고 띠철근 또는 나선철근으로 보강하여야 한다.

④ 현장타설콘크리트말뚝을 배치할 때 그 중심 간격은 말뚝머리 지름의 2.0배 이상 또는 말뚝머리 지름에 1,000mm를 더한 값 이상으로 한다.

4 3층 규모의 경골목조건축물의 내력벽 설계에 대한 설명으로 가장 옳지 않은 것은?

① 내력벽 사이의 거리를 10m로 설계한다.

② 내력벽의 모서리 및 교차부에 각각 2개의 스터드를 사용하도록 설계한다.

③ 3층은 전체 벽면적에 대한 내력벽면적의 비율을 25%로 설계한다.

④ 지하층 벽을 조적조로 설계한다.

1 막균열이 예상되는 영역에서 균열과 같은 방향에 대한 콘크리트의 공칭압축강도는 $0.4f_{ck}$이어야 한다.

2 옹벽 저면에서의 주동토압 $P_A = K_A \gamma h$

옹벽 전체에 작용하는 주동토압의 합력 $H_A = \dfrac{1}{2} K_A \gamma h^2$

3 현장타설콘크리트말뚝은 특별한 경우를 제외하고 주근은 4개 이상 또는 설계단면적의 0.25% 이상으로 하고 띠철근 또는 나선철근으로 보강하여야 한다. [※ 부록 참고 : 건축구조 5-4]

4 내력벽의 모서리 및 교차부에 각각 3개 이상의 스터드를 사용하도록 설계한다.

정답 및 해설 1.④ 2.④ 3.③ 4.②

5 그림과 같은 캔틸레버보 (가)에서 집중하중에 의해 자유단에 처짐이 발생하였다. 캔틸레버보 (나)에서 보 (가)와 동일한 처짐을 발생시키기 위한 등분포하중(w)은? (단, 캔틸레버보 (가)와 (나)의 재료와 단면은 동일하다.)

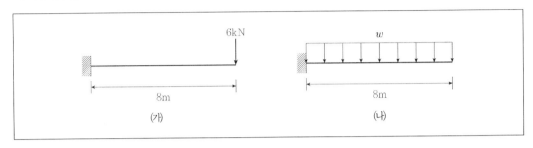

① 2kN/m

② 4kN/m

③ 8kN/m

④ 16kN/m

6 활하중의 저감에 대한 설명으로 가장 옳지 않은 것은?

① 지붕활하중을 제외한 등분포활하중은 부재의 영향 면적이 36m^2 이상인 경우 기본등분포활하중에 활하중저감계수(C)를 곱하여 저감할 수 있다.

② 활하중 12kN/m^2 이하의 공중집회 용도에 대해서는 활하중을 저감할 수 없다.

③ 영향면적은 기둥 및 기초에서는 부하면적의 4배, 보 또는 벽체에서는 부하면적의 2배, 슬래브에서는 부하 면적을 적용한다.

④ 1방향 슬래브의 영향면적은 슬래브 경간에 슬래브 폭을 곱하여 산정한다. 이때 슬래브 폭은 슬래브 경간의 1.5배 이하로 한다.

7 내진설계범주 및 중요도에 따른 건축물의 내진설계에 대한 설명으로 가장 옳지 않은 것은?

① 산정된 설계스펙트럼가속도 값에 의하여 내진설계 범주를 결정한다.

② 종합병원의 중요도계수(I_E)는 1.5를 사용한다.

③ 소규모 창고의 허용층간변위($\triangle_a$)는 해당 층고의 2.0%이다.

④ 내진설계범주 'C'에 해당하는 25층의 정형 구조물은 등가정적해석법을 사용하여야 한다.

5 (가)의 처짐 : $\delta = \dfrac{PL^3}{3EI} = \dfrac{6kN \cdot 8^3 [m^3]}{3EI} = 1,024 [kNm^3/EI]$

(나)의 처짐 : $\delta = \dfrac{wL^4}{8EI}$

(가)의 처짐과 (나)의 처짐이 같아야 하므로,

$\dfrac{PL^3}{3EI} = \dfrac{wL^4}{8EI}$ 에 따라 $\delta = \dfrac{wL^4}{8EI} = \dfrac{w \cdot 8^4}{8EI} = 1,024$를 만족하는 w의 값은 $2[kN/m]$ 된다.

하중조건	처짐각	처짐
	$\theta_B = \dfrac{PL^2}{2EI}$	$\delta_B = \dfrac{PL^3}{3EI}$
	$\theta_B = \dfrac{wL^3}{6EI}$	$\delta_B = \dfrac{wL^4}{8EI}$

6 활하중 5kN/m^2 이하의 공중집회 용도에 대해서는 활하중을 저감할 수 없다. [※ 부록 참고 : 건축구조 8-2]

7 내진설계범주 'C'에 해당하는 25층의 정형 구조물은 동적해석법을 적용해야 한다. (등가정적해석법을 적용할 수 없다.)

정형구조물은 높이 70m 이상 또는 21층 이상인 경우, 비정형구조물은 높이 20m 이상 또는 6층 이상인 경우 동적해석법을 적용해야 한다. 동적해석법을 수행하는 경우에는 응답스펙트럼해석법, 선형시간이력해석법, 비선형시간이력해석법 중 1가지 방법을 선택할 수 있다. 동적해석의 경우에는 시간이력해석이 보다 정확한 방법이나 실제로 기록된 지진이력관련 자료가 충분하지 않고 상당한 시간이 소요되므로 모드해석을 사용하는 응답스펙트럼법이 주로 사용된다.

※ 내진설계 해석법의 종류
 ㉠ 등가정적해석법 : 기본진동모드 반응특성에 바탕을 두고 구조물의 동적 특성을 무시한 해석법
 ㉡ 동적해석법(모드해석법) : 고차 진동모드의 영향을 적절히 고려할 수 있는 해석법
 ㉢ 탄성시간이력해석법 : 지진의 시간이력에 대한 구조물의 탄성응답을 실시간으로 구하는 해석법
 ㉣ 비탄성정적해석법(Pushover해석법) : 정적지진하중분포에 대한 구조물의 비선형해석법
 ㉤ 비탄성시간이력해석법 : 실제의 지진시간이력을 사용한 해석법
 참고) 비탄성정적해석을 사용하는 경우 건축구조기준에서 정하는 반응수정계수를 적용할 수 없으며 구조물의 비탄성변형능력 및 에너지소산능력에 근거하여 지진하중의 크기를 결정해야 한다.

정답 및 해설 5.① 6.② 7.④

8 현장재하실험 중 콘크리트구조의 재하실험에 대한 설명으로 가장 옳지 않은 것은?

① 하나의 하중배열로 구조물의 적합성을 나타내는 데 필요한 효과(처짐, 비틀림, 응력 등)들의 최댓값을 나타내지 못한다면 2종류 이상의 실험하중의 배열을 사용하여야 한다.

② 재하할 실험하중은 해당 구조부분에 작용하고 있는 고정하중을 포함하여 설계하중의 85%, 즉 $0.85(1.2D+1.6L)$ 이상이어야 한다.

③ 처짐, 회전각, 변형률, 미끄러짐, 균열폭 등 측정값의 기준이 되는 영점 확인은 실험하중의 재하 직전 2시간 이내에 최초 읽기를 시행하여야 한다.

④ 전체 실험하중은 최종 단계의 모든 측정값을 얻은 직후에 제거하며 최종 잔류측정값은 실험 하중이 제거된 후 24시간이 경과하였을 때 읽어야 한다.

9 그림과 같이 경간 사이에 두 개의 힌지가 있으며, 8kN의 집중하중을 받는 양단 고정보가 있다. 이 보의 A, D지점에 발생하는 휨모멘트는?

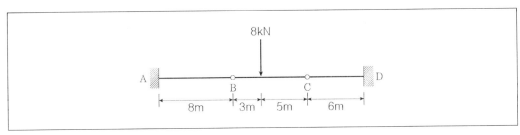

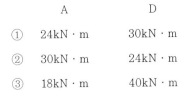

	A	D
①	24kN · m	30kN · m
②	30kN · m	24kN · m
③	18kN · m	40kN · m
④	40kN · m	18kN · m

10 그림과 같이 직사각형 변단면을 갖는 보에서, A지점의 단면에 발생하는 최대 휨응력은? (단, 보의 폭은 20mm로 일정하다.)

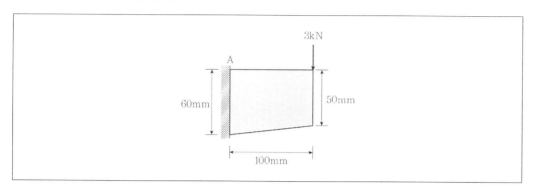

① 25N/mm^2

② 36N/mm^2

③ 48N/mm^2

④ 50N/mm^2

---

8 처짐, 회전각, 변형률, 미끄러짐, 균열폭 등 측정값의 기준이 되는 영점 확인은 실험하중의 재하 직전 1시간 이내에 최초 읽기를 시행해야 한다.

9 $R_B = 5[kN]$, $R_C = 3[kN]$이며 따라서 A점에 발생되는 휨모멘트는 $M_A = R_B \cdot 8[m] = 40[kN \cdot m]$
D점에 발생하는 휨모멘트는 $M_D = R_C \cdot 6[m] = 18[kN \cdot m]$

10 $M_A = P \cdot L = 3[kN] \cdot 100[mm]$

$$\sigma_{max} = \frac{M}{Z} = \frac{300[kN \cdot mm]}{\dfrac{bh^2}{6}}$$

$$= \frac{300[kN \cdot mm]}{\dfrac{20 \cdot 60^2}{6}[mm^3]} = 25[N/mm^2]$$

정답 및 해설 8.③ 9.④ 10.①

11 지진력에 저항하는 철근콘크리트 구조물의 재료에 대한 설명으로 가장 옳지 않은 것은?

① 콘크리트의 설계기준압축강도는 21MPa 이상이어야 한다.

② 지진력에 의한 휨모멘트 및 축력을 받는 특수모멘트 골조에 사용하는 주철근의 설계기준항복강도는 600MPa까지 허용된다.

③ 강재를 제작한 공장에서 계측한 실제 항복강도가 공칭항복강도를 120MPa 이상 초과해야 한다.

④ 실제 항복강도에 대한 실제 극한인장강도의 비가 1.25 이상이어야 한다.

12 콘크리트구조에서 사용하는 강재에 대한 설명으로 가장 옳지 않은 것은? (단, d_b는 철근, 철선 또는 프리스트레싱 강연선의 공칭지름이다.)

① 확대머리 전단스터드에서 확대머리의 지름은 전단 스터드 지름의 $\sqrt{10}$ 배 이상이어야 한다.

② 철근, 철선 및 용접철망의 설계기준항복강도(f_y)가 400MPa를 초과하여 뚜렷한 항복점이 없는 경우 f_y값을 변형률 0.002에 상응하는 응력값으로 사용하여야 한다.

③ 확대머리철근에서 철근 마디와 리브의 손상은 확대 머리의 지압면부터 $2d_b$를 초과할 수 없다.

④ 철근은 아연도금 또는 에폭시수지 피복이 가능하다.

13 그림은 3경간 구조물의 단면을 나타낸 것이다. 1방향 슬래브 ㈎~㈃ 중 처짐 계산이 필요한 것을 모두 고른 것은? (단, 리브가 없는 슬래브이며, 두께는 150mm이고, 콘크리트의 설계기준압축강도는 21MPa이며, 철근의 설계기준항복강도는 400MPa이다.)

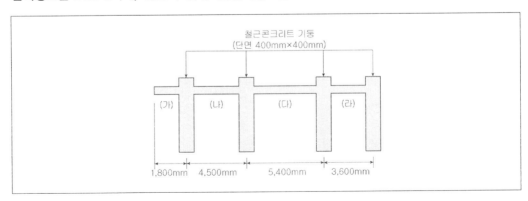

① ㈎

② ㈎, ㈏

③ ㈎, ㈐

④ ㈏, ㈃

11 강재를 제작한 공장에서 계측한 실제 항복강도가 공칭항복강도를 120MPa 이상 초과해서는 안 된다.

12 철근, 철선 및 용접철망의 설계기준항복강도(f_y)가 400MPa를 초과하여 뚜렷한 항복점이 없는 경우 f_y값을 변형률 0.0035에 상응하는 응력값으로 사용하여야 한다.

13 (가)는 캔틸레버, (나)는 양단연속, (다)는 양단연속, (라)는 일단연속이다. 따라서 각 부재별 처짐계산이 필요하지 않은 경우는 부재의 두께가 다음에 제시된 값보다 큰 경우이다. [슬래브의 두께 계산 시에는 순경간(안목치수)를 기준으로 한다.]

(가)부재 : 순경간이 1,600이므로 1,600/10 = 160[mm]

(나)부재 : 순경간이 4,100이므로 4,100/28 = 146.4[mm]

(다)부재 : 순경간이 5,000이므로 5,000/28 = 178.6[mm]

(라)부재 : 순경간이 3,200이므로 3,200/24 = 133.3[mm]

위의 계산결과에 의하면 (가), (다)부재가 150[mm]를 초과하므로 처짐계산이 필요하다.

※ 처짐의 제한

부재의 처짐과 최소두께 ⋯ 처짐을 계산하지 않는 경우의 보 또는 1방향 슬래브의 최소두께는 다음과 같다. (L_n은 경간의 길이)

부재	최소 두께 또는 높이			
	단순지지	일단연속	양단연속	캔틸레버
1방향 슬래브	$L_n/20$	$L_n/24$	$L_n/28$	$L_n/10$
보 및 리브가 있는 슬래브	$L_n/16$	$L_n/18.5$	$L_n/21$	$L_n/8$

• 위의 표의 값은 보통콘크리트($m_c = 2,300kg/m^3$)와 설계기준항복강도 400MPa 철근을 사용한 부재에 대한 값이며 다른 조건에 대해서는 그 값을 다음과 같이 수정해야 한다.

• 1,500~2,000kg/m^3 범위의 단위질량을 갖는 구조용 경량콘크리트에 대해서는 계산된 h_{min} 값에 (1.65 − 0.00031 · m_c)를 곱해야 하나 1.09보다 작지 않아야 한다.

• f_y가 400MPa 이외인 경우에는 계산된 h_{min} 값에 $(0.43 + \dfrac{f_y}{700})$를 곱해야 한다.

14 특수철근콘크리트 구조벽체를 연결하는 연결보의 설계에 대한 설명으로 가장 옳지 않은 것은?

① 세장비(l_n/h)가 3인 연결보는 경간 중앙에 대칭인 대각선 다발철근으로 보강할 수 있다.

② 대각선 다발철근은 최소한 4개의 철근으로 이루어져야 한다.

③ 대각선 철근을 감싸주는 횡철근 간격은 철근 지름의 8배를 초과할 수 없다.

④ 대각선 다발철근이 연결보의 공칭휨강도에 기여하는 것으로 볼 수 있다.

15 〈보기〉는 건축물의 각 구조 부재별 피복두께를 나타낸 것이다. ㉠~㉢ 중 올바르게 제시된 값들을 모두 고른 것은? [단, 프리스트레스하지 않는 부재의 현장치기 콘크리트이며, 콘크리트의 설계기준압축강도(f_{ck})는 40MPa이다.]

〈보기〉
- D16 철근이 배근된 외벽 : ㉠ <u>40mm</u>
- D22 철근이 배근된 내부 슬래브 : ㉡ <u>20mm</u>
- D25 철근이 배근된 내부 기둥 : ㉢ <u>30mm</u>

---

① ㉠, ㉡

② ㉠, ㉢

③ ㉡, ㉢

④ ㉠, ㉡, ㉢

16 보통중량콘크리트 파괴계수를 고려할 때, 단면 폭 b 및 단면 높이 h인 직사각형 콘크리트 단면의 휨균열모멘트 M_{cr}의 값은? (단, f_{ck}는 콘크리트의 설계기준압축강도이며, 처짐은 단면 높이 방향으로 발생하는 것으로 가정한다.)

① $M_{cr} = 0.105bh^2\sqrt{f_{ck}}$

② $M_{cr} = 0.205bh^3\sqrt{f_{ck}}$

③ $M_{cr} = 0.305bh^2\sqrt{f_{ck}}$

④ $M_{cr} = 0.405bh^3\sqrt{f_{ck}}$

17 강구조의 인장재 설계에 대한 설명으로 가장 옳지 않은 것은?

① 총단면의 항복한계상태를 계산할 때의 인장저항계수(ϕ_t)는 0.9이다.

② 인장재의 설계인장강도는 총단면의 항복한계상태와 유효순단면의 파단한계상태에 대해 산정된 값 중 큰 값으로 한다.

③ 유효순단면의 파단한계상태를 계산할 때의 인장저항계수(ϕ_t)는 0.75이다.

④ 유효순단면적을 계산할 때 단일ㄱ형강, 쌍ㄱ형강, T형강 부재의 접합부는 전단지연계수가 0.6 이상이어야 한다. 다만, 편심효과를 고려하여 설계하는 경우 0.6보다 작은 값을 사용할 수 있다.

---

14 대각선 철근을 감싸주는 횡철근 간격은 철근 지름의 6배를 초과할 수 없다.

15 프리스트레스하지 않는 부재의 현장치기 콘크리트의 최소 피복두께는 다음의 표를 따른다.

종류			피복두께
수중에서 타설하는 콘크리트			100mm
흙에 접하여 콘크리트를 친 후 영구히 흙에 묻혀 있는 콘크리트			80mm
흙에 접하거나 옥외의 공기에 직접 노출되는 콘크리트		D29 이상의 철근	60mm
		D25 이하의 철근	50mm
		D16 이하의 철근	40mm
옥외의 공기나 흙에 직접 접하지 않는 콘크리트	슬래브,벽체, 장선	D35 초과 철근	40mm
		D35 이하 철근	20mm
	보, 기둥		40mm
	쉘, 절판부재		20mm

(단, 보와 기둥의 경우 $f_{ck} \geq 40MPa$일 때 피복두께를 10mm까지 저감시킬 수 있다.)

16 보통중량콘크리트 파괴계수를 고려할 때, 단면 폭 b 및 단면 높이 h인 직사각형 콘크리트 단면의 휨균열모멘트 M_{cr}의 값은 $0.105bh^2\sqrt{f_{ck}}$ 이다.

17 인장재의 설계인장강도는 총단면의 항복한계상태와 유효순단면의 파단한계상태에 대해 산정된 값 중 작은 값으로 한다.

정답 및 해설 14.③ 15.④ 16.① 17.②

18 강구조 접합부 설계에 대한 설명으로 가장 옳지 않은 것은?

① 접합부의 설계강도를 35kN으로 한다.

② 높이 50m인 다층구조물의 기둥이음부에 마찰접합을 사용한다.

③ 응력 전달 부위의 겹침이음 시 2열로 필릿용접한다.

④ 고장력볼트(M22)의 구멍중심 간 거리를 60mm로 한다.

19 그림과 같은 정정트러스에 집중하중이 작용할 때 A부재와 B부재에 발생하는 부재력은? (단, 모든 부재의 단면적은 동일하며, 좌측 상단부 지점은 회전단이고, 좌측 하단부 지점은 이동단이다.)

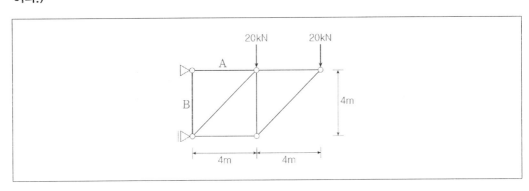

	A부재	B부재
①	20.0kN	40.0kN
②	40.0kN	20.0kN
③	40.0kN	60.0kN
④	60.0kN	40.0kN

20 강구조 매입형 합성부재의 구조제한에 대한 설명으로 가장 옳지 않은 것은?

① 강재코어의 단면적은 합성기둥 총단면적의 1% 이상으로 한다.

② 횡방향철근의 중심 간 간격은 직경 D10의 철근을 사용할 경우에는 300mm 이하, 직경 D13 이상의 철근을 사용할 경우에는 400mm 이하로 한다.

③ 횡방향 철근의 최대 간격은 강재코어의 설계기준 공칭항복강도가 450MPa 이하인 경우에는 부재단면에서 최소크기의 0.25배를 초과할 수 없다.

④ 연속된 길이방향철근의 최소철근비(ρ_{sr})는 0.004로 한다.

---

18 접합부의 설계강도는 45kN 이상이어야 한다. (다만 연결재, 새그로드 또는 띠장은 제외한다.)

※ **볼트와 용접접합의 제한** … 다음의 접합에 대해서는 용접접합, 마찰접합 또는 전인장조임을 적용해야 한다.

  ㉠ 높이가 38m 이상되는 다층구조물의 기둥이음부

  ㉡ 높이가 38m 이상되는 구조물에서, 모든 보와 기둥의 접합부 그리고 기둥에 횡지지를 제공하는 기타의 모든 보의 접합부

  ㉢ 용량 50kN 이상의 크레인구조물 중 지붕트러스이음, 기둥과 트러스접합, 기둥이음, 기둥횡지지가새, 크레인지지부

  ㉣ 기계류 지지부 접합부 또는 충격이나 하중의 반전을 일으키는 활하중을 지지하는 접합부

19

절점3, 절점4에 작용하는 힘의 합력은 3, 4의 중앙에 작용을 한다.

지점1이 핀지점, 지점2가 롤러지점이므로 지점 1에 연직반력이 발생하게 되며 연직력의 합이 0이 되어야 하므로 A에 작용하는 부재는 60kN이 된다.

지점2에 대한 모멘트 평형을 이루고 있으므로 B점에 발생하는 부재력은 40kN이 된다.

20 횡방향 철근의 최대 간격은 강재코어의 설계기준공칭항복강도가 450MPa 이하인 경우에는 부재단면에서 최소크기의 0.50배를 초과할 수 없으며 강재코어의 설계기준공칭항복강도가 450MPa를 초과하는 경우 부재단면에서 최소크기의 0.25배를 초과할 수 없다.

정답 및 해설 18.① 19.④ 20.③

1 철근콘크리트 구조에서 철근의 피복두께에 대한 설명으로 옳지 않은 것은? (단, 특수환경에 노출되지 않은 콘크리트로 한다)

① 옥외의 공기나 흙에 직접 접하지 않는 프리캐스트콘크리트 기둥의 띠철근에 대한 최소피복두께는 10 mm이다.

② 피복두께는 철근을 화재로부터 보호하고, 공기와의 접촉으로 부식되는 것을 방지하는 역할을 한다.

③ 프리스트레스하지 않는 수중타설 현장치기콘크리트 부재의 최소피복두께는 100mm이다.

④ 피복두께는 콘크리트 표면과 그에 가장 가까이 배치된 철근 중심까지의 거리이다.

2 다음 중 기초구조의 흙막이벽 안전을 저해하는 현상과 가장 연관성이 없는 것은?

① 히빙(heaving)

② 보일링(boiling)

③ 파이핑(piping)

④ 버펫팅(buffeting)

3 벽돌 구조에서 창문 등의 개구부 상부를 지지하며 상부에서 오는 하중을 좌우벽으로 전달하는 부재로 옳은 것은?

① 창대

② 코벨

③ 인방보

④ 테두리보

4 건축물의 내진구조 계획에서 고려해야 할 사항으로 옳지 않은 것은?

① 한 층의 유효질량이 인접층의 유효질량과 차이가 클수록 내진에 유리하다.

② 가능하면 대칭적 구조형태를 갖는 것이 내진에 유리하다.

③ 보−기둥 연결부에서 가능한 한 강기둥−약보가 되도록 설계한다.

④ 구조물의 무게는 줄이고, 구조재료는 연성이 좋은 것을 선택한다.

1

철근의 피복두께는 콘크리트 표면과 그에 가장 가까이 배치된 철근의 표면까지의 거리를 말한다. [※ 부록 참고 : 건축구조 6-1]

2 버펫팅(buffeting)이란 시시각각 변하는 바람의 난류성분이 물체에 닿아 물체를 풍방향으로 불규칙하게 진동시키는 현상으로서 풍하중과 관련이 있는 개념이다.

3 ① 창대 : 창호의 밑틀을 받는 수평재이다.
② 코벨 : 브라켓의 일종으로, 건축에서 위로부터의 압력을 지탱하기 위해 돌, 나무, 쇠 등으로 만든 구조적 장식물을 말한다.
③ 인방보 : 조적벽체의 출입구, 창문 등 개구부 상부에 설치하여 상부의 하중을 지지하며 상부에서 오는 하중을 좌우벽으로 전달하는 부재
④ 테두리보 : 조적조의 철근콘크리트 슬래브와 조적벽체를 일체화시켜 조적벽체 상부에 작용하는 수평력에 의한 균열을 방지하고 하중을 벽체에 고르게 분포시켜 조적벽체 전체의 강성을 증가시키는 철근콘크리트부재이다.

4 한 층의 유효질량이 인접층의 유효질량과 차이가 클수록 큰 전단력이 발생하게 되어 내진에 취약해진다.

정답 및 해설 1.④ 2.④ 3.③ 4.①

5 다음 중 강재의 성질에 관련한 설명으로 옳은 것은?

① 림드강은 킬드강에 비해 재료의 균질성이 우수하다.

② 용접구조용 압연강재 SM275C는 SM275A보다 충격흡수에너지 측면에서 품질이 우수하다.

③ 일반구조용 압연강재 SS275의 인장강도는 275MPa이다.

④ 강재의 탄소량이 증가하면 강도는 감소하나 연성 및 용접성이 증가한다.

6 강구조 구조설계에 대한 설명으로 옳지 않은 것은?

① 휨재 설계에서 보에 작용하는 모멘트의 분포형태를 반영하기 위해 횡좌굴모멘트수정계수(C_b)를 적용한다.

② 접합부 설계에서 블록전단파단의 경우 한계상태에 대한 설계강도는 전단저항과 압축저항의 합으로 산정한다.

③ 압축재 설계에서 탄성좌굴영역과 비탄성좌굴영역으로 구분하여 휨좌굴에 대한 압축강도를 산정한다.

④ 용접부 설계강도는 모재강도와 용접재강도 중 작은 값으로 한다.

7 건축물 내진설계의 설명으로 옳지 않은 것은?

① 층지진하중은 밑면전단력을 건축물의 각 층별로 분포시킨 하중이다.

② 이중골조방식은 지진력의 25% 이상을 부담하는 보통모멘트골조가 가새골조와 조합되어 있는 구조방식이다.

③ 밑면전단력은 구조물의 밑면에 작용하는 설계용 총 전단력이다.

④ 등가정적해석법에서 지진응답계수 산정 시 단주기와 주기 1초에서의 설계스펙트럼가속도가 사용된다.

8 합성기둥에 대한 설명으로 옳지 않은 것은?

① 매입형 합성기둥에서 강재코어의 단면적은 합성기둥 총단면적의 1% 이상으로 한다.

② 매입형 합성기둥에서 강재코어를 매입한 콘크리트는 연속된 길이방향철근과 띠철근 또는 나선철근으로 보강되어야 한다.

③ 충전형 합성기둥의 설계전단강도는 강재단면만의 설계전단강도로 산정할 수 있다.

④ 매입형 합성기둥의 설계전단강도는 강재단면의 설계전단강도와 콘크리트의 설계전단강도의 합으로 산정할 수 있다.

---

5 ① 림드강은 킬드강에 비해 재료의 균질성이 좋지 않다.
  • 킬드강(Killed steel) : 탈산제(Si, Al, Mn)를 충분히 사용하여 기포발생을 방지한 강재
  • 림드강(rimmed steel) : 탈산이 충분하지 못하여 생긴 기포에 의해 강재의 질이 떨어지는 강
  ③ 일반구조용 압연강재 SS275의 항복강도는 275MPa이다.
  ④ 강재의 탄소량이 증가하면 강도는 증가하나 연성 및 용접성이 저하된다.

6 접합부 설계에서 블록전단파단의 경우 한계상태에 대한 설계강도는 전단저항과 인장저항의 합으로 산정한다.
  블록전단파단(block shear rupture)이란 인장재의 접합부에서 인장력이 작용하는 축 상으로는 전단 파괴가, 인장력 축과 수직인 선이 가장 안쪽 구멍을 지나는 선상으로는 인장 파괴가 일어나 접합부의 일부분이 찢어지는 형태의 파단을 말한다.

7 이중골조방식은 지진력의 25% 이상을 부담하는 연성모멘트골조가 전단벽이나 가새골조와 조합되어 있는 구조방식이다.

8 충전형 및 매입형 합성부재의 설계전단강도는 강재단면만의 설계전단강도를 고려한다.

정답 및 해설 5.② 6.② 7.② 8.④

9 철근콘크리트 기초판을 설계할 때 주의해야 할 사항으로 옳지 않은 것은?

① 말뚝기초의 기초판 설계에서 말뚝의 반력은 각 말뚝의 중심에 집중된다고 가정하여 휨모멘트와 전단력을 계산할 수 있다.

② 독립기초의 기초판 밑면적 크기는 허용지내력에 반비례한다.

③ 독립기초의 기초판 전단설계 시 1방향 전단과 2방향 전단을 검토한다.

④ 기초판 밑면적, 말뚝의 개수와 배열 산정에는 1.0을 초과하는 하중계수를 곱한 계수하중이 적용된다.

10 그림과 같이 등분포하중(w)을 받는 철근콘크리트 캔틸레버 보의 설계에서 고려해야 할 사항으로 옳지 않은 것은? (단, EI는 일정하다)

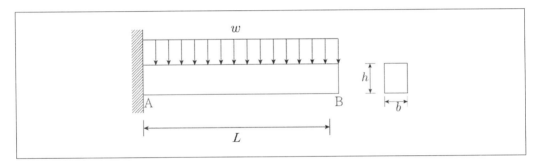

① 등분포하중에 의한 보의 휨 균열은 고정단(A) 위치의 보 상부보다는 하부에서 주로 발생한다.

② 등분포하중에 의한 보의 전단응력은 자유단(B)보다는 고정단(A) 위치에서 더 크게 발생한다.

③ 보의 처짐을 감소시키기 위해서는 단면의 폭(b)보다는 단면의 깊이(h)를 크게 하는 것이 바람직하다.

④ 휨에 저항하기 위한 주인장철근은 보 하부보다는 상부에 배근되어야 한다.

11 건축구조기준에 의해 구조물을 강도설계법으로 설계할 경우 소요강도 산정을 위한 하중조합으로 옳지 않은 것은? (여기서 D는 고정하중, L은 활하중, F는 유체압 및 용기내용물하중, E는 지진하중, S는 적설하중, W는 풍하중이다. 단, L에 대한 하중계수 저감은 고려하지 않는다)

① $1.4(D + F)$

② $1.2 D + 1.0 E + 1.0 L + 0.2 S$

③ $0.9 D + 1.2 W$

④ $0.9 D + 1.0 E$

---

9 • 기초판 밑면적, 말뚝의 개수와 배열 산정에는 하중계수를 곱하지 않은 사용하중을 적용하여야 한다.
   • 기초판의 밑면적, 말뚝의 개수와 배열은 기초판에 의해 지반 또는 말뚝에 전달되는 힘과 휨모멘트, 그리고 토질역학의 원리에 의하여 계산된 지반 또는 말뚝의 허용지지력을 사용하여 산정하여야 한다. 이때 힘과 휨모멘트는 하중계수를 곱하지 않은 사용하중을 적용하여야 한다.
   • 말뚝기초의 기초판 설계에서 말뚝의 반력은 각 말뚝의 중심에 집중된다고 가정하여 휨모멘트와 전단력을 계산할 수 있다.
   • 기초판에서 휨모멘트, 전단력 그리고 철근정착에 대한 위험단면의 위치를 정할 경우, 원형 또는 정다각형인 콘크리트 기둥이나 주각은 같은 면적의 정사각형 부재로 취급할 수 있다.
   • 기초판 윗면부터 하부철근까지 깊이는 직접기초의 경우는 150㎜ 이상, 말뚝기초의 경우는 30㎜ 이상으로 하여야 한다.

10 보의 상부에 인장응력이 가해지게 되므로 등분포하중에 의한 보의 휨 균열은 고정단(A) 위치의 보 하부보다는 인장응력이 크게 작용하는 상부에서 주로 발생한다.

11 $0.9 D + 1.3 W$이다. [※ 부록 참고 : 건축구조 7-9]
   ※ 하중조합에 의한 콘크리트구조기준 소요강도(U)

$$U = 1.4(D+F)$$
$$U = 1.2(D+F+T) + 1.6(L + a_H \cdot H_v + H_h) + 0.5(L_r \text{ or } S \text{ or } R)$$
$$U = 1.2D + 1.6(L_r \text{ or } S \text{ or } R) + (1.0L \text{ or } 0.65 W)$$
$$U = 1.2D + 1.3 W + 1.0L + 0.5(L_r \text{ or } S \text{ or } R)$$
$$U = 1.2(D + H_v) + 1.0E + 1.0L + 0.2S + (1.0H_h \text{ or } 0.5H_h)$$
$$U = 1.2(D+F+T) + 1.6(L + a_H \cdot H_v) + 0.8H_h + 0.5(L_r \text{ or } S \text{ or } R)$$
$$U = 0.9(D + H_v) + 1.3 W + (1.6H_h \text{ or } 0.8H_h)$$
$$U = 0.9(D + H_v) + 1.0E + (1.0H_h \text{ or } 0.5H_h)$$

(단, D는 고정하중, L은 활하중, W는 풍하중, E는 지진하중, S는 적설하중, H_v는 흙의 자중에 의한 연직방향 하중, H_h는 흙의 횡압력에 의한 수평방향 하중, α는 토피 두께에 따른 보정계수를 나타내며 F는 유체의 밀도를 알 수 있고, 저장 유체의 높이를 조절할 수 있는 유체의 중량 및 압력에 의한 하중 또는 이에 의해서 생기는 단면력이다.)

정답 및 해설 9.④ 10.① 11.③

12 그림과 같이 캔틸레버 보의 자유단에 집중하중(P)과 집중모멘트(M = P · L)가 작용할 때 보 자유단에서의 처짐비 $\Delta_A : \Delta_B$는? (단, EI는 동일하며, 자중의 영향은 고려하지 않는다)

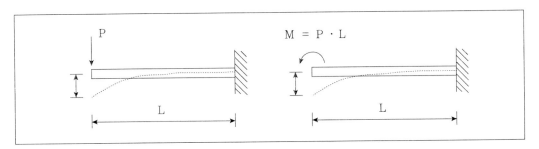

① 1 : 0.5

② 1 : 1

③ 1 : 1.5

④ 1 : 2

13 단면계수의 특성에 대한 설명으로 옳지 않은 것은?

① 단면계수가 큰 단면이 휨에 대한 저항이 크다.

② 단위는 cm^4, mm^4 등이며, 부호는 항상 정(+)이다.

③ 동일 단면적일 경우 원형 단면의 강봉에 비하여 중공이 있는 원형강관의 단면계수가 더 크다.

④ 휨 부재 단면의 최대 휨응력 산정에 사용한다.

14 막구조에 대한 설명으로 옳은 것은?

① 막구조의 막재는 인장과 휨에 대한 저항성이 우수하다.

② 습식 구조에 비해 시공 기간이 길지만 내구성이 뛰어나다.

③ 공기막 구조는 내외부의 압력 차에 따라 막면에 강성을 주어 형태를 안정시켜 구성되는 구조물이다.

④ 스페이스 프레임 등으로 구조물의 형태를 만든 뒤 지붕 마감으로 막재를 이용하는 것을 현수막 구조라 한다.

12

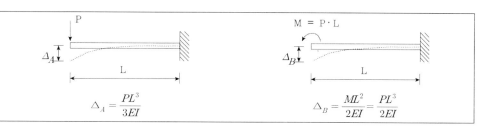

$$\triangle_A = \frac{PL^3}{3EI}$$

$$\triangle_B = \frac{ML^2}{2EI} = \frac{PL^3}{2EI}$$

하중조건	처짐각	처짐
A⟍━━━━━⟍B $\quad$ L	$\theta_B = \dfrac{PL^2}{2EI}$	$\delta_B = \dfrac{PL^3}{3EI}$
A⟍━━━━━⟍B $\quad$ L	$\theta_B = \dfrac{ML}{EI}$	$\delta_B = \dfrac{ML^2}{2EI}$

13 단면계수는 도심축에 대한 단면2차 모멘트를 도심에서 단면의 상단 또는 하단까지의 거리로 나눈 값으로서 단위는 m^3, mm^3 이다.

14 ① 막구조의 막재는 휨에 대한 저항성이 매우 약하다.
② 습식 구조에 비해 시공 기간이 짧으나 내구성이 약하다.
④ 현수막구조는 하중을 막면에 부담하고 막면을 지주, 아치, 케이블 등이 지지하는 방식으로서 막재를 주체로 하여 기본형태를 현수구조로 한 구조이다. 스페이스 프레임 등으로 구조물의 형태를 만든 뒤 지붕 마감으로 막재를 이용하는 것은 골조막 구조라 한다. 골조막 구조는 하중을 골조가 부담하고 막은 2차 구조재 혹은 마감재로서 사용한다.

정답 및 해설 12.③ 13.② 14.③

15 철근콘크리트 구조에서 공칭직경이 d_b인 D16 철근의 표준갈고리 가공에 대한 설명으로 옳지 않은 것은?

① 주철근에 대한 180° 표준갈고리는 구부린 반원 끝에서 $4d_b$ 이상 더 연장하여야 한다.

② 주철근에 대한 90° 표준갈고리의 구부림 내면 반지름은 $2d_b$ 이상으로 하여야 한다.

③ 스터럽과 띠철근에 대한 90° 표준갈고리는 구부린 끝에서 $6d_b$ 이상 더 연장하여야 한다.

④ 스터럽에 대한 90° 표준갈고리의 구부림 내면 반지름은 $2d_b$ 이상으로 하여야 한다.

16 목구조 절충식 지붕틀의 지붕귀에서 동자기둥이나 대공을 세울 수 있도록 지붕보에서 도리 방향으로 짧게 댄 부재는?

① 서까래   ② 우미량

③ 중도리   ④ 추녀

17 기초저면의 형상이 장방형인 기초구조 설계 시 탄성이론에 따른 즉시침하량 산정에 필요한 요소로 옳지 않은 것은?

① 기초의 재료강도   ② 기초의 장변길이

③ 지반의 탄성계수   ④ 지반의 포아송비

18 강구조 건축물의 사용성 설계 시 고려해야 하는 항목과 연관성이 가장 적은 것은?

① 바람에 의한 수평진동

② 접합부 미끄럼

③ 팽창과 수축

④ 내화성능

---

15 D16인 주철근에 대한 90° 표준갈고리의 구부림 내면 반지름은 3d$_b$ 이상으로 하여야 한다.

철근을 구부릴 때, 구부리는 부분에 손상을 주지 않기 위해 구부림의 최소 내면 반지름을 정해두고 있다.

180도 표준갈고리와 90도 표준갈고리는 구부리는 내면 반지름을 아래의 표에 있는 값 이상으로 해야 한다.

스터럽이나 띠철근에서 구부리는 내면 반지름은 D16이하일 때 철근직경의 2배 이상이고 D19이상일 때는 아래의 표를 따라야 한다.

표준갈고리 외의 모든 철근의 구부림 내면 반지름은 아래에 있는 표의 값 이상이어야 한다.

철근의 크기	최소내면반지름
D10~D25	철근직경의 3배
D29~D35	철근직경의 4배
D38	철근직경의 5배

16 우미량은 목구조 절충식 지붕틀의 지붕귀에서 동자기둥이나 대공을 세울 수 있도록 지붕보에서 도리 방향으로 짧게 댄 부재로, 수덕사 대웅전에서 그 예를 찾아볼 수 있다. [※ 부록 참고 : 건축구조 4-2]

17 탄성이론에 의한 즉시침하량 추정에 사용되는 계수: 지반의 탄성계수, 지반의 포아송비, 기초의 폭과 장변길이, 등분포하중, 영향계수, 변형계수 (재료의 강도는 관련이 없다.)

즉시침하량 산정식은 $S_i = qB\dfrac{1-\mu^2}{E}I_w$

q : 기초의 하중강도(t/m^2)

B : 기초의 폭(m)

μ : 지반의 포아송비

E : 흙의 탄성계수(변형계수)

I_w : 침하에 의한 영향값(영향계수)

18 내화성능은 강구조건축물의 구조적 사용성과는 거리가 먼 사항이다.

정답 및 해설 15.② 16.② 17.① 18.④

19 폭 400mm와 전체 깊이 700mm를 가지는 직사각형 철근콘크리트 보에서 인장철근이 2단으로 배근될 때, 최대 유효깊이에 가장 가까운 값은? (단, 피복두께는 40mm, 스터럽 직경은 10mm, 인장철근 직경은 25mm로 1단과 2단에 배근되는 인장철근량은 동일하며, 모두 항복하는 것으로 한다)

① 650.0mm

② 637.5mm

③ 612.5mm

④ 587.5mm

20 그림과 같이 등분포하중(ω)을 받는 정정보에서 최대 정휨모멘트가 발생하는 위치 x는?

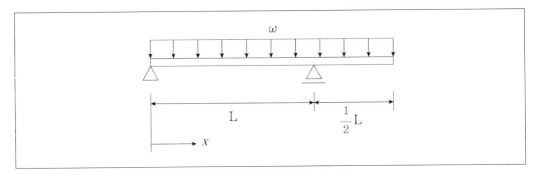

① $\frac{1}{4}L$

② $\frac{1}{3}L$

③ $\frac{3}{8}L$

④ $\frac{1}{2}L$

19 유효깊이는 콘크리트 압축연단부터 모든 인장철근군의 도심까지의 거리를 말한다. 피복두께 40mm에 스터럽의 직경 10mm이며 철근의 반경이 12.5mm이므로 압축연단으로부터 가장 끝의 인장철근의 중심까지의 거리는 700−(40+10+12.5)=637.5mm가 된다. 그러나 인장철근이 2단으로 배근되어 있으며 직경이 25mm이므로 여기에 25mm를 뺀 값인 612.5mm가 답이 된다.

20 휨모멘트가 최대인 점에서는 전단력이 0이 되는 특성을 통하여 최대휨모멘트가 발생하는 점을 찾을 수 있다.
우선 각 지점의 반력을 구하기 위해 등분포하중을 1개의 집중하중으로 변환시키면 이동지점의 반력을 구할 수 있다.

$\sum M_A = 1.5wL \cdot \dfrac{1.5L}{2} - R_B \cdot L = 0$이어야 하므로 $R_B = \dfrac{9}{8}wL$이 되며 힘의 평형원리에 따라 연직력의 합이 0

이 되어야 하므로 $\sum V = 1.5wL - \dfrac{9}{8}wL - R_A = 0$을 만족하는 R_A 값은 $\dfrac{3}{8}wL$이 된다.

전단력이 0이 되는 지점은 $V_x = \dfrac{3}{8}wL - wx = 0$을 만족하는 곳이므로 $x = \dfrac{3}{8}L$이 된다.

정답 및 해설 19.③ 20.③

1 건축구조물의 구조설계 원칙으로 규정되어 있지 않은 것은?

① 친환경성

② 경제성

③ 사용성

④ 내구성

2 기초구조 설계 시 고려해야 할 사항으로 옳지 않은 것은?

① 기초의 침하가 허용침하량 이내이고, 가능하면 균등해야 한다.

② 장래 인접대지에 건설되는 구조물과 그 시공에 따른 영향까지도 함께 고려하는 것이 바람직하다.

③ 동일 구조물의 기초에서는 가능한 한 이종형식기초의 병용을 피해야 한다.

④ 기초형식은 지반조사 전에 확정되어야 한다.

3 철근콘크리트 기둥의 배근 방법에 대한 설명으로 옳지 않은 것은?

① 주철근의 위치를 확보하고 전단력에 저항하도록 띠철근을 배치한다.

② 사각형띠철근 기둥은 4개 이상, 나선철근 기둥은 6개 이상의 주철근을 배근한다.

③ 전체 단면적에 대한 주철근 단면적의 비율은 0.4% 이상 8% 이하로 한다.

④ 하중에 의해 요구되는 단면보다 큰 단면으로 설계된 기둥의 경우, 감소된 유효단면적을 사용하여 최소 철근량을 결정할 수 있다.

4 목구조의 설계허용응력 산정 시 적용하는 하중기간계수(C_D) 값이 큰 설계하중부터 순서대로 바르게 나열한 것은?

① 지진하중 > 적설하중 > 활하중 > 고정하중

② 지진하중 > 활하중 > 고정하중 > 적설하중

③ 활하중 > 지진하중 > 적설하중 > 고정하중

④ 활하중 > 고정하중 > 지진하중 > 적설하중

---

1 건축구조물의 구조설계 원칙
- 안전성 : 건축구조물은 유효적절한 구조계획을 통하여 건축구조물 전체가 각종 하중에 대해 구조적으로 안전하도록 한다.
- 사용성 : 건축구조물은 사용에 지장이 되는 변형이나 진동이 생기지 아니하도록 충분한 강성과 인성의 확보를 고려한다.
- 내구성 : 구조부재로서 특히 부식이나 마모훼손의 우려가 있는 것에 대해서는 모재나 마감재에 이를 방지할 수 있는 재료를 사용하는 등 필요한 조치를 취한다.
- 친환경성 : 건축구조물은 저탄소 및 자원순환 구조부재를 사용하고 피로저항성능, 내화성, 복원가능성 등 친환경성의 확보를 고려한다.

2 기초형식은 지반조사 이후에 여러 가지를 검토하여 확정되어야 한다.

3 전체 단면적에 대한 주철근 단면적의 비율은 1% 이상 8% 이하로 한다.

4 목구조의 설계허용응력 산정 시 적용하는 하중기간계수(C_D)는 지진하중 〉 적설하중 〉 활하중 〉 고정하중 순이다.

설계하중	하중기간계수	하중기간
고정하중	0.9	영구
활하중	1.0	10년
적설하중	1.15	2개월
시공하중	1.25	7일
풍하중, 지진하중	1.6	10분
충격하중	2.0	충격

1) 하중기간계수는 변형한계에 근거한 탄성계수 및 섬유직각방향기준 허용압축응력에는 적용하지 아니한다. 가설구조물에서의 하중기간계수는 3개월 이내인 경우 1.20을 적용할 수 있다.
2) 충격하중의 경우, 수용성 방부제 또는 내화제로 가압처리된 구조부재에 대하여는 하중기간계수를 1.6 이하로 적용한다. 또한 접합부에는 충격에 대한 하중기간계수를 적용하지 아니한다.

정답 및 해설   1.②   2.④   3.③   4.①

5 그림은 휨모멘트와 축력을 동시에 받는 철근콘크리트 기둥의 공칭강도 상호작용곡선이다. 이에 대한 설명으로 옳지 않은 것은?

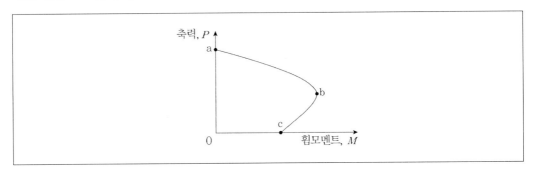

① 휨성능은 압축력의 크기에 따라서 달라진다.
② 구간 a−b에서 최외단 인장철근의 순인장변형률은 설계기준항복강도에 대응하는 변형률 이하이다.
③ 구간 b−c에서 압축연단 콘크리트는 극한변형률에 도달하지 않는다.
④ 점 b는 균형변형률 상태에 있다.

6 건축물의 지진력저항시스템에 대한 설명으로 옳지 않은 것은?

① 이중골조방식은 지진력의 25% 이상을 부담하는 연성모멘트골조가 전단벽이나 가새골조와 조합되어 있는 구조방식이다.
② 연성모멘트골조방식은 횡력에 대한 저항능력을 증가시키기 위하여 부재와 접합부의 연성을 증가시킨 모멘트골조방식이다.
③ 내력벽방식은 수직하중과 횡력을 모두 전단벽이 부담하는 구조방식이다.
④ 모멘트골조방식은 보와 기둥이 각각 횡력과 수직하중에 독립적으로 저항하는 구조방식이다.

7 그림 (가)와 (나)의 캔틸레버 보 자유단 처짐이 각각 $\delta_{(가)} = \dfrac{wL^4}{8EI}$ 과 $\delta_{(나)} = \dfrac{PL^3}{3EI}$ 일 때, 그림 (다) 보의 B 지점 수직반력의 크기[kN]는? (단, 그림의 모든 보의 길이 $L = 1\,\text{m}$이고, 전 길이에 걸쳐 탄성계수는 E, 단면2차모멘트는 I이며, 보의 자중은 무시한다)

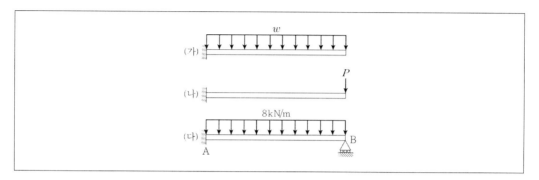

① 1

② 3

③ 4

④ 5

---

5 구간 b−c는 인장지배구역으로서 압축연단콘크리트는 극한변형률 0.003을 초과하는 경우가 발생할 수 있다.
[※ 부록 참고 : 건축구조 6-20]

6 모멘트골조방식은 수직하중과 횡력을 보와 기둥으로 구성된 라멘골조가 일체가 되어 저항하는 구조방식이다.

7 $R_B = \dfrac{3}{8}wL = \dfrac{3}{8} \cdot 8 \cdot 1 = 3$

문제에서 주어진 조건은 변위일치법을 통해서 지점의 반력을 구하는 것이지만 (다)와 같은 상태의 각 지점의 반력을 구하는 공식은 필히 암기해 놓아야 한다.

A ▧━━━━━━━○ B w l	$M_B = -\dfrac{wl^2}{8}$, $R_{By} = \dfrac{3wl}{8}$

정답 및 해설 5.③ 6.④ 7.②

8 기둥 ㈎와 ㈏의 탄성좌굴하중을 각각 $P_{(가)}$와 $P_{(나)}$라 할 때, 두 탄성좌굴하중의 비$\left(\dfrac{P_{(가)}}{P_{(나)}}\right)$

는? (단, 기둥의 길이는 모두 같고, 휨강성은 각각의 기둥 옆에 표시한 값이며, 자중의 효과는 무시한다)

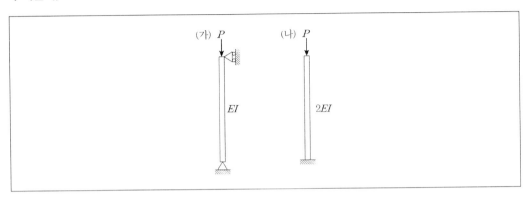

① 0.5

② 1

③ 2

④ 4

9 길이가 2m이고 단면이 50mm × 50mm인 단순보에 10kN/m의 등분포하중이 부재 전 길이에 작용할 때, 탄성상태에서 보 단면에 발생하는 최대 휨응력의 크기[MPa]는? (단, 등분포하중은 보의 자중을 포함한다)

① 240

② 270

③ 300

④ 320

10 그림과 같은 필릿용접부의 공칭강도[kN]는? (단, 용접재의 인장강도 F_W는 400 MPa이며, 모재의 파단은 없다)

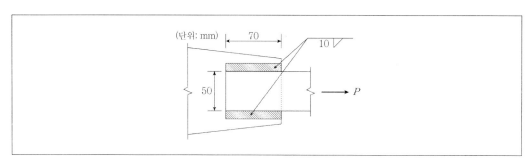

① 168

② 210

③ 240

④ 280

---

8 좌굴유효길이계수(k)의 값이 (가)는 양단이 핀으로 지지되어 있으므로 1.0이며 (나)는 캔틸레버이므로 2.0이 된다. 따라서

$$P_{cr(가)} = \frac{\pi^2 EI}{(kl)^2} = \frac{\pi^2 EI}{(1.0 \cdot l)^2} = \frac{\pi^2 EI}{l^2}$$

$$P_{cr(나)} = \frac{\pi^2 (2EI)}{(kl)^2} = \frac{\pi^2 (2EI)}{(2.0 \cdot l)^2} = \frac{\pi^2 EI}{2l^2}$$

따라서 $\left(\dfrac{P_{cr(가)}}{P_{cr(나)}}\right) = 2$가 된다.

※ 좌굴하중의 기본식(오일러의 장주공식)

$$P_{cr} = \frac{\pi^2 EI}{(kl)^2} = \frac{n\pi^2 EI}{l^2}$$

EI : 기둥의 휨강성

l : 기둥의 길이

k : 기둥의 유효길이 계수

kl : (l_k로도 표시함) 기둥의 유효길이(장주의 처짐곡선에서 변곡점과 변곡점 사이의 거리)

n : 좌굴계수(강도계수, 구속계수)

9

$$\sigma_{max} = \frac{M}{Z} = \frac{\dfrac{wL^2}{8}}{\dfrac{bh^2}{6}} \ \frac{\dfrac{10[kN/m] \cdot (2m)^2}{8}}{\dfrac{50 \cdot 50^2}{6}[mm^3]} \equiv 240[MPa]$$

10 $0.6F_w \cdot A_w = 0.6 \cdot 400 \cdot [2 \cdot 0.7 \cdot 10(70 - 2 \cdot 10)] = 168[kN]$

($A_w = 2 \times 0.7s(L - 2s)$이며 $s = 0.7 \times$다리길이)

정답 및 해설 8.③ 9.① 10.①

11 조적식구조에 대한 설명으로 옳지 않은 것은?

① 전단면적에서 채워지지 않은 빈 공간을 뺀 면적을 순단면적이라 한다.

② 한 내력벽에 직각으로 교차하는 벽을 대린벽이라 한다.

③ 가로줄눈에서 모르타르와 접한 조적단위의 표면적을 가로줄눈면적이라 한다.

④ 기준 물질과의 탄성비의 비례에 근거한 등가면적을 전단면적이라 한다.

12 프리스트레스하지 않는 부재의 현장치기콘크리트에서, 흙에 접하여 콘크리트를 친 후 영구히 흙에 묻혀 있는 콘크리트의 최소 피복 두께[mm]는?

① 100

② 80

③ 60

④ 40

13 스터럽으로 보강된 철근콘크리트 보를 설계기준항복강도 400MPa인 인장철근을 사용하여 설계하고자 한다. 공칭강도 상태에서 최외단 인장철근의 순인장변형률이 휨부재의 최소허용변형률과 같을 때, 휨모멘트에 대한 강도감소계수에 가장 가까운 값은?

① 0.73

② 0.75

③ 0.78

④ 0.85

14 기초구조에 대한 설명으로 옳지 않은 것은?

① 독립기초는 기둥으로부터 축력을 독립으로 지반 또는 지정에 전달하도록 하는 기초이다.

② 부마찰력은 지지층에 근입된 말뚝의 주위 지반이 침하하는 경우 말뚝 주면에 하향으로 작용하는 마찰력이다.

③ 온통기초는 상부구조의 광범위한 면적 내의 응력을 단일 기초판으로 연결하여 지반 또는 지정에 전달하도록 하는 기초이다.

④ 지반의 허용지지력은 구조물을 지지할 수 있는 지반의 최대저항력이다.

11 기준 물질과의 탄성비의 비례에 근거한 등가면적을 환산단면적이라 한다.

12 프리스트레스하지 않는 부재의 현장치기콘크리트에서, 흙에 접하여 콘크리트를 친 후 영구히 흙에 묻혀 있는 콘크리트의 최소 피복 두께[mm]는 80[mm]이다. [※ 부록 참고 : 건축구조 6-1]

종류			피복두께
수중에서 타설하는 콘크리트			100mm
흙에 접하여 콘크리트를 친 후 영구히 흙에 묻혀있는 콘크리트			80mm
흙에 접하거나 옥외의 공기에 직접 노출되는 콘크리트	D29이상의 철근		60mm
	D25이하의 철근		50mm
	D16이하의 철근		40mm
옥외의 공기나 흙에 직접 접하지 않는 콘크리트	슬래브, 벽체, 장선	D35초과철근	40mm
		D35이하철근	20mm
	보, 기둥		40mm
	쉘, 절판부재		20mm

13
$$\phi = 0.65 + (\varepsilon_t - 0.002)\frac{200}{3} = 0.65 + (0.004 - 0.002)\frac{200}{3} = 0.783$$

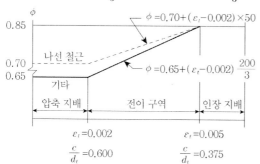

14 구조물을 지지할 수 있는 지반의 최대저항력은 지반의 극한지지력이라 한다.

정답 및 해설 11.④ 12.② 13.③ 14.④

15 건축물의 중요도 분류에 대한 설명으로 옳지 않은 것은?

① 15층 아파트는 연면적에 관계없이 중요도(1)에 해당한다.

② 아동관련시설은 연면적에 관계없이 중요도(1)에 해당한다.

③ 응급시설이 있는 병원은 연면적에 관계없이 중요도(1)에 해당한다.

④ 가설구조물은 연면적에 관계없이 중요도(3)에 해당한다.

16 다음은 지진하중 산정 시 성능기반설계법의 최소강도규정이다. 괄호 안에 들어갈 내용은?

> 구조체의 설계에 사용되는 밑면전단력의 크기는 등가정적해석법에 의한 밑면전단력의
> (   ) 이상이어야 한다.

① 70%   ② 75%

③ 80%   ④ 85%

17 그림과 같은 2축대칭 H형강 단면의 x축에 대한 단면2차모멘트[mm⁴]는?

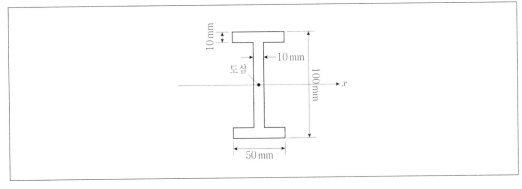

① 3.75×10^{8} ② 5.75×10^{6}

③ 3.75×10^{6} ④ 2.46×10^{6}

18 다음과 같은 전단력과 휨모멘트만을 받는 철근콘크리트 보에서 콘크리트에 의한 공칭전단강도 [kN]는? (단, 계수전단력과 계수휨모멘트는 고려하지 않는다)

- 보통중량콘크리트
- 콘크리트의 설계기준압축강도 : 25MPa
- 보의 복부 폭 : 300mm
- 인장철근의 중심에서 압축콘크리트 연단까지의 거리 : 500mm

① 100

② 125

③ 150

④ 175

---

15 종합병원, 또는 수술시설이나 응급시설이 있는 병원은 중요도(특)에 해당된다. [※ 부록 참고 : 건축구조 8-5]

16 지진하중 산정 시 성능기반설계법에 따르면 구조체의 설계에 사용되는 밑면전단력의 크기는 등가정적해석법에 의한 밑면전단력의 75% 이상이어야 한다.

17 $\dfrac{B \cdot H^3}{12} - 2(\dfrac{b \cdot h^3}{12}) = \dfrac{50 \cdot 100^4}{12} - 2(\dfrac{20 \cdot 80^2}{12}) = 2.46 \times 10^6$

18 $V_c = \dfrac{1}{6} \sqrt{f_{ck}} \, b_w d = \dfrac{1}{6} \sqrt{25} \cdot 300[mm] \cdot 500[mm] = 125[kN]$

정답 및 해설 15.③ 16.② 17.④ 18.②

19 그림과 같은 강구조 휨재의 횡비틀림좌굴거동에 대한 설명으로 옳은 것은?

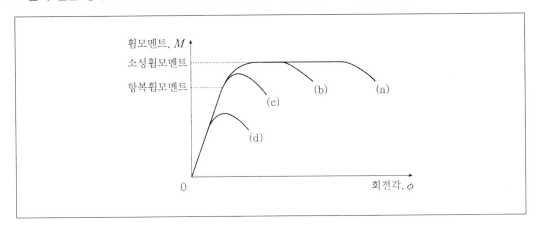

① 곡선 (a)는 보의 횡지지가 충분하고 단면도 콤팩트하여 보의 전소성모멘트를 발휘함은 물론 뛰어난 소성회전능력을 보이는 경우이다.

② 곡선 (b)는 (a)의 경우보다 보의 횡지지 길이가 작은 경우로서 보가 항복휨모멘트보다는 크지만 소성휨모멘트보다는 작은 휨강도를 보이는 경우이다.

③ 곡선 (c)는 탄성횡좌굴이 발생하여 항복휨모멘트보다 작은 휨강도를 보이는 경우이다.

④ 곡선 (d)는 보의 비탄성횡좌굴에 의해 한계상태에 도달하는 경우이다.

20 길이 1m, 지름 60mm(단면적 2,827mm^2)인 봉에 200kN의 순인장력이 작용하여 탄성상태에서 길이방향으로 0.5mm 늘어나고, 지름방향으로 0.015mm 줄어들었다. 이때, 봉 재료의 푸아송비 ν 와 탄성계수 E에 가장 가까운 값은?

	ν	E[MPa]
①	0.03	1.4×10^2
②	0.5	1.4×10^2
③	0.03	1.4×10^5
④	0.5	1.4×10^5

19 휨모멘트, M

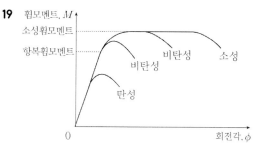

② 곡선 (b)는 (a)의 경우보다 보의 횡지지 길이가 큰 경우로서 보가 항복휨모멘트보다는 크지만 소성휨모멘트 보다는 작은 휨강도를 보이는 경우이다.

③ 곡선 (c)는 비탄성횡좌굴이 발생하여 항복휨모멘트보다 큰 휨강도를 보이는 경우이다.

④ 곡선 (d)는 보의 탄성횡좌굴에 의해 한계상태에 도달하는 경우이다.

20 푸아송비

$$v = \frac{\text{가로 변형률}}{\text{세로 변형률}} = \frac{\text{축에 직각방향 변형률}}{\text{축방향 변형률}} = \frac{\dfrac{\triangle l}{l}}{\dfrac{\triangle d}{d}} = \frac{\dfrac{0.015}{60}}{\dfrac{0.5}{1000}} = 0.5$$

$$E = \frac{\sigma}{\varepsilon} = \frac{\dfrac{P}{A}}{\dfrac{\triangle L}{L}} = \frac{\dfrac{2 \cdot 10^5}{2827}}{\dfrac{0.5}{1000}} ≒ 141492 ≒ 1.4 \times 10^5$$

푸아송비와 푸아송수

① 푸아송비(v)는 축방향 변형률에 대한 축의 직각방향 변형률의 비이다.

$$v = \frac{\text{가로 변형률}}{\text{세로 변형률}} = \frac{\text{축에 직각방향 변형률}}{\text{축방향 변형률}}$$

② 푸아송수는 푸아송비의 역수이다. (코르크의 푸아송수는 0이다.)

$$v = -\frac{\epsilon_d}{\epsilon_l} = -\frac{l \cdot \triangle d}{d \cdot \triangle l} = \frac{1}{m} \quad (v: \text{푸아송비, } m: \text{푸아송수})$$

③ 푸아송비의 식은 단일방향으로만 축하중이 작용하는 부재에 적용된다.

④ 푸아송비는 항상 양의 값만을 가지며 정상적인 재료에서 푸아송비는 0과 0.5 사이의 값을 가진다.

⑤ 푸아송비가 0인 이상적 재료는 축하중이 작용할 경우 어떤 측면의 수축이 없이 한쪽 방향으로만 늘어난다.

⑥ 푸아송비가 1/2 이상인 재료는 완전비압축성 재료이다.

정답 및 해설 19.① 20.④

1 건축구조기준에서 설계하중에 대한 설명으로 옳지 않은 것은?

① 집중활하중에서 작용점은 각 구조부재에 가장 큰 하중효과를 일으키는 위치에 작용하도록 하여야 한다.

② 고정하중은 건축구조물 자체의 무게와 구조물의 생애주기 중 지속적으로 작용하는 수평하중을 말한다.

③ 풍하중은 각각의 설계풍압에 유효수압면적을 곱하여 산정한다.

④ 지진하중은 지진에 의한 지반운동으로 구조물에 작용하는 하중을 말한다.

2 강구조 용접접합부에서 용접 후 검사 시에 발생될 수 있는 결함의 유형으로 옳지 않은 것은?

① 비드   ② 블로 홀

③ 언더컷   ④ 오버랩

3 철근콘크리트 기둥의 축방향 주철근이 겹침이음되어 있지 않을 경우, 주철근의 최대 철근비는?

① 1%

② 4%

③ 6%

④ 8%

1 고정하중은 구조체와 이에 부착된 비내력 부분 및 각종 설비 등의 중량에 의하여 구조물의 존치기간 중 지속적으로 작용하는 연직하중을 말한다.

2 비드는 용접결함이 아니라 용접 시 용접진행에 따라 용착금속이 모재 위에 열상을 이루어 이어진 용접선을 말한다.

　※ 용접결함

　　• 블로홀 : 용융금속이 응고할 때 방출되어야 할 가스가 남아서 생긴 빈자리

　　• 슬래그섞임(감싸들기) : 슬래그의 일부분이 용착금속 내에 혼입된 것

　　• 크레이터 : 용즙 끝단에 항아리 모양으로 오목하게 파인 것

　　• 피시아이 : 용접작업 시 용착금속 단면에 생기는 작은 은색의 점

　　• 피트 : 작은 구멍이 용접부 표면에 생긴 것

　　• 크랙 : 용접 후 급냉되는 경우 생기는 균열

　　• 언더컷 : 모재가 녹아 용착금속이 채워지지 않고 홈으로 남는 부분

　　• 오버랩 : 용착금속과 모재가 융합되지 않고 단순히 겹쳐지는 것

　　• 오버형 : 상향 용접시 용착금속이 아래로 흘러내리는 현상

　　• 용입불량 : 용입 깊이가 불량하거나 모재와의 융합이 불량한 것

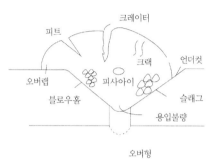

3 철근콘크리트 기둥의 축방향 주철근이 겹침이음되어 있지 않을 경우, 주철근의 최대 철근비는 8%이다.

　※ 철근의 구조제한

　　㉠ 주철근의 구조제한

구분	띠철근 기둥	나선철근 기둥
단면치수	최소단변 $b \geq 200mm$ 　　$A \geq 60000mm^2$	심부지름 $D \geq 200mm$ 　　$f_{ck} \geq 21MPa$
개수	직사각형 단면: 4개 이상 원형 단면: 4개 이상	6개 이상
간격	40mm이상, 철근 직경의 1.5배 이상 중 큰 값	
철근비	최소철근비 1%, 최대철근비 8% (단, 주철근이 겹침이음되는 경우 철근비는 4% 이하)	

　　㉡ 띠(나선)철근의 구조제한

구분	띠철근 기둥	나선철근 기둥
지름	주철근 ≤ D32일 때 : D10 이상 주철근 ≥ D35일 때 : D13 이상	10mm 이상
간격	주철근의 16배 이하 띠철근 지름의 48배 이하 기둥 단면의 최소지수 이하 (위의 값 중 최소값)	25mm~75mm
철근비	－	$0.45\left(\dfrac{A_g}{A_{ch}} - 1\right)\dfrac{f_{ck}}{f_{yt}}$ 이상

정답 및 해설 　1.② 　2.① 　3.④

4 보통중량콘크리트를 사용하고 설계기준항복강도가 400MPa인 철근을 사용할 경우, 처짐을 계산하지 않아도 되는 1방향슬래브(슬래브 길이L)의 최소두께를 지지조건에 따라 나타낸 것으로 옳지 않은 것은? (단, 해당부재는 큰 처짐에 의해 손상되기 쉬운 칸막이벽이나 기타 구조물을 지지 또는 부착하지 않은 부재이다)

① 단순지지 : L/18　　　　　　　　　② 1단 연속 : L/24
③ 양단 연속 : L/28　　　　　　　　　④ 캔틸레버 : L/10

5 우리나라 건축물 내진설계기준의 일반사항에 대한 설명으로 옳지 않은 것은?

① 내진성능수준 – 설계지진에 대해 시설물에 요구되는 성능수준, 기능수행수준, 즉시복구수준, 장기복구/인명보호수준과 붕괴방지수준으로 구분
② 변위의존형 감쇠장치 – 하중응답이 주로 장치 양 단부 사이의 상대속도에 의해 결정되는 감쇠장치로서, 추가로 상대변위의 함수에 종속될 수도 있음
③ 성능기반 내진설계 – 엄격한 규정 및 절차에 따라 설계하는 사양기반설계에서 벗어나서 목표로 하는 내진성능수준을 달성할 수 있는 다양한 설계기법의 적용을 허용하는 설계
④ 응답스펙트럼 – 지반운동에 대한 단자유도 시스템의 최대응답을 고유주기 또는 고유진동수의 함수로 표현한 스펙트럼

6 철근콘크리트 기초판 설계에 대한 설명으로 옳지 않은 것은?

① 조적조 벽체를 지지하는 기초판의 최대 계수휨모멘트를 계산할 때 위험단면은 벽체 중심과 단부 사이의 1/4 지점으로 한다.
② 휨모멘트에 대한 설계 시 1방향 기초판 또는 2방향 정사각형 기초판에서 철근은 기초판 전체폭에 걸쳐 균등하게 배치하여야 한다.
③ 말뚝기초의 기초판 설계에서 말뚝의 반력은 각 말뚝의 중심에 집중된다고 가정하여 휨모멘트와 전단력을 계산할 수 있다.
④ 기초판 윗면부터 하부철근까지 깊이는 직접기초의 경우는 150mm 이상, 말뚝기초의 경우는 300mm 이상으로 하여야 한다.

4 단순 지지된 1방향슬래브(슬래브 길이L)의 두께가 L/20이상이면 처짐을 계산하지 않아도 된다.

※ **부재의 처짐과 최소두께** : 처짐을 계산하지 않는 경우의 보 또는 1방향 슬래브의 최소두께는 다음과 같다. (L은 경간의 길이)

부재	최소 두께 또는 높이			
	단순지지	일단연속	양단연속	캔틸레버
1방향 슬래브	L/20	L/24	L/28	L/10
보	L/16	L/18.5	L/21	L/8

• 위의 표의 값은 보통콘크리트($m_c = 2,300\text{kg/m}^3$)와 설계기준항복강도 400MPa철근을 사용한 부재에 대한 값이며 다른 조건에 대해서는 그 값을 다음과 같이 수정해야 한다.

• 1500~2000kg/m³범위의 단위질량을 갖는 구조용 경량콘크리트에 대해서는 계산된 $h_{\min}$ 값에 $(1.65 - 0.00031 \cdot m_c)$를 곱해야 하나 1.09보다 작지 않아야 한다.

• f_y가 400MPa 이외인 경우에는 계산된 $h_{\min}$ 값에 $(0.43 + \dfrac{f_y}{700})$를 곱해야 한다.

5 변위의존형 감쇠장치 ··· 하중응답이 주로 장치 양 단부 사이의 상대변위에 의해 결정되는 감쇠장치로서, 근본적으로 장치 양단부의 상대속도와 진동수에는 독립적이다.

6 조적조 벽체를 지지하는 기초판의 최대 계수휨모멘트를 계산할 때 위험단면은 벽체 중심과 벽체면 사이 거리의 1/2지점으로 한다.

정답 및 해설 4.① 5.② 6.①

7 조적식구조의 재료 및 강도설계법에 대한 설명으로 옳지 않은 것은?

① 시멘트성분을 지닌 재료 또는 첨가제들은 에폭시수지와 그 부가물이나 페놀, 석면섬유 또는 내화점토를 포함할 수 없다.

② 모멘트저항벽체골조의 설계전단강도는 공칭강도에 강도감소계수 0.8을 곱하여 산정한다.

③ 그라우트의 압축강도는 조적개체 강도의 1.3배 이상으로 한다.

④ 보강근의 최소 휨직경은 직경 10mm에서 25mm까지는 보강근의 6배이고, 직경 29mm부터 35mm까지는 8배로 한다.

8 프리스트레스트 콘크리트 부재의 설계에 대한 설명으로 옳지 않은 것은?

① 프리스트레스트 콘크리트 휨부재는 미리 압축을 가한 인장구역에서 계수하중에 의한 인장연단응력의 크기에 따라 비균열등급, 부분균열등급, 완전균열등급으로 구분된다.

② 프리스트레스를 도입할 때의 응력계산 시 균열단면에서 콘크리트는 인장력에 저항할 수 없는 것으로 가정한다.

③ 비균열등급과 부분균열등급 휨부재의 사용하중에 의한 응력은 비균열단면을 사용하여 계산한다.

④ 완전균열단면 휨부재의 사용하중에 의한 응력은 균열환산단면을 사용하여 계산한다.

9 과도한 처짐에 의해 손상되기 쉬운 비구조요소를 지지 또는 부착하지 않은 1방향 바닥구조(내부환경)의 최대 허용처짐 조건으로 옳은 것은?

① 활하중에 의한 순간처짐이 부재길이의 1/180 이하

② 활하중에 의한 순간처짐이 부재길이의 1/360 이하

③ 전체 처짐 중에서 비구조 요소가 부착된 후에 발생하는 처짐부분이 부재길이의 1/480 이하

④ 전체 처짐 중에서 비구조 요소가 부착된 후에 발생하는 처짐부분이 부재길이의 1/240 이하

7 보강근의 최소 휨직경은 직경 1 mm에서 25mm까지는 보강근의 8배이고, 직경 29mm부터 35mm까지는 6배로 한다.

8 PSC휨부재의 균열등급 … PSC 휨부재는 균열발생여부에 따라 그 거동이 달라지며 균열의 정도에 따라 세가지 등급으로 구분하고 구분된 등급에 따라 응력 및 사용성을 검토하도록 규정하고 있다.

- 비균열 등급 : $f_t < 0.63 \sqrt{f_{ck}}$ 이므로 균열이 발생하지 않는다.
- 부분균열등급 : $0.63 \sqrt{f_{ck}} < f_t < 1.0 \sqrt{f_{ck}}$ 이므로 사용하중이 작용 시 응력은 총단면으로 계산하되 처짐은 유효단면을 사용하여 계산한다.
- 완전균열등급 : 사용하중 작용 시 단면응력은 균열환산단면을 사용하여 계산하며 처짐은 유효단면을 사용하여 계산한다.

9 문제에 내부환경인지 외부환경인지가 주어지지 않아 오류로 의심되는 문제이다.

※ **최대허용처짐** : 장기처짐 효과를 고려한 전체 처짐의 한계는 다음 값 이하가 되도록 해야 한다.

부재의 종류	고려해야 할 처짐	처짐한계
과도한 처짐에 의해 손상되기 쉬운 비구조 요소를 지지 또는 부착하지 않은 평지붕구조(외부환경)	활하중 L에 의한 순간처짐	L / 180
과도한 처짐에 의해 손상되기 쉬운 비구조 요소를 지지 또는 부착하지 않은 바닥구조(내부환경)	활하중 L에 의한 순간처짐	L / 360
과도한 처짐에 의해 손상되기 쉬운 비구조 요소를 지지 또는 부착한 지붕 또는 바닥구조	전체 처짐 중에서 비구조 요소가 부착된 후에 발생하는 처짐부분(모든 지속하중에 의한 장기처짐과 추가적인 활하중에 의한 순간처짐의 합)	L / 480
과도한 처짐에 의해 손상될 우려가 없는 비구조 요소를 지지 또는 부착한 지붕 또는 바닥구조		L / 240

정답 및 해설 7.④ 8.① 9.②

10 비구조요소의 내진설계에 대한 설명으로 옳지 않은 것은?

① 파라펫, 건물외부의 치장 벽돌 및 외부치장마감석재는 내진설계가 수행되어야 한다.

② 비구조요소의 내진설계는 구조체의 내진설계와 분리하여 수행할 수 없다.

③ 건축비구조요소는 캔틸레버 형식의 구조요소에서 발생하는 지점회전에 의한 수직방향 변위를 고려하여 설계되어야 한다.

④ 설계하중에 의한 비구조요소의 횡방향 혹은 면외방향의 휨이나 변형이 비구조요소의 변형한계를 초과하지 않아야 한다.

11 목구조에 사용되는 구조용 합판의 품질기준으로 옳지 않은 것은?

① 접착성으로 내수 인장 전단 접착력이 0.7MPa 이상인 것

② 함수율이 13% 이하인 것

③ 못접합부의 최대 전단내력의 40%에 해당하는 값이 700N 이상인 것

④ 못접합부의 최대 못뽑기 강도가 60N 이상인 것

12 용접H형강(H − 500 × 200 × 10 × 16) 보 웨브의 판폭두께비는?

① 42.0

② 46.8

③ 54.8

④ 56.0

10 비구조요소의 내진설계는 구조체의 내진설계와 분리하여 수행할 수 있다.

11 못접합부의 최대 못뽑기 강도가 90N 이상인 것이어야 한다.

12 H형 단면의 경우 판폭두께비

• 플랜지의 판폭두께비 $\lambda = \dfrac{b}{t_f}$

• 웨브의 판폭두께비 $\lambda = \dfrac{h}{t_w}$

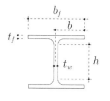 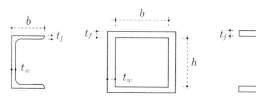

(a) 압연형강 　　　　　　　　(ⓑ) 조립형강

$$\lambda = \frac{h}{t_w} = \frac{H - 2 \cdot t_f}{10} = \frac{500 - 2 \cdot 16}{10} = 46.8$$

H형강 규격표시 $H - H \times B \times t_1 \times t_2$	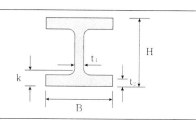

13 말뚝재료의 허용응력에 대한 설명으로 옳지 않은 것은?

① 기성콘크리트말뚝의 허용압축응력은 콘크리트설계기준강도의 최대 1/4까지를 말뚝재료의 허용압축응력으로 한다.

② 기성콘크리트말뚝에 사용하는 콘크리트의 설계기준강도는 30MPa 이상으로 하고, 허용지지력은 말뚝의 최소단면에 대하여 구하는 것으로 한다.

③ 현장타설콘크리트말뚝의 최대 허용압축하중은 각 구성요소의 재료에 해당하는 허용압축응력을 각 구성요소의 유효단면적에 곱한 각 요소의 허용압축하중을 합한 값으로 한다.

④ 강재말뚝의 허용압축력은 일반의 경우 부식부분을 제외한 단면에 대해 재료의 항복응력과 국부좌굴응력을 고려하여 결정한다.

14 강구조 내화설계에 대한 용어의 설명으로 옳지 않은 것은?

① 내화강 – 크롬, 몰리브덴 등의 원소를 첨가한 것으로서 $600\,^{\circ}$C의 고온에서도 항복점이 상온의 2/3 이상 성능이 유지되는 강재

② 설계화재 – 건축물에 실제로 발생하는 내화설계의 대상이 되는 화재의 크기

③ 구조적합시간 – 합리적이고 공학적인 해석방법에 의하여 화재발생으로부터 건축물의 주요 구조부가 단속 및 연속적인 붕괴에 도달하는 시간

④ 사양적 내화설계 – 건축물에 실제로 발생되는 화재를 대상으로 합리적이고 공학적인 해석방법을 사용하여 화재크기, 부재의 온도상승, 고온환경에서 부재의 내력 및 변형 등을 예측하여 건축물의 내화성능을 평가하는 내화설계방법

13 기성콘크리트말뚝에 사용하는 콘크리트의 설계기준강도는 35MPa 이상으로 하고, 허용지지력은 말뚝의 최소단면에 대하여 구하는 것으로 한다.

14 사양적 내화설계 … 건축법규에 명시된 사양적 규정에 의거하여 건축물의 용도, 구조, 층수, 규모에 따라 요구내화시간 및 부재의 선정이 이루어지는 내화설계방법

정답 및 해설　13.②　14.④

15 그림과 같은 두 단순지지보에서 중앙부 처짐량이 동일할 때, P_2/P_1의 값은? (단, 보의 자중은 무시하고, 재질과 단면의 성질은 동일하며, 하중 P_1과 P_2는 보의 중앙에 작용한다)

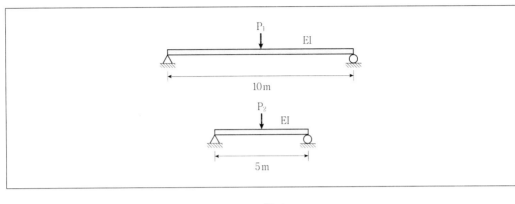

① 2

② 4

③ 6

④ 8

16 그림과 같이 단순지지보에 삼각형 분포하중이 작용 시, 지점 A로부터 최대 휨모멘트가 발생하는 점과의 거리는? (단, 보의 자중은 무시한다)

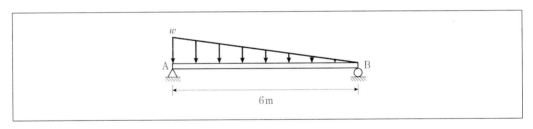

① $2\sqrt{3}\,\mathrm{m}$

② $3\sqrt{2}\,\mathrm{m}$

③ $6-2\sqrt{3}\,\mathrm{m}$

④ $6-3\sqrt{2}\,\mathrm{m}$

17 강구조 모멘트골조의 내진설계기준에 대한 설명으로 옳은 것은?

① 특수모멘트골조의 접합부는 최소 0.03rad의 층간변위각을 발휘할 수 있어야 한다.

② 특수모멘트골조의 경우, 기둥외주면에서 접합부의 계측휨강도는 0.04rad의 층간변위에서 적어도 보 공칭소성모멘트의 70% 이상을 유지해야 한다.

③ 중간모멘트골조의 접합부는 최소 0.02rad의 층간변위각을 발휘할 수 있어야 한다.

④ 보통모멘트골조의 반응수정계수는 3이다.

---

15 단순보 중앙에 집중하중이 작용할 때 중앙부의 처짐량은 $\delta = \dfrac{PL^3}{48EI}$ 이므로 동일하중이 작용한다고 가정할 때 길이가 2배가 되면 처짐은 8배가 된다. 따라서 P_1은 P_2의 8배가 되어야만 처짐이 같아진다.

16 등변분포하중의 경우 최대휨모멘트 발생위치 및 크기는 공식을 암기하여 풀어야 한다.

B점으로부터 $\dfrac{L}{\sqrt{3}}$ 만큼 떨어진 곳에서 최대휨모멘트가 발생하고, 크기는

$$M_{max} = \frac{wL^2}{9\sqrt{3}} = \frac{w \cdot 6^2 \cdot \sqrt{3}}{9 \cdot 3} = \frac{4\sqrt{3}\,w}{3}$$

따라서 A점으로부터 $6 - 2\sqrt{3}$ 지점에서 최대휨모멘트가 발생하게 된다.

17 모멘트골조 ··· 부재와 접합부가 휨모멘트, 전단력, 축력에 저항하는 골조. 다음과 같이 분류함
- **보통모멘트골조** : 설계지진력이 작용할 때, 부재와 접합부가 최소한의 비탄성변형을 수용할 수 있는 골조로서 보−기둥접합부는 용접이나 고력볼트를 사용해야 한다.
- **중간모멘트골조(IMRCF)** : 보−기둥 접합부가 최소 0.02rad의 층간변위각을 발휘할 수 있어야 하며 이 때 휨강도가 소성모멘트의 80% 이상 유지되어야 한다.
- **특수모멘트골조(SMRCF)** : 보−기둥 접합부가 최소 0.04rad의 층간변위각을 발휘할 수 있어야 하며 이 때 휨강도가 소성모멘트의 80% 이상 유지되어야 한다.

정답 및 해설 15.④ 16.③ 17.③

18 그림과 같은 캔틸레버형 구조물의 부재 AB에서 지점 A로부터 휨모멘트가 0이 되는 점과의 거리는? (단, 부재의 자중은 무시한다)

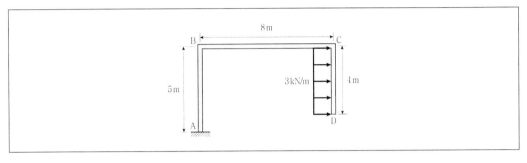

① 1m

② 2m

③ 3m

④ 5m

19 그림과 같은 길이가 L인 압축재가 부재의 중앙에서 횡방향지지되어 있을 경우, 이 부재의 면내방향 탄성좌굴하중(P_{cr})은? (단, 부재의 자중은 무시하고, 면외방향좌굴은 발생하지 않는다고 가정하며, 부재단면의 휨강성은 EI이다)

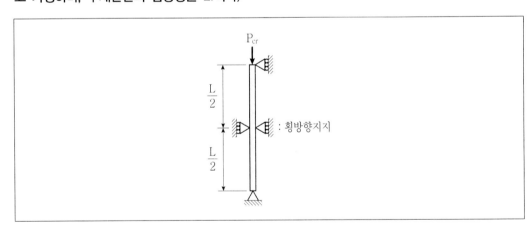

① $\dfrac{\pi^2 EI}{L^2}$

② $2\dfrac{\pi^2 EI}{L^2}$

③ $4\dfrac{\pi^2 EI}{L^2}$

④ $8\dfrac{\pi^2 EI}{L^2}$

20 콘크리트 구조의 설계원칙과 기준에 대한 설명으로 옳지 않은 것은?

① 용접 이형철망을 제외한 전단철근의 설계기준항복강도는 500MPa을 초과할 수 없다.

② 철근콘크리트 부재축에 직각으로 배치된 전단철근의 간격은 600mm를 초과할 수 없다.

③ 콘크리트 구조물의 탄산화 내구성 평가에서 탄산화에 대한 허용 성능저하 한도는 탄산화 침투깊이가 철근의 깊이까지 도달한 상태를 탄산화에 대한 허용 성능저하 한계상태로 정한다.

④ 크리프 계산에 사용되는 콘크리트의 초기접선탄성계수는 할선탄성계수의 0.9배로 한다.

---

18 C점에서의 휨모멘트는 $M_C = 3 \cdot 4 \cdot \dfrac{4}{2} = 24[\text{kNm}]$

A점에서의 반력은 $H_A = -3 \cdot 4 = -12[\text{kN}]$

A점의 휨모멘트는 $M_A = 3 \cdot 4 \cdot (1+2) = 36[\text{kNm}]$

A점으로부터 x만큼 떨어진 곳의 휨모멘트는 $M_x = 36 - 12 \cdot x$이므로 이를 만족하는 x는 3m가 된다.

19 그림에서 주어진 부재는 양단힌지이며 길이는 0.5인 부재로 간주할 수 있으므로 부재의 면내방향 탄성좌굴하중 (P_{cr})은

$$P_{cr} = \frac{\pi^2 EI}{(K \cdot 부재길이)^2} = \frac{\pi^2 \text{EI}}{(1.0 \cdot 0.5\text{L})^2} = 4\frac{\pi^2 \text{EI}}{\text{L}^2} \quad (\text{양단힌지이므로 좌굴길이계수 K는 } 1.0\text{이다.})$$

20 크리프 계산에 사용되는 콘크리트의 할선탄성계수는 초기접선탄성계수의 0.85배이다.

※ 응력 – 변형도 곡선에서 **콘크리트의 탄성계수**에 대한 정의

- 초기접선탄성계수(Initial Modulus) : 원점에서 그은 접선의 기울기, 초기 선형상태의 기울기
- 접선탄성계수(Tangent Modulus) : 임의의 점에서 그은 접선의 기울기(위치에 따라 기울기가 달라짐)
- 할선탄성계수(Secant Modulus) : 원점 0.5fck 또는 0.25fck에 대한 점을 연결한 기울기이다.
- 국내에서는 할선탄성계수를 콘크리트의 탄성계수 Ec로 한다.

정답 및 해설 18.③ 19.③ 20.④

1 얇은 평면 슬래브를 굽혀 긴 경간을 지지할 수 있도록 만든 구조는?

① 현수 구조
② 트러스 구조
③ 튜브 구조
④ 절판 구조

2 다음은 조적조 아치를 설명한 것이다. ㈎에 들어갈 용어는?

> 아치는 개구부 상부에 작용하는 하중을 아치의 축선을 따라 좌우로 나누어 전달되게 한 것으로, 아치를 이루는 부재 내에는 주로 [㈎] 이/가 작용하도록 한다.

① 휨모멘트
② 전단력
③ 압축력
④ 인장력

3 다음에서 설명하는 목구조 부재는?

> 상부의 하중을 받아 기초에 전달하며 기둥 하부를 고정하여 일체화하고, 수평방향의 외력으로 인해 건물의 하부가 벌어지지 않도록 하는 수평재이다.

① 토대
② 깔도리
③ 버팀대
④ 귀잡이

4 특수환경에 노출되지 않고 프리스트레스하지 않는 부재에 대한 현장치기콘크리트의 최소 피복 두께로 옳지 않은 것은?

① D19 이상의 철근을 사용한 옥외의 공기에 직접 노출되는 콘크리트의 경우 : 50mm

② D35 이하의 철근을 사용한 옥외의 공기나 흙에 직접 접하지 않는 콘크리트 벽체의 경우 : 20mm

③ 흙에 접하여 콘크리트를 친 후 영구히 흙에 묻혀 있는 콘크리트의 경우 : 60mm

④ 콘크리트 설계기준압축강도가 30MPa인 옥외의 공기나 흙에 직접 접하지 않는 콘크리트 기둥의 경우 : 40mm

---

1 ④ 절판구조 : 얇은 평면 슬래브를 급혀 긴 경간을 지지할 수 있도록 만든 구조이다.
　　① 현수구조 : 모든 하중을 인장력으로 전환하여 힘과 좌굴로 인한 불안정성과 허용 응력을 감소시켜 케이블로 지지하는 구조양식이다.
　　② 트러스구조 : 여러 개의 직선 부재들을 한 개 또는 그 이상의 삼각형 형태로 배열하여 각 부재를 절점에서 연결해 구성한 뼈대 구조이다.
　　③ 튜브구조 : 간격이 좁게 배열된 기둥과 보가 마치 튜브와 같이 건물의. 외부를 둘러싸서 횡하중에 저항하는 시스템이다.

2 아치는 개구부 상부에 작용하는 하중을 아치의 축선을 따라 좌우로 나누어 전달되게 한 것으로, 아치를 이루는 부재 내에는 주로 압축력이 작용하도록 한다.

3 ① 토대 : 상부의 하중을 받아 기초에 전달하며 기둥 하부를 고정하여 일체화하고, 수평방향의 외력으로 인해 건물의 하부가 벌어지지 않도록 하는 수평재이다.
　　② 깔도리 : 벽 또는 기둥 위에 건너 대어 지붕보를 받치는 도리이다.
　　③ 버팀대 : 가새를 댈 수 없을 때 기둥과 보의 모서리에 짧게 수직으로 비스듬히 댄 부재이다.
　　④ 귀잡이 : 건물의 꺾인 모서리 부분에 고정하여 건물의 변형을 방지하는 수평가새역할을 하는 부재로서 버팀대가 수직으로 빗댄 것이라면 귀잡이는 수평으로 빗댄 것이다.

4 흙에 접하여 콘크리트를 친 후 영구히 흙에 묻혀 있는 콘크리트의 경우 : 80mm
특수환경에 노출되지 않고 프리스트레스하지 않는 부재에 대한 현장치기콘크리트의 최소 피복두께는 다음의 표와 같다.

종류			피복두께
수중에서 타설하는 콘크리트			100mm
흙에 접하여 콘크리트를 친 후 영구히 흙에 묻혀있는 콘크리트			80mm
흙에 접하거나 옥외의 공기에 직접 노출되는 콘크리트		D29이상의 철근	60mm
		D25이하의 철근	50mm
		D16이하의 철근	40mm
옥외의 공기나 흙에 직접 접하지 않는 콘크리트	슬래브, 벽체, 장선	D35초과철근	40mm
		D35이하철근	20mm
	보, 기둥		40mm
	쉘, 절판부재		20mm

정답 및 해설　1.④　2.③　3.①　4.③

5 그림과 같은 강구조 용접이음 표기에서 S는?

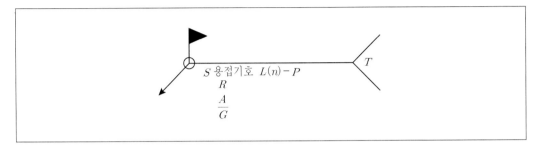

① 개선각

② 용접간격

③ 용접사이즈

④ 용접부처리방법

6 그림과 같이 삼각형의 등변분포하중을 받는 두 캔틸레버보의 고정단에서 발생되는 모멘트 반력 M_A와 M_B의 비($M_A : M_B$)는? (단, 보의 자중은 무시한다)

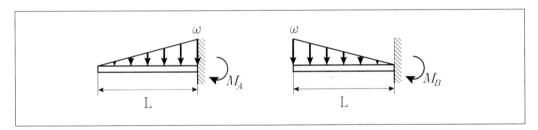

① 1 : 2

② 1 : 3

③ 2 : 1

④ 3 : 1

5 용접기호 표기에서 S는 용접사이즈를 의미한다.

※ 용접 기호

| 오목
용접 | 비드
용접 | 모살용접 | | 그로브(형, 개선(용접 | | | | | 전용접
(Plug
&
Solt) | 현장
용접 | 전주
공장
용접 | 민
(Flush
) | 전주
현장
용접 |
| | | 연속 | 단속 | I형
(Squar
e) | V형
X형 | V형
K형
(Beval) | U형
X형 | J형,
양면
J형 | | | | | |

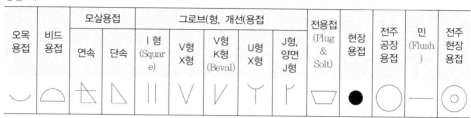

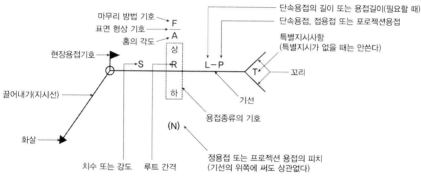

(a) 용접하는 쪽이 화살표가 있는 반대쪽(배면 측)일 때

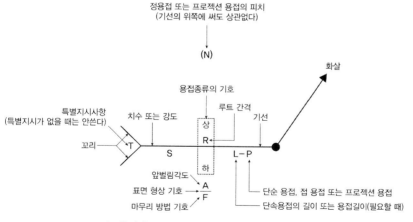

(b) 용접하는 쪽이 화살표가 있는 쪽(앞 측)일 때

6 $M_A = \dfrac{wL}{2} \cdot \dfrac{1}{3} = \dfrac{wL}{6}$, $M_B = \dfrac{wL}{2} \cdot \dfrac{2}{3} = \dfrac{wL}{3}$ 이므로 $M_A : M_B = 1:2$가 된다.

정답 및 해설 5.③ 6.①

7 수직하중은 보, 슬래브, 기둥으로 구성된 골조가 저항하고 지진하중은 전단벽이나 가새골조 등이 저항하는 지진력저항시스템은?

① 역추형 시스템

② 내력벽시스템

③ 건물골조시스템

④ 모멘트저항골조시스템

8 그림과 같은 철근콘크리트 직사각형 기초판에서 2방향 전단에 대한 위험단면의 면적은? (단, c_1, c_2는 기둥의 치수, d는 기초판의 유효깊이, D는 기초판의 전체 춤이다)

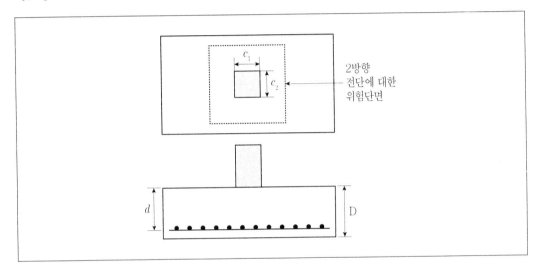

① $2 \times \left[(c_1 + 2d) + (c_2 + 2d) \right] \times d$

② $2 \times \left[(c_1 + d) + (c_2 + d) \right] \times d$

③ $2 \times \left[(c_1 + 2d) + (c_2 + 2d) \right] \times D$

④ $2 \times \left[(c_1 + d) + (c_2 + d) \right] \times D$

9 막과 케이블 구조에 대한 설명으로 옳지 않은 것은?

① 구조내력상 주요한 부분에 사용하는 막재의 파단신율은 35% 이하이어야 한다.

② 케이블 재료의 단기허용인장력은 장기허용인장력에 1.5를 곱한 값으로 한다.

③ 인열강도는 재료가 접힘 또는 굽힘을 받은 후 견딜 수 있는 최대 인장응력이다.

④ 구조내력상 주요한 부분에 사용하는 막재의 인장강도는 폭 1cm당 300N 이상이어야 한다.

10 강구조 접합에 대한 설명으로 옳지 않은 것은?

① 일반볼트는 영구적인 구조물에는 사용하지 못하고 가체결용으로만 사용한다.

② 완전용입된 그루브용접의 유효목두께는 접합판 중 얇은 쪽 판두께로 한다.

③ 필릿용접의 유효길이는 필릿용접의 총길이에서 2배의 필릿사이즈를 공제한 값으로 하여야 한다.

④ 마찰접합되는 고장력볼트는 너트회전법, 토크관리법, 토크쉬어볼트 등을 사용하여 설계볼트장력 이하로 조여야 한다.

11 철근콘크리트구조의 성립요인에 대한 설명으로 옳지 않은 것은?

① 콘크리트와 철근은 역학적 성질이 매우 유사하다.

② 철근과 콘크리트의 열팽창계수가 거의 같다.

③ 콘크리트가 강알칼리성을 띠고 있어 콘크리트 속에 매립된 철근의 부식을 방지한다.

④ 철근과 콘크리트 사이의 부착강도가 크므로 두 재료가 일체화되어 외력에 대해 저항한다.

---

7 ③ 건물골조시스템 : 수직하중은 보, 슬래브, 기둥으로 구성된 골조가 저항하고 지진하중은 전단벽이나 가새골조 등이 저항하는 지진력저항시스템

　① 역추형시스템 : 구조물의 상부쪽의 형태가 크거나 무게가 무겁고 아래쪽이 작은 형태로 된 구조

　② 내력벽시스템 : 구조체가 벽체와 슬래브로만 구성된 벽식 아파트와 같은 구조방식을 말하며, 여기서 슬래브와 벽체는 수직하중과 횡력에 저항한다.

　④ 모멘트저항골조시스템 : 가새 없이 보-기둥의 연결부분의 강성으로 구조물의 횡강도를 이끌어내는 구조시스템

8 제시된 그림에서 위험단면의 면적은 $2 \times [(c_1 + d) + (c_2 + d)] \times d$ 이다.

9 케이블 재료의 단기허용인장력은 장기허용인장력에 1.33을 곱한 값으로 한다. 케이블 구조의 설계 형상은 고정하중에 대해 각 케이블이 목표로 하는 장력(초기장력)상태에서 평형이 되도록 설정한다.

10 마찰접합되는 고장력 볼트는 너트회전법, 직접인장측정법, 토크관리법 등을 사용하여 규정된 설계볼트장력 이상으로 조여야 한다.

11 콘크리트와 철근은 역학적 성질(탄성계수, 강도 등)이 다르다.

정답 및 해설 7.③ 8.② 9.② 10.④ 11.①

12 직경 D인 원형 단면을 갖는 철근콘크리트 기둥이 중심축하중을 받는 경우 최대 설계축강도 ($\phi P_{n(\max)}$)는? (단, 종방향 철근의 전체단면적은 A_{st}, 콘크리트의 설계기준 압축강도는 f_{ck}, 철근의 설계기준 항복강도는 f_y이고, 나선철근을 갖고 있는 프리스트레스를 가하지 않은 기둥이다)

① $\phi P_{n(\max)} = 0.8\phi\left[0.85f_{ck}(\pi D^2/4 + A_{st}) + f_y A_{st}\right]$

② $\phi P_{n(\max)} = 0.85\phi\left[0.85f_{ck}(\pi D^2/4 + A_{st}) + f_y A_{st}\right]$

③ $\phi P_{n(\max)} = 0.8\phi\left[0.85f_{ck}(\pi D^2/4 - A_{st}) + f_y A_{st}\right]$

④ $\phi P_{n(\max)} = 0.85\phi\left[0.85f_{ck}(\pi D^2/4 - A_{st}) + f_y A_{st}\right]$

13 다음에서 설명하는 흙막이 공법은?

> 중앙부를 먼저 굴삭하여 그 부분의 지하층 구조체를 먼저 시공하고, 이 구조체를 버팀대의 반력지지체로 이용하여 흙막이벽에 버팀대를 가설한다. 이후 주변부의 흙을 굴착하고 중앙부의 기초구조체를 연결하여 기초구조물을 완성시킨다.

① 오픈 컷(Open cut) 공법
② 아일랜드 컷(Island cut) 공법
③ 트렌치 컷(Trench cut) 공법
④ 어스 앵커(Earth anchor) 공법

14 기초형식 선정 시 고려사항에 대한 설명으로 옳지 않은 것은?

① 기초는 상부구조의 규모, 형상, 구조, 강성 등을 함께 고려하여 선정해야 한다.
② 기초형식 선정 시 부지 주변에 미치는 영향을 충분히 고려하여야 한다.
③ 기초는 대지의 상황 및 지반의 조건에 적합하며, 유해한 장해가 생기지 않아야 한다.
④ 동일 구조물의 기초에서는 가능한 한 이종형식기초를 병용하여 사용하는 것이 바람직하다.

15 강구조의 특징에 대한 설명으로 옳은 것은?

① 고열과 부식에 강하다.

② 단위면적당 강도가 크다.

③ 재료가 불균질하다.

④ 단면에 비해 부재길이가 길고 두께가 얇아 좌굴의 영향이 작다.

---

12 직경 D인 원형 단면을 갖는 철근콘크리트 기둥이 중심축하중을 받는 경우 최대 설계축강도($\phi P_{n(max)}$) 산정식은 $\phi P_{n(max)} = 0.85\phi\left[0.85f_{ck}(\pi D^2/4 - A_{st}) + f_y A_{st}\right]$이다.

13 ② 아일랜드 컷(Island cut) 공법 : 중앙부를 먼저 굴삭하여 그 부분의 지하층 구조체를 먼저 시공하고, 이 구조체를 버팀대의 반력지지체로 이용하여 흙막이벽에 버팀대를 가설한다. 이후 주변부의 흙을 굴착하고 중앙부의 기초구조체를 연결하여 기초구조물을 완성시킨다.

　① 오픈 컷(Open cut) 공법 : 굴착부지의 여유가 있는 경우 흙막이벽체와 지보공 없이 안정한 사면을 유지하며 굴착하는 공법

　③ 트렌치 컷(Trench cut) 공법 : 아일랜드컷공법과 역순으로 공사한다. 주변부를 선굴착한 후 기초를 구축하여 중앙부를 굴착한 후 기초구조물을 완성하는 공법이다.

　④ 어스 앵커(Earth anchor) 공법 : 흙막이벽의 배면 흙속에 고강도 강재를 사용하여 보링 공내에 모르타르재와 함께 시공하는 공법이다.

14 동일 구조물의 기초에서는 가능한 동일한 기초형식을 적용하는 것이 바람직하다.

15 강구조는 재료가 균질하나 고열과 부식에 취약하며 단면에 비해 부재길이가 길고 두께가 얇아 좌굴에 취약하다.

　※ 강구조의 특징
　• 단위중량에 비해 고강도이므로 구조체의 경량화 및 고층구조, 장경간 구조에 적합하다.
　• 강재는 인성이 커서 상당한 변위에도 견딜 수 있고 소성변형능력인 연성이 매우 우수한 재료이다.
　• 세장한 부재가 가능 : 인장응력과 압축응력이 거의 같아서 세장한 구조부재가 가능하며 압축강도가 콘크리트의 약 10~20배로 커서 단면이 상대적으로 작아도 된다.
　• 재료의 균질성, 시공의 편이성, 증축 및 개축의 보수가 용이하다.
　• 해체가 용이하며 재사용이 가능하고 환경친화적이며 하이테크적인 건축재료이다.
　• 열에 의한 강도저하가 크므로 질석 spray, 콘크리트 또는 내화 페인트와 같은 내화피복이 필요하다.
　• 단면에 비해 부재가 세장하여 좌굴하기 쉽다.
　• 응력반복에 의한 강도저하가 심하다.
　• 처짐 및 진동을 신중하게 고려해야 한다.
　• 정기적 도장에 의한 관리비가 증대될 수 있다.

정답 및 해설 　12.④　13.②　14.④　15.②

매입형 합성단면이 아닌 합성보의 정모멘트 구간에서, 강재보와 슬래브면 사이의 총수평전단력 산정 시 고려해야 하는 한계상태가 아닌 것은?

① 콘크리트의 압괴
② 강재앵커의 강도
③ 슬래브철근의 항복
④ 강재단면의 인장항복

17 그림과 같은 중공 박스형 단면의 도심축 x 및 y에 대한 단면2차모멘트 I_x와 I_y의 비($I_x : I_y$)는?

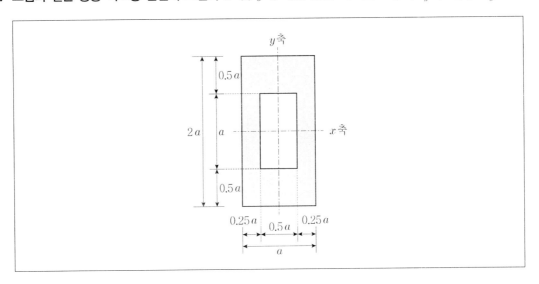

① 2 : 1
② 3 : 1
③ 4 : 1
④ 5 : 1

18 그림과 같은 구조물의 판별로 옳은 것은?

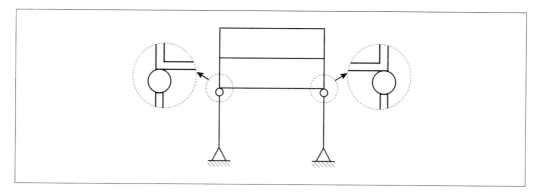

① 불안정

② 1차 부정정

③ 3차 부정정

④ 4차 부정정

16 매입형 합성단면이 아닌 합성보의 정모멘트 구간에서, 강재보와 슬래브면 사이의 총수평전단력 산정 시 고려해야 하는 한계상태는 콘크리트의 압괴, 강재단면의 인장항복, 강재전단연결재의 강도 등 3가지 한계상태로부터 구한 값 중에서 가장 작은 값을 총수평전단력으로 한다.

17

$$I_{x-x} = \frac{a \cdot (2a)^3}{12} - \frac{0.5a \cdot a^3}{12} = \frac{8a^4 - 0.5a^4}{12} = \frac{7.5a^4}{12}$$

$$I_{y-y} = \frac{2a \cdot a^3}{12} - \frac{a \cdot (0.5a)^3}{12} = \frac{2a^4 - 0.125a^4}{12} = \frac{1.875a^4}{12}$$

따라서 $I_x : I_y$ = 4:1이 된다.

18 구조물 판별식을 적용할 필요없이 직관적으로 불안정 구조물임을 알 수 있다.

정답 및 해설 16.③ 17.③ 18.①

19 철근콘크리트구조의 용어에 대한 설명으로 옳지 않은 것은?

① 인장철근비는 콘크리트의 전체 단면적에 대한 인장철근 단면적의 비이다.

② 설계강도는 단면 또는 부재의 공칭강도에 강도감소계수를 곱한 강도이다.

③ 계수하중은 사용하중에 설계법에서 요구하는 하중계수를 곱한 하중이다.

④ 균형변형률 상태는 인장철근이 설계기준항복강도 f_y에 대응하는 변형률에 도달하고, 동시에 압축 콘크리트가 가정된 극한변형률에 도달할 때의 단면상태를 말한다.

20 성능기반설계에 대한 설명으로 옳지 않은 것은?

① 2400년 재현주기 지진에 대한 내진특등급 건축물의 최소 성능목표는 인명보호 수준이어야 한다.

② 구조체 설계에 사용되는 밑면전단력의 크기는 등가정적해석법에 의한 밑면전단력의 75% 이상이어야 한다.

③ 성능기반설계법을 사용하여 설계할 때는 그 절차와 근거를 명확히 제시해야 하며, 전반적인 설계과정 및 결과는 설계자를 제외한 1인 이상의 내진공학 전문가로부터 타당성을 검증받아야 한다.

④ 성능기반설계법은 비선형해석법을 사용하여 구조물의 초과강도와 비탄성변형능력을 보다 정밀하게 구조모델링에 고려하여 구조물이 주어진 목표성능수준을 정확하게 달성하도록 설계하는 기법이다.

19 인장철근비는 인장 철근의 단면적의 합을 보의 유효 단면적 또는 기둥의 전단면적으로 나눈 값이다.

20 성능기반설계법을 사용하여 설계할 때는 그 절차와 근거를 명확히 제시해야 하며, 전반적인 설계과정 및 결과 는 설계자를 제외한 2인 이상의 내진공학 전문가로부터 타당성을 검증받아야 한다.

※ **성능기반설계법** … 비선형해석법을 사용하여 구조물의 초과강도와 비탄성변형능력을 보다 정밀하게 구조모델 링에 고려하여 구조물이 주어진 목표성능수준을 정확하게 달성하도록 설계하는 기법이다.

• 구조체 설계에 사용되는 밑면전단력의 크기는 등가정적해석법에 의한 밑면전단력의 75 % 이상이어야 한다.

• 성능기반설계법을 사용하여 설계할 때는 그 절차와 근거를 명확히 제시해야 하며, 전반적인 설계과정 및 결 과는 설계자를 제외한 2인 이상의 내진공학 전문가로부터 타당성을 검증받아야 한다.

내진등급	성능목표	
	재현주기	성능수준
특	2400년	인명보호
	1000년	기능수행
I	2400년	붕괴방지
	1400년	인명보호
	100년	기능수행
II	2400년	붕괴방지
	1000년	인명보호
	50년	기능수행

정답 및 해설 19.① 20.③

Success is the ability to go from one failure
to another with no loss of enthusiasm.

Sir Winston Churchill

공무원 시험
기출문제

부록

건축구조 핵심이론정리

단 원	번호	반복 출제되는 필수 숙지사항
건축구조 일반	1-1	책임구조기술자
	1-2	구조설계 관련 기본문서
	1-3	구조안전의 확인
	1-4	구조계산에 의한 구조안전 확인 대상
	1-5	구조기술사 협력대상 건축물
	1-6	지하안전 영향평가
	1-7	건축물 안전진단
	1-8	제1종 시설물, 제2종 시설물, 제3종 시설물
구조역학	2-1	구조물 안정성 판별
	2-2	단면의 성질
	2-3	트러스 0부재 해석
조적구조	3-1	모르타르의 배합비
	3-2	경험적 설계를 위한 전단벽간의 최대 간격 비율
목구조	4-1	침엽수와 활엽수
	4-2	목재구조 부위별 명칭
	4-3	설계보정계수
	4-4	구조용 목재
	4-5	설계하중별 하중기간계수 및 하중기간
	4-6	경골목조전단벽 사용 시 적용하는 내진설계계수
	4-7	전단벽의 종류에 따른 높이-나비 최대비율
	4-8	이음과 맞춤 시 주의사항
	4-9	볼트 접합부에 대한 최소 연단거리, 끝면거리 및 간격
토질 및 기초	5-1	N값
	5-2	지중응력분포
	5-3	모래, 점토지반의 측압계수
	5-4	말뚝 중심 간격
	5-5	토질관련 주요현상
	5-6	지반개량공법
	5-7	기초의 분류
	5-8	옹벽설계

건축구조 1-1. 책임구조기술자

① **책임구조기술자의 정의**

   건축구조분야에 대한 전문적인 지식, 풍부한 경험과 식견을 가진 전문가로서 이 기준에 따라 건축구조물의 구조에 대한 구조설계 및 구조검토, 구조검사 및 실험, 시공, 구조감리, 안전진단 등 관련 업무를 책임지고 수행하는 기술자

② **책임구조기술자의 자격**

   책임구조기술자는 건축구조물의 구조에 대한 설계, 시공, 감리, 안전진단 등 관련 업무를 각각 책임지고 수행하는 기술자로서, 책임구조기술자의 자격은 건축 관련 법령에 따른다.

③ **책임구조기술자의 책무**

   건축구조기준의 적용을 받는 건축구조물의 구조에 대한 구조설계도서(구조계획서, 구조설계서, 구조설계도 및 구조체공사시방서)의 작성, 시공, 시공상세도서의 구조적합성 검토, 공사단계에서의 구조적합성과 구조안전의 확인, 유지·관리 단계에서의 구조안전확인, 구조감리 및 안전진단 등은 해당 업무별 책임구조기술자의 책임 아래 수행하여야 한다.

④ **책임구조기술자의 서명·날인**

   ㉠ 구조설계도서와 구조시공상세도서, 구조분야 감리보고서 및 안전진단보고서 등은 해당 업무별 책임구조기술자의 서명·날인이 있어야 유효하다.

   ㉡ 건축주와 시공자 및 감리자는 책임구조기술자가 서명·날인한 설계도서와 시공상세도서 등으로 각종 인·허가행위 및 시공·감리를 하여야 한다.

건축구조 1-2. 구조설계 관련 기본문서

① **구조설계개요서** : 구조시스템에 관한 주요개념들을 기술한 문서
② **구조설계요약서** : 건축구조기준의 기술적 조항을 모두 만족하도록 작성한 문서
③ **구조계산서** : 골조해석에 의한 부재력과 변위, 지점반력을 나타내고 부재단면 계산값을 나타낸 문서
④ **구조설계도** : 계획설계, 기본설계, 실시설계의 3단계로 나누어 작성되어 구조물의 구조를 시작적으로 표현한 도면
⑤ **구조체공사시방서** : 특별한 구조검사 또는 실험이 요구되거나 시공상세도의 작성이 필요한 부위 등 구조체 공사특기시방서의 작성에 필요한 지침을 기술한 문서

건축구조 1-3. 구조안전의 확인

건축구조물의 안전성, 사용성, 내구성을 확보하고 친환경성을 고려하기 위해서는 설계단계에서부터 시공, 감리 및 유지·관리·단계에 이르기까지 이 기준에 적합하여야 하며, 이를 위한 각 단계별 구조적합성과 구조안전의 확인사항은 다음과 같다.

① **구조설계도서의 구조안전 확인**

   건축구조물의 구조체에 대한 구조설계도서는 책임구조기술자가 이 기준에 따라 작성하여 구조적합성과 구조안전이 확보되도록 설계하였음을 확인하여야 한다.

② **시공상세도서의 구조안전 확인**

   시공자가 작성한 시공상세도서 중 이 기준의 규정과 구조설계도서의 의도에 적합한지에 대하여 책임구조기술자로부터 구조적합성과 구조안전의 확인을 받아야 할 도서는 다음과 같다.

   ㉠ 구조체 배근시공도
   ㉡ 구조체 제작·설치도(강구조 접합부 포함)

    ⓒ 구조체 내화상세도

    ⓔ 부구조체(커튼월 · 외장재 · 유리구조 · 창호틀 · 천정틀 · 돌붙임골조 등) 시공도면과 제작 · 설치도

    ⓜ 건축 비구조요소의 설치상세도(구조적합성과 구조안전의 확인이 필요한 경우만 해당)

    ⓗ 건축설비(기계 · 전기 비구조요소)의 설치상세도

    ⓢ 가설구조물의 구조시공상세도

    ⓞ 건설가치공학(V.E.) 구조설계도서

    ⓩ 기타 구조안전의 확인이 필요한 도서

③ 시공 중 구조안전 확인

시공과정에서 구조적합성과 구조안전을 확인하기 위하여 책임구조기술자가 이 기준에 따라 수행해야 하는 업무의 종류는 다음과 같다.

    ㉠ 구조물 규격에 관한 검토 · 확인

    ㉡ 사용구조자재의 적합성 검토 · 확인

    ㉢ 구조재료에 대한 시험성적표 검토

    ㉣ 배근의 적정성 및 이음 · 정착 검토

    ㉤ 설계변경에 관한 사항의 구조검토 · 확인

    ㉥ 시공하자에 대한 구조내력검토 및 보강방안

    ㉦ 기타 시공과정에서 구조의 안전이나 품질에 영향을 줄 수 있는 사항에 대한 검토

④ 유지 · 관리 중 구조안전 확인

유지 · 관리 중에 이 기준에 따라 구조안전을 확인하기 위하여 건축주 또는 관리자가 책임구조기술자에게 의뢰하는 업무의 종류는 다음과 같다.

    ㉠ 안전진단

    ㉡ 리모델링을 위한 구조검토

    ㉢ 용도변경을 위한 구조검토

    ㉣ 증축을 위한 구조검토

건축구조 1-4. 구조계산에 의한 구조안전 확인 대상

구조 안전을 확인한 건축물 중 다음 각 호의 어느 하나에 해당하는 건축물의 건축주는 해당 건축물의 설계자로부터 구조 안전의 확인 서류를 받아 착공신고를 하는 때에 그 확인 서류를 허가권자에게 제출하여야 한다(다만, 표준설계도서에 따라 건축하는 건축물은 제외한다).

- 층수가 2층(주요 구조부인 기둥과 보를 설치하는 건축물로서 그 기둥과 보가 목재인 목구조 건축물의 경우에는 3층) 이상인 건축물
- 연면적 200m² 이상인 건축물(창고, 축사, 작물재배사 예외)
- 높이가 13m 이상인 건축물
- 처마높이가 9m 이상인 건축물
- 기둥과 기둥사이의 거리가 10m 이상인 건축물
- 내력벽과 내력벽 사이의 거리가 10m 이상인 건축물
- 건축물의 용도 및 규모를 고려한 중요도가 높은 건축물로서 국토교통부령으로 정하는 건축물(따른 중요도 특 또는 중요도 1에 해당하는 건축물)
- 국가적 문화유산으로 보존할 가치가 있는 건축물
- 한쪽 끝은 고정되고 다른 끝은 지지되지 아니한 구조로 된 보 · 차양 등이 외벽의 중심선으로부터 3m 이상 돌출된 건축물
- 특수한 설계 · 시공 · 공법 등이 필요한 건축물로서 국토교통부장관이 정하여 고시하는 구조로 된 건축물

건축구조 1-5. 구조기술사 협력대상 건축물

① 건축구조기술사 협력의무대상 건축물

다음의 어느 하나에 해당하는 건축물의 설계자는 해당 건축물에 대한 구조의 안전을 확인하는 경우에는 건축구조기술사의 협력을 받아야 한다.
- 3층 이상의 필로티형식 건축물
- 6층 이상인 건축물
- 특수구조 건축물(경간 20m 이상 건축물, 보, 차양 등의 내민 길이 3m 이상 건축물)
- 다중이용건축물, 준다중이용건축물
- 지진구역 I 인 지역 내에 건축하는 건축물로서 중요도가 〈특〉에 해당하는 건축물
- 건축물의 용도 및 규모를 고려한 중요도가 높은 건축물로서 국토교통부령으로 정하는 건축물

② 토목분야 기술사 또는 국토개발분야 지질지반기술사 협력

다음의 어느 하나에 해당하는 경우 건축물의 설계자, 공사감리자는 기술사의 협력을 받아야 한다.
- 깊이 10미터 이상의 토지굴착공사
- 높이 5미터 이상의 옹벽공사
- 지질조사
- 토공사의 설계 및 감리
- 흙막이벽, 옹벽설치 등에 관한 위해방지 및 기타사항

③ 건축전기설비기술사, 발송배전기술사, 건축기계설비기술사, 공조냉동기계기술사 협력 대상 건축물
- 연면적 10,000m^2 이상 건축물(창고시설은 제외)
- 바닥면적의 합계가 500m^2 이상인 건축물 중 냉동냉장시설, 항온항습시설, 특수청정시설아파트 및 연립주택
- 목욕장, 실내 물놀이형시설 및 실내 수영장의 용도로 사용되는 바닥면적의 합계가 500m^2 이상인 건축물
- 기숙사, 의료시설, 유스호스텔, 숙박시설의 용도로 사용되는 바닥면적의 합계가 2,000m^2 이상인 건축물
- 판매시설, 연구소, 업무시설의 용도로 사용되는 바닥면적의 합계가 3,000m^2 이상인 건축물
- 문화 및 집회시설, 종교시설, 교육연구시설(연구소 제외), 장례식장의 용도로 사용되는 바닥면적의 합계가 10,000m^2 이상인 건축물

건축구조 1-6. 지하안전 영향평가

① 지하안전 영향평가 대상

다음의 하나에 해당하는 사업 중 굴착 깊이가 20m 이상인 굴착공사, 터널공사(산악터널, 수저터널 제외)를 수반하는 사업
- 도시의 개발사업
- 산업입지 및 산업단지의 조성사업
- 에너지 개발사업
- 항만의 건설사업
- 도로의 건설사업
- 수자원의 개발사업
- 철도(도시철도를 포함한다)의 건설사업
- 공항의 건설사업
- 하천의 이용 및 개발 사업
- 관광단지의 개발사업
- 특정 지역의 개발사업
- 체육시설의 설치사업
- 폐기물 처리시설의 설치사업
- 국방·군사 시설의 설치사업
- 토석·모래·자갈 등의 채취사업
- 지하안전에 영향을 주는 시설로서 대통령령으로 정한 시설 설치사업

② 소규모 지하안전 영향평가 대상

굴착 깊이가 10m 이상 20m 미만인 굴착공사를 수반하는 소규모 사업

③ 지반침하 위험도 평가

지하시설물 및 주변지반에 대하여 안전관리 실태를 점검하고 지반침하의 우려가 있다고 판단되는 경우 실시하는 평가

④ 사후지하안전 영향조사

지하안전영향평가 대상사업을 착공한 후에 그 사업이 지하안전에 미치는 영향 조사

건축구조 1-7. 건축물 안전진단

① 정기안전점검 : 경험과 기술을 갖춘 자에 의한 세심한 외관조사 수준의 점검으로서 시설물의 기능적 상태를 판단하고 시설물이 현재의 사용요건을 계속 만족시키고 있는지 확인하기 위한 관찰로 이루어지며 점검자는 시설물의 전반적인 외관형태를 관찰하여 중대한 결함을 발견할 수 있도록 세심한 주의를 기울여야 한다. (6개월마다 1회에 걸쳐 시행해야 한다.)

② 정밀점검 : 시설물의 현재 상태를 정확히 판단하고, 최초 및 이전에 기록된 상태로부터 변화를 확인하며 구조물이 현재의 사용조건을 계속 만족시키고 있는지 확인하기 위하여 면밀한 외관조사와 간단한 측정·시험장비로 필요한 측정 및 시험을 실시한다. (A등급(우수)일 경우 4년에 1회 이상, B~C등급(양호/보통)일 경우 3년에 1회 이상, D~E등급(미흡/불량)일 경우 2년에 1회 이상 시행해야 한다.)

③ 정밀안전진단 : 관리주체가 안전점검을 실시한 결과 시설물의 재해 및 재난 예방과 안전성 확보 등을 위하여 필요하다고 인정하는 경우에 실시하는 진단으로서 정기안전점검으로 쉽게 발견할 수 없는 결함부위를 발견하기 위하여 정밀한 외관조사와 각종 측정·시험장비에 의한 측정·시험을 실시하여 시설물의 상태평가 및 안전성평가에 필요한 데이터를 확보하기 위함이다. (시설물의 안전 및 유지관리에 관한 특별법에 따른 1종 시설물로서 완공 후 10년이 지난 때부터 1년 이내에 실시하여야 허며, 그 후에는 이전 정밀안전진단을 완료한 날을 기준으로 A등급(우수)일 경우 6년에 1회 이상, B~C등급(양호/보통)일 경우 5년에 1회 이상, D~E등급(미흡/불량)일 경우 4년에 1회 이상 실시하여야 한다.)

등급	상태
A(우수)	문제점이 없는 최상의 상태
B(양호)	보조부재에 경미한 결함이 발생하였으나, 기능발휘에는 지장이 없으며 내구성증진을 위하여 일부의 보수가 필요한 상태
C(보통)	주요부재에 경미한 결함 또는 보조부재에 광범위한 결함이 발행하였으나 전체적인 시설물의 안전에는 지장이 없으며, 주요부재에 내구성, 기능성 저하방지를 위한 보수가 필요하거나 보조부재에 간단한 보강이 필요한 상태
D(미흡)	주요부재에 결함이 발생하여 긴급한 보수, 보강이 필요하며 사용제한 여부를 결정하여야 하는 상태
E(불량)	주요부재에 발생한 심각한 결함으로 인하여 시설물의 안전에 있어 즉각 사용을 금지하고 보강 또는 개축을 하여야 하는 상태

건축구조 1-8. 제1종 시설물, 제2종 시설물, 제3종 시설물

1. 제1종 시설물 : 공중의 이용편의와 안전을 도모하기 위하여 특별히 관리할 필요가 있거나 구조상 안전 및 유지관리에 고도의 기술이 필요한 대규모 시설물로서 다음 각 목의 어느 하나에 해당하는 시설물 등 대통령령으로 정하는 시설물

   가. 고속철도 교량, 연장 500미터 이상의 도로 및 철도 교량

   나. 고속철도 및 도시철도 터널, 연장 1000미터 이상의 도로 및 철도 터널

   다. 갑문시설 및 연장 1000미터 이상의 방파제

라. 다목적댐, 발전용댐, 홍수전용댐 및 총저수용량 1천만 톤 이상의 용수전용댐

마. 21층 이상 또는 연면적 5만 제곱미터 이상의 건축물

바. 하구둑, 포용저수량 8천만 톤 이상의 방조제

사. 광역상수도, 공업용수도, 1일 공급능력 3만 톤 이상의 지방상수도

2. 제2종 시설물 : 제1종 시설물 외에 사회기반시설 등 재난이 발생할 위험이 높거나 재난을 예방하기 위하여 계속적으로 관리할 필요가 있는 시설물로서 다음 각 목의 어느 하나에 해당하는 시설물 등 대통령령으로 정하는 시설물

가. 연장 100미터 이상의 도로 및 철도 교량

나. 고속국도, 일반국도, 특별시도 및 광역시도 도로터널 및 특별시 또는 광역시에 있는 철도터널

다. 연장 500미터 이상의 방파제

라. 지방상수도 전용댐 및 총저수용량 1백만 톤 이상의 용수전용댐

마. 16층 이상 또는 연면적 3만 제곱미터 이상의 건축물

바. 포용저수량 1천만 톤 이상의 방조제

사. 1일 공급능력 3만 톤 미만의 지방상수도

3. 제3종 시설물 : 제1종 시설물 및 제2종 시설물 외에 안전관리가 필요한 소규모 시설물로서 중앙행정기관의 장 또는 지방자치단체의 장이 대통령령으로 정하는 바에 따라 지정·고시한 시설물

건축구조 2-1. 구조물 안정성 판별

※ 구조물의 안정성 판별식

㉠ 모든 구조물에 적용 가능한 식 : $N = r + m + S - 2K$

여기서, N: 총부정정 차수, r: 지점반력수, m: 부재의 수, S: 강절점 수, K: 절점 및 지점수(자유단 포함)

- 내적 부정정 차수 : $N_i = r - 3$

- 외적 부정정 차수 : $N_i = N - N_i = 3 + m + S - 2K$

- $N < 0$이면 불안정구조물, $N = 0$이면 정정구조물, $N > 0$이면 부정정구조물이 된다.

㉡ 단층 구조물의 부정정차수 : $N = (r - 3) - h$ (h: 구조물에 있는 힌지의 수[지점의 힌지는 제외])

㉢ 트러스의 부정정차수 : $N = (r + m) - 2K$ (트러스의 절점은 모두 힌지이므로 트러스부재의 강절점수는 0이다.)

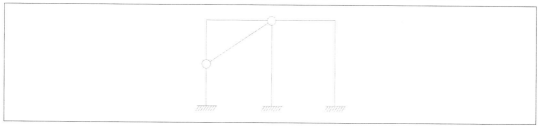

구조물의 힌지 중 여러 부재가 교차되는 부분을 고려하여 부정정차수를 산정한다.

왼쪽 부재 내부에 1개의 보가 있으며 (+1), 이 보의 양단힌지 중 왼쪽 힌지는 기둥(−1)에, 오른쪽 힌지는 절점에 위치(−2)하고 있으므로 총 부정정차수는 다음의 식에 따라 4차가 된다.

외적부정정차수와 내적부정정차수의 합

$N_i = r - 3 = (3 + 3 + 3) - 3 = 6$, $N_i = (-1) \cdot 3 + 1 \cdot 1 = -2$, 따라서 4차 부정정이 된다.

건축구조 2-2. 단면의 성질

구분	직사각형(구형) 단면	이등변삼각형 단면	중실원형 단면
단면형태			
단면적	$A = bh$	$A = \dfrac{bh}{2}$	$A = \pi r^2 = \dfrac{\pi D^2}{4}$
도심위치	$x_0 = \dfrac{b}{2},\ y_0 = \dfrac{h}{2}$	$x_0 = \dfrac{b}{2},\ y_0 = \dfrac{h}{3},\ y_1 = \dfrac{2h}{3}$	$x_0 = y_0 = r = \dfrac{D}{2}$
단면 1차 모멘트	$G_X = G_Y = 0$ $G_x = \dfrac{bh^2}{2},\ G_y = \dfrac{bh^2}{2}$	$G_X = G_Y = 0$ $G_x = \dfrac{bh^2}{6},\ G_y = \dfrac{bh^2}{4}$	$G_X = G_Y = 0$ $G_x = A \cdot y_0 = \pi r^3$ $= \dfrac{\pi D^3}{8}$
단면 2차 모멘트	$I_X = \dfrac{bh^3}{12},\ I_Y = \dfrac{hb^3}{12}$ $I_x = \dfrac{bh^3}{3},\ I_y = \dfrac{hb^3}{3}$	$I_X = \dfrac{bh^3}{36},\ I_Y = \dfrac{hb^3}{48}$ $I_x = \dfrac{bh^3}{12},\ I_y = \dfrac{7hb^3}{48}$ $I_{x1} = \dfrac{bh^3}{4}$	$I_X = I_Y = \dfrac{\pi r^4}{4} = \dfrac{\pi D^4}{64}$ $I_x = \dfrac{5\pi r^4}{4} = \dfrac{5\pi D^4}{64}$
단면계수	$Z_X = \dfrac{bh^2}{6},\ Z_Y = \dfrac{hb^2}{6}$	$Z_{X(상단)} = \dfrac{bh^2}{24}$ $Z_{X(하단)} = \dfrac{bh^2}{12}$	$Z_X = Z_Y = \dfrac{\pi r^3}{4}$ $= \dfrac{\pi D^3}{32}$
회전반경	$r_X = \dfrac{h}{2\sqrt{3}},\ r_x = \dfrac{h}{\sqrt{3}}$ $r_Y = \dfrac{b}{2\sqrt{3}},\ r_y = \dfrac{b}{\sqrt{3}}$	$r_X = \dfrac{h}{3\sqrt{2}},\ r_x = \dfrac{h}{\sqrt{6}}$ $r_{x1} = \dfrac{h}{\sqrt{2}}$	$r_X = \dfrac{r}{2} = \dfrac{D}{4}$ $r_x = \dfrac{\sqrt{5}\,r}{2} = \dfrac{\sqrt{5}\,D}{4}$
단면 2차 극모멘트	$I_{P(G)} = \dfrac{bh}{12}(h^2 + b^2)$ $I_{P(O)} = \dfrac{bh}{3}(h^2 + b^2)$	$I_{P(G)} = \dfrac{bh}{144}(3b^2 + 4h^2)$ $I_{P(O)} = \dfrac{bh}{48}(4h^2 + 7b^2)$	$I_{P(G)} = \dfrac{\pi r^4}{2} = \dfrac{\pi D^4}{32}$ $I_{P(O)} = \dfrac{5\pi r^4}{2} = \dfrac{5\pi D^4}{32}$
단면상승 모멘트	$I_{XY} = 0$ $I_{xy} = \dfrac{b^2 h^2}{4}$	$I_{XY} = 0$ $I_{XY} = \dfrac{b^2 h^2}{12}$	$I_{XY} = 0$ $I_{XY} = \pi r^4 = \dfrac{\pi D^4}{16}$

건축구조 2-3. 트러스 0부재 해석

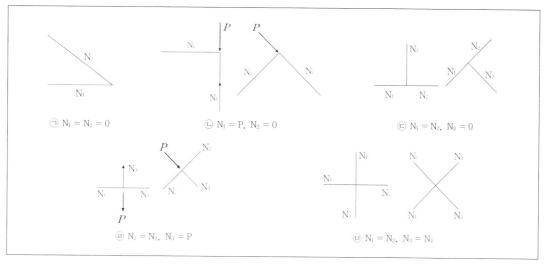

㉠ 두 개의 부재가 모이는 절점에 외력이 작용하지 않을 경우 이 두 부재의 응력은 0이다.

㉡ 절점에 외력이 한 부재의 방향에 작용 시에는 그 부재의 응력은 외력과 같고 다른 부재의 응력은 0이다.

㉢ 외력 P가 0인 경우 서로 마주보는 트러스 부재들은 모두 축 하중만 받기 때문에 나머지 부재에 작용하는 부재력을 상쇄시킬 능력이 없으므로 평형을 이루려면 이 부재의 부재력은 결국 0이 되어야 한다.)

㉣ 3개의 부재가 절점에서 교차되고 있고, 2개의 부재가 동일선상에 있으며, 나머지 하나의 부재가 동일 직선상에 있지 않을 경우 절점에 외력 P가 작용할 때, 이 부재의 응력은 외력 P와 같고 동일 직선상에 있는 두 개의 부재응력은 서로 같다.

㉤ 한 절점에 4개의 부재가 교차되어 있고 그 절점에서 외력이 작용하지 않는 경우 동일 선상에 있는 2개의 부재의 응력은 서로 동일하다. (트러스의 0부재를 찾기 위해서는 외력과 반력이 작용하지 않는 절점, 또는 3개 이하의 부재가 모이는 절점을 우선 찾는 것이 좋다.)

건축구조 3-1. 모르타르의 용적배합비

모르타르의 종류		용적배합비(세골재/결합재)
줄눈모르타르	벽체용	2.5~3.0
	바닥용	3.0~3.5
붙임모르타르	벽체용	1.5~2.5
	바닥용	0.5~1.5
깔 모르타르	바탕 모르타르	2.5~3.0
	바닥용 모르타르	3.0~6.0
안채움 모르타르		2.5~3.0
치장줄눈용 모르타르		0.5~1.5

건축구조 3-2. 조적벽이 구조물의 횡안정성 확보를 위해 사용될 때 경험적 설계를 위한 전단벽 간의 최대 간격 비율(벽체 간 간격: 전단벽 길이)

바닥판 또는 지붕유형	벽체간 간격 : 전단벽 길이
현장타설 콘크리트	5 : 1
프리캐스트 콘크리트	4 : 1
콘크리트 타설 철재 데크	3 : 1
무타설 철재 데크	2 : 1
목재 다이어프램	2 : 1

건축구조 4-1. 침엽수와 활엽수

① 침엽수
- 바늘잎 나무라 하여 잎이 가늘고 뾰족하다.
- 활엽수에 비해 진화정도가 느리며 구성세포의 종류와 형태도 훨씬 단순하다.
- 도관(양 끝이 둥글게 뚫려 있고 천공판 조직이 이웃 도관끼리의 물 움직임을 활발하게 한다)이 없다.
- 직선부재의 대량생산이 가능하다.
- 비중이 활엽수에 비해 가볍고 가공이 용이하다.
- 수고(樹高)가 높으며 통직하다.

② 활엽수
- 너른잎 나무라 하여 넓고 평평하다.
- 참나무 같이 단단하고 무거운 종류가 많아 Hard wood라고도 한다.
- 침엽수에 비해 무겁고 강도가 크므로 가공이 어렵다.
- 도관이 있다.

건축구조 4-2. 목재구조의 부위별 명칭

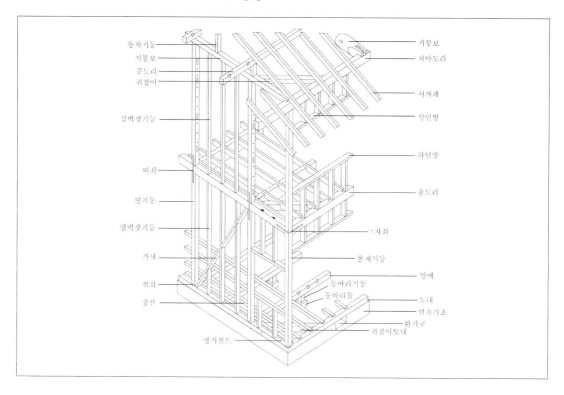

건축구조 4-3. 설계보정계수의 적용

- 육안등급구조재의 설계허용응력은 기준허용응력에 적용 가능한 모든 보정계수를 곱하여 결정한다.
- 구조재에, 집성재에 적용하는 보정계수는 다음과 같다.

설계허용응력 기준허용응력	하중기간 계수	습윤계수 인사이징계수	온도 계수	보안정 계수	치수 계수	부피 계수	평면사용 계수
허용휨응력	○	○	○	○	○	○	○
허용인장응력	○	○	○	–	○	–	–
허용전단응력	○	○	○	–	–	–	–
섬유직각방향의 허용압축응력	–	○	○	–	–	–	–
허용압축응력	○	○	○	–	○	–	–
탄성계수		○	○	–	–	–	–
장부촉허용지압응력	○	–	○	–	–	–	–

설계허용응력 기준허용응력	반복부재 계수	곡률 계수	형상 계수	기둥안정 계수	전단응력 계수	좌굴강성 계수	지압면적 계수
허용휨응력	O	O	O	–	–	–	–
허용인장응력	–	–	–	–	–	–	–
허용전단응력	–	–	–	–	O	–	–
섬유직각방향의 용압축응력	–	–	–	–	–	–	O
허용압축응력	–	–	–	O	–	–	–
탄성계수	–	–	–	–	–	O	–
장부촉허용지압응력	–	–	–	–	–	–	–

건축구조 4-4. 구조용 목재

구조용 목재의 재종은 KS F3020(침엽수구조용재)에 따른다. 구조용 목재의 재종은 육안등급 구조재와 기계등급 구조재의 2가지로 구분된다.

㉠ 육안등급 구조재 : 1종 구조재(규격재), 2종 구조재(보재), 3종 구조재(기둥재)로 구분되며 KS F3020에 제시된 침엽수 구조재의 각 재종에 따라 규정된 등급별 품질기준(옹이지름비, 둥근모, 갈라짐, 평균 나이테 간격, 섬유주행경사, 굽음, 썩음, 비틀림, 수심, 함수율, 방부-방충처리)에 따라 1등급, 2등급, 3등급으로 각각 구분한다.

㉡ 기계등급 구조재 : 기계등급 구조재는 휨탄성계수를 측정하는 기계장치에 의하여 등급 구분한 구조재를 말하며 KS F3020에 제시된 침엽수 기계등급 구조재의 품질기준(휨탄성계수와 구조재의 결점사항)에 의하여 E6, E7, E8, E9, E10, E11, E12, E13, E14, E15, E16, E17 등 12가지 등급으로 구분한다.

※ 침엽수 구조재의 건조 상태에 의한 구분

구 분		기 호	함수율
건조재	건조재 15	KD15	15% 이하
	건조재 19	KD19	19% 이하
생재		G	19% 초과

※ 침엽수 구조재의 수종 구분

수종군	포함 수종
낙엽송류	낙엽송, 북미 낙엽송, 북양 낙엽송
소나무류	소나무, 편백나무, 리기다소나무, 북미 전나무
잣나무류	잣나무, 가문비나무, 북미 가문비나무, 북양 가문비나무, 북양적송, 라디에타소나무
삼나무류	삼나무, 전나무, 북미 삼나무

건축구조 4-5. 목구조 설계하중별 하중기간계수 및 하중기간

설계하중	하중기간계수	하중기간
고정하중	0.9	영구
활하중	1.0	10년
적설하중	1.15	2개월
시공하중	1.25	7일
풍하중, 지진하중	1.6	10분
충격하중	2.0	충격

건축구조 4-6. 경골목조전단벽 사용 시 적용하는 내진설계계수

기본 지진력 저항 시스템	설계계수			내진설계 범주에 따른 시스템의 제한과 높이(m) 제한		
	반응수정계수	시스템 초과강도계수	변위증폭계수	A 또는 B	C	D
내력벽 시스템	6.0	3.0	4.0	허용	허용	허용
건물골조 시스템	6.5	2.5	4.5	허용	허용	허용

건축구조 4-7. 전단벽의 종류에 따른 높이-나비 최대비율

전단벽의 종류	높이-나비의 최대비율
구조용 목질판재로 덮고 모든 측면에 못을 박은 전단벽 (지진하중에 대해 설계하는 경우에 높이-나비의 최대비율은 2:1까지 허용될 수 있다.)	3.5:1
파티클보드로 덮고 모든 측면에 못을 박은 전단벽	2:1
대각선 덮개를 단층으로 설치한 전단벽	2:1
섬유판으로 덮은 전단벽	1.5:1

건축구조 4-8. 이음과 맞춤 시 주의사항

- 재는 될 수 있는 한 적게 깎아내는 것이 좋으며 이음과 맞춤은 응력이 적게 발생되는 곳에서 이루어져야 한다.
- 미관보다는 구조적 안정성을 우선해야 한다.
- 이음, 맞춤 단면은 응력의 방향과 직각을 이루는 것이 좋으며 응력이 균등히 전달되어야 한다.
- 맞춤부위의 보강을 위해서는 파스너를 사용할 수 있으며, 이 경우 사용하는 재료에 적합한 설계기준을 적용한다.
- 접합부에서 만나는 모든 부재를 통하여 전달되는 하중의 작용선은 접합부의 중심 또는 도심을 통과해야 하며 그렇지 않은 경우에는 편심의 영향을 설계에 고려해야 한다.
- 인장을 받는 부재에 덧댐판을 대고 길이이음을 하는 경우에 덧댐판의 면적은 요구되는 접합면적의 1.5배 이상이어야 한다.
- 구조물의 변형으로 인하여 접합부에 2차 응력이 발생할 가능성이 있는 경우에는 이를 설계에서 고려해야 한다.
- 못 접합부에서 경사못박기는 부재의 약 30도의 경사각을 갖도록 하고 부재끝 면에서 1/3지점부터 박는다.
- 접합부위에 못으로 인한 현저한 할렬이 발생해서는 안 되며 할렬이 발생할 가능성이 있는 경우에는 못 지름의 80%를 초과하지 않는 지름의 구멍을 미리 뚫고 못을 박는다.

건축구조 4-9. 볼트 접합부에 대한 최소 연단거리, 끝면거리 및 간격

구 분	하중 방향		최소 연단거리
연단거리	섬유에 평행방향 하중	$l/D \leq 6(1)$	$1.5D$
		$l/D > 6$	$1.5D$와 볼트 열 사이의 간격 중에서 큰 값
	섬유에 직각방향 하중	부하 측면	$4D$
		비부하 측면	$1.5D$
끝면거리	섬유에 평행방향 압축하중		$4D$
	섬유에 직각방향 하중		$4D$
	섬유에 평행방향 인장하중	침엽수	$7D$
		활엽수	$5D$
1열 내의 볼트 간격	섬유에 평행방향 하중		$5D$
	섬유에 직각방향 하중		$5D$
볼트 열 사이의 간격	섬유에 평행방향 하중		$1.5D$
	섬유에 직각방향 하중	$l/D \leq 2(1)$	$2.5D$
		$2 < l/D < 6$	$(5l+10D)/8$
		$l/D \geq 6$	$5D$

건축구조 5-1. N 값

사질지반	N 값	점토지반	N 값
대단히 밀실한 모래	50 이상	매우 단단한 점토	$30 \sim 50$
밀실한 모래	$30 \sim 50$	단단한 점토	$15 \sim 30$
중정도 모래	$10 \sim 30$	비교적 경질 점토	$8 \sim 15$
느슨한 모래	$5 \sim 10$	중정도 점토	$4 \sim 8$
아주 느슨한 모래	5 이하	무른 점토	$2 \sim 4$

건축구조 5-2. 지중의 응력분포

- 모래질 지반 : 침하는 양단부에서 먼저 일어나게 된다.
- 점토질 지반 : 침하는 중앙부분이 응력분포가 적기 때문에 중앙부에서 먼저 일어난다.
- 접지압의 분포각도는 기초면으로부터 $30°$ 이내로 제한한다.

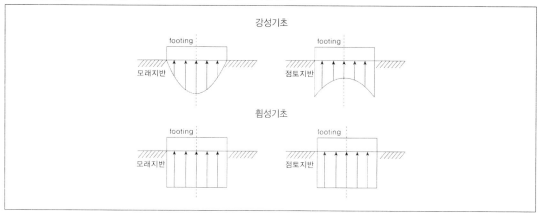

건축구조 5-3. 모래, 점토지반의 측압계수

지반		측압계수
모래지반	지하수위가 얕을 경우	0.3 ~ 0.7
	지하수위가 깊을 경우	0.2 ~ 0.4
점토지반	연질 점토	0.5 ~ 0.8
	경질 점토	0.2 ~ 0.5

건축구조 5-4. 말뚝 중심 간격

종별	중심간격	길이	지지력	특징
나무말뚝	2.5D 60cm 이상	7m 이하	최대 10ton	• 상수면 이하에 타입 • 끝마루직경 12cm 이상
기성콘크리트 말뚝	2.5D 75cm 이상	최대 15m 이하	최대 50ton	• 주근 6개 이상 • 철근량 0.8% 이상 • 피복두께 3cm 이상
강재말뚝	직경, 폭의 2배 75cm 이상	최대 70m	최대 100ton	• 깊은 기초에 사용 • 폐단 강관말뚝간격 2.5배 이상
매입말뚝	2.0D 이상	RC말뚝과 강재말뚝	최대 50 ~ 100ton	• 프리보링공법 • SIP공법
현장타설 콘크리트말뚝	2.0D 이상 D+1m 이상		보통 200ton 최대 900ton	• 주근 4개 이상 • 철근량 0.25% 이상
공통 적용	• 간격 : 보통 3 ~ 4D (D는 말뚝외경, 직경) • 연단거리 : 1.25D 이상, 보통 2D 이상 • 배치방법 : 정열, 엇모, 동일건물에 2종 말뚝 혼용금지 • 기초판 주변으로부터 말뚝 중심까지의 최단거리는 말뚝지름의 1.25배 이상으로 한다. 다만, 말뚝머리에 작용하는 수평하중이 크지 않고 철근의 정착에 문제가 없는 경우의 기초판은 말뚝의 수직외면으로부터 최소 100mm 이상 확장한다.			

건축구조 5-5. 토질 관련 주요 현상

① 액상화 현상 : 사질토 등에서 지진 등의 작용에 의해 흙 속에 과잉 간극 수압이 발생하여 초기 유효응력과 같아지기 때문에 전단저항을 잃는 현상이다.
② 다일레턴시(Dilatancy) : 사질토나 점토의 시료가 느슨해져 입자가 용이하게 위치를 바꾸므로 용적이 변화하는 것을 의미한다.
③ 용탈 현상 : 약액주입을 실시한 지반 내 결합물질이 시간이 흐르면서 제 기능을 발휘하지 못하게 되는 현상이다.
④ 틱소트로피 : 교란시켜 재형성한 점성토 시료를 함수비의 변화 없이 그대로 방치하여 두면 시간이 경과되면서 강도가 회복(증가)되는 현상이다.
⑤ 리칭 현상 : 점성토에서 충격과 진동 등에 의해 염화물 등이 빠져나가 지지력이 감소되는 현상이다.

건축구조 5-6. 지반개량공법

① 점성토지반 개량공법의 종류
　㉠ 압성토 공법 : 성토에 의한 기초의 활동 파괴를 막기 위하여 성토 비탈면 옆에 소단 모양의 압성토를 만들어 활동에 대한 저항모멘트를 증가시키는 공법이다. 이 공법은 압밀촉진에는 큰 효과는 없으나 샌드드레인 공법을 병행하면 효과가 있다.
　㉡ 치환공법 : 연약 점토지반의 일부 또는 전부를 조립토로 치환하여 지지력을 증대시키는 공법으로 공사비가 저렴하여 많이 이용된다. 굴착치환공법과 강제치환공법이 있다.
　㉢ 프리로딩공법(Preloading 공법, 사전 압밀 공법, 여성토 공법) : 구조물의 시공 전에 미리 하중을 재하하여 압밀을 끝나게 하여 지반의 강도를 증가시키는 공법이다.
　㉣ 샌드드레인공법(Sand drain 공법) : 연약 점토지반에 모래 말뚝을 설치하여 배수거리를 단축하므로 압밀을 촉진시켜 압밀시간을 단축시키는 공법이다
　㉤ 다짐모래말뚝공법(Composer 공법, Sand Compaction 공법, 모래말뚝 압입공법) : 연약지반 중에 진동 또는 충격하중으로 모래를 압입하여 직경이 큰 다져진 모래말뚝을 조성하는 공법이다.
　㉥ 페이퍼드레인공법 : 원리는 샌드드레인 공법과 유사하며, 모래 말뚝 대신에 합성수지로 된 페이퍼를 땅 속에 박아 압밀을 촉진시키는 공법이다. 이 공법은 자연함수비가 액성한계 이상인 초연약점토 지반에 효과적인 공법이다.
　㉦ 팩드레인공법 : 샌드드레인 공법의 모래말뚝 절단현상을 해결하기 위하여 합성섬유로 된 포대에 모래를 채워 넣어 연직 배수모래기둥을 만드는 연직배수공법이다.
　　Tip. 배수공법과 탈수공법
　　일반적으로 탈수공법이라 함은 연직배수재를 지반에 관입시켜 배수거리를 짧게 함으로써 지중의 물을 빼내는 공법으로서 페이퍼드레인, 팩드레인과 같은 연직배수공법을 의미한다. (엄밀히 말하면 탈수공법은 배수공법의 일종으로 볼 수 있다.)
　㉧ 전기침투공법 : 포화된 점토지반 내에 직류 전극을 설치하여 직류를 보내면, 물이 (+)극에서 (−)극으로 흐르는 전기침투현상이 발생하는데 (−)극에 모인 물을 배수하여 탈수 및 지지력을 증가시키는 공법이다.
　㉨ 침투압공법 : 포화된 점토지반 내에 반투막 중공원통을 설치하고 그 속에 농도가 높은 용액을 넣어서 점토지반 내의 물을 흡수 및 탈수시켜 지반의 지지력을 증가시키는 공법이다.
　㉩ 생석회 말뚝 공법(Chemico pile 공법) : 생석회는 수분을 흡수하면서 발열반응을 일으켜서 체적이 2배 이상으로 팽창하면서 탈수 효과, 건조 및 화학 반응 효과, 압밀 효과 등에 의해 지반을 강화하는 공법이다.

② 사질토지반 개량공법

    ㉠ 다짐모래말뚝공법 : 나무말뚝, 콘크리트말뚝, 프리스트레스 콘크리트 말뚝 등을 땅속에 여러 개 박아서 말뚝의 체적만큼 흙을 배제하여 압축함으로써 간극을 감소시키고 단위 중량, 유효응력을 증가시켜서 모래지반의 전단강도를 증진시키는 공법이다.

    ㉡ 바이브로플로테이션공법(Vibro-floatation공법) : 공법은 연약한 사질지반에 수직으로 매어단 바이브로플로트라고 불리는 몽둥이 모양의 진동체를 그 선단에 장치된 노즐에서 물을 분사시키면서 동시에 플로트를 진동시켜서 자중에 의하여 지중으로 관입하는 공법이다.

    ㉢ 폭파다짐공법 : 인공지진 즉, 다이너마이트의 폭발 시 발생하는 충격력을 이용하여 느슨한 모래지반을 다지는 공법으로 표층다짐은 잘 이루어지지 않으므로 추가 다짐이 필요하다.

    ㉣ 전기충격공법 : 포화된 지반 속에 방전전극을 삽입한 후 이 방전전극에 고압전류를 일으켜서, 이 때 생긴 충격력에 의해 지반을 다지는 공법이다.

    ㉤ 약액주입공법 : 지반의 특성을 목적에 적합하게 개량하기 위하여 지반 내 에 관입한 주입관을 통하여 약액을 주입시켜 고결하는 공법이다.

건축구조 5-7. 기초의 분류

기초는 직접기초와 말뚝기초로 대분되며, 직접기초(얕은 기초)는 기초 저면을 통해 직접 하중을 전달하는 구조이며 말뚝기초는 말뚝을 통해 하중을 전달하는 구조이므로 깊은 기초라고 한다. 직접기초는 기초판의 두께가 기초판의 폭보다 크지 않으며 독립기초, 줄기초, 복합기초, 온통기초 등이 이에 해당된다.

    ㉠ 독립기초 : 개개의 기둥을 독립적으로 지지하는 정사각형, 또는 직사각형의 2방향 슬래브기초

    ㉡ 복합기초 : 하나의 기초판 위에 두 개 이상의 기둥이 배치된 기초를 말한다.

    ㉢ 캔틸레버 확대기초 : 두 기둥이 서로 상당히 떨어져 있으며 한 기둥이 대지경계선에 면해 있을 때 두 기둥을 지중보로 이은 형태의 기초이다.

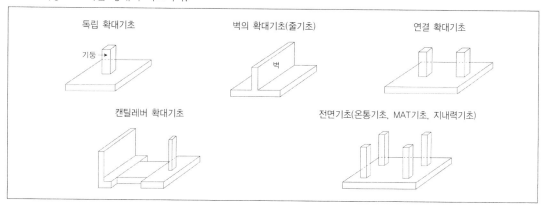

건축구조 5-8. 옹벽설계

① 옹벽의 구성요소

　㉠ 저판

　　• 저판의 뒷굽판은 좀 더 정확한 방법이 사용되지 않는 한 뒷굽판 상부에 재하되는 모든 하중을 지지하도록 설계가 되어야 한다.

　　• 캔틸레버식 옹벽의 저판은 전면벽과의 접합부를 고정단으로 간주한 캔틸레버로 가정하고 설계한다.

　　• 앞부벽식 및 뒷부벽식 옹벽의 저판은 뒷부벽 또는 일부벽간의 거리를 경간으로 보고 고정보 또는 연속보로 설계한다.

　㉡ 전면벽

　　• 캔틸레버 옹벽의 전면벽은 저판에 지지된 캔틸레버로 설계한다.

　　• 뒷부벽식 옹벽 및 앞부벽식 옹벽의 전면벽은 3면 지지된 2방향 슬래브로 설계한다.

　　• 전면벽의 하부는 벽체로서 또는 캔틸레버로서도 작용하므로 연직방향으로 최소의 보강철근을 배치해야 한다.

　㉢ 앞부벽 및 뒷부벽

　　• 앞부벽은 직사각형보로 설계한다.

　　• 뒷부벽은 T형보로 보고 설계한다.

옹벽의 종류	설계위치	설계방법
캔틸레버 옹벽	전면벽 저판	캔틸레버 캔틸레버
뒷부벽식 옹벽	전면벽 저판 뒷부벽	2방향 슬래브 연속보 T형보
앞부벽식 옹벽	전면벽 저판 앞부벽	2방향 슬래브 연속보 직사각형 보

② 옹벽의 안정조건

　㉠ 옹벽의 안전율

　　사용하중에 의해 검토한다. 전도에 대한 안전율(저항모멘트를 전도모멘트로 나눈 값)은 2.0이상, 활동에 대한 안전율(수평저항력을 수평력으로 나눈 값)은 1.5이상, 지반의 지지력에 대한 안전율(지반의 허용지지력을 지반에 작용하는 최대하중으로 나눈 값)은 1.0이상이어야 한다.

　㉡ 전도, 활동, 침하에 대한 안정

　　• 전도에 대한 안정: $\dfrac{M_r}{M_n} = \dfrac{m(\sum W)}{n(\sum H)} \geq 2.0$

　　　($\sum W$: 옹벽의 자중을 포함한 연직하중의 합계, $\sum H$: 토압을 포함한 수평하중의 합계)

　　• 활동에 대한 안정: $\dfrac{f(\sum W)}{\sum H} \geq 1.5$

　　• 침하에 대한 안정: $\dfrac{q_o}{q_{max}} \geq 1.0$

　　　(q_o: 기초 지반의 허용지지력, q_{max}: 기초저면의 최대압력, $q_{max,min} = \dfrac{\sum W}{B}\left(1 \pm \dfrac{6e}{B}\right)$)

　　• 모든 외력의 합력의 작용점은 옹벽 저면의 중앙의 1/3 이내에 위치해야 한다.

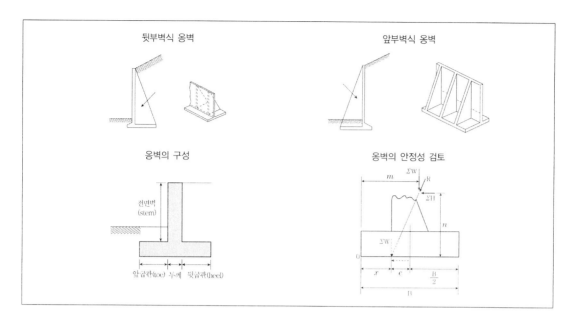

건축구조 6-1. 콘크리트의 최소피복두께

① 프리스트레스하지 않은 부재의 현장치기콘크리트의 최소피복두께

종류			피복두께
수중에서 타설하는 콘크리트			100mm
흙에 접하여 콘크리트를 친 후 영구히 흙에 묻혀있는 콘크리트			80mm
흙에 접하거나 옥외의 공기에 직접 노출되는 콘크리트	D29 이상의 철근		60mm
	D25 이하의 철근		50mm
	D16 이하의 철근		40mm
옥외의 공기나 흙에 직접 접하지 않는 콘크리트	슬래브, 벽체, 장선	D35 초과 철근	40mm
		D35 이하 철근	20mm
	보, 기둥		40mm
	쉘, 절판부재		20mm

• 단, 보와 기둥의 경우 f_{ck}(콘크리트의 설계기준압축강도)가 40MPa 이상이면 위에 제시된 피복두께에서 최대 10mm만큼 피복두께를 저감시킬 수 있다.

② 프리스트레스하는 부재의 현장치기콘크리트의 최소피복두께

종류			피복두께
흙에 접하여 콘크리트를 친 후 영구히 흙에 묻혀있는 콘크리트			80mm
흙에 접하거나 옥외의 공기에 직접 노출되는 콘크리트	벽체, 슬래브, 장선구조		30mm
	기타 부재		40mm
옥외의 공기나 흙에 직접 접하지 않는 콘크리트	슬래브,벽체,장선		20mm
	보, 기둥	주철근	40mm
		띠철근, 스터럽, 나선철근	30mm
	쉘부재 절판부재	D19 이상의 철근	철근직경
		D16 이하의 철근, 지름 16mm 이하의 철선	10mm

- 흙 및 옥외의 공기에 노출되거나 부식 환경에 노출된 프리스트레스트콘크리트 부재로서 부분균열등급 또는 완전균열등급의 경우에는 최소 피복 두께를 50 % 이상 증가시켜야 한다. (다만 설계하중에 대한 프리스트레스트 인장영역이 지속하중을 받을 때 압축응력 상태인 경우에는 최소 피복 두께를 증가시키지 않아도 된다.)
- 공장제품 생산조건과 동일한 조건으로 제작된 프리스트레스하는 콘크리트 부재에서 프리스트레스되지 않은 철근의 최소 피복 두께는 프리캐스트콘크리트 최소피복두께 규정을 따른다.

③ 프리캐스트콘크리트의 최소피복두께

구분	부재	위치	최소피복두께
흙에 접하거나 또는 옥외의 공기에 직접 노출	벽	D35를 초과하는 철근 및 지름 40mm를 초과하는 긴장재	40mm
		D35 이하의 철근, 지름 40mm 이하인 긴장재 및 지름 16mm 이하의 철선	20mm
	기타	D35를 초과하는 철근 및 지름 40mm를 초과하는 긴장재	50mm
		D19 이상, D35 이하의 철근 및 지름 16mm를 초과하고 지름 40mm 이하인 긴장재	40mm
		D16 이하의 철근, 지름 16mm 이하의 철선 및 지름 16mm 이하인 긴장재	30mm
흙에 접하거나 또는 옥외의 공기에 직접 접하지 않는 경우	슬래브 벽체 장선	D35를 초과하는 철근 및 지름 40mm를 초과하는 긴장재	30mm
		D35 이하의 철근 및 지름 40mm 이하인 긴장재	20mm
		지름 16mm 이하의 철선	15mm
	보 기둥	주철근	철근직경 이상 15mm 이상 (40mm 이상일 필요는 없음)
		띠철근, 스터럽, 나선철근	10mm
	쉘 절판	긴장재	20mm
		D19 이상의 철근	15mm
		D16 이하의 철근, 지름 16mm 이하의 철선	10mm

건축구조 6-2. 콘크리트 할선탄성계수

① 콘크리트의 단위질량값이 1450~2500kg/m³인 콘크리트의 경우

$$E_c = 0.077 m_c^{1.5} \sqrt[3]{f_{ck} + \triangle f} \, [MPa]$$

② 보통골재(콘크리트의 단위질량값이 2,300kg/m³)를 사용한 콘크리트의 경우

$$E_c = 8500 \times \sqrt[3]{f_{cu}} = 8500 \times \sqrt[3]{f_{ck} + \triangle f} \, [MPa]$$

($f_{ck} \leq 40 MPa$인 경우 $\triangle f = 4 MPa$이며, $f_{ck} \geq 60 MPa$인 경우는 $\triangle f = 6 MPa$이며, 그 사이는 직선보간법으로 구한다.)

건축구조 6-3. 콘크리트의 배합강도

- 시험횟수 30회 이상인 경우 (각각 두 식 중 큰 값이 지배)

$f_{ck} \leq 35 MPa$ 배합강도	$f_{ck} > 35 MPa$ 배합강도
$f_{cr} = f_{ck} + 1.34s$	$f_{cr} = f_{ck} + 1.34s$
$f_{cr} = (f_{ck} - 3.5) + 2.33s$	$f_{cr} = 0.9 f_{ck} + 2.33s$

- 시험기록을 가지고 있지 않지만 시험횟수가 29회 이하이고, 15회 이상인 경우

시험횟수	표준편차의 보정계수
15회	1.16
20회	1.08
25회	1.03
30회 또는 그 이상	1.00

- 시험횟수가 14회 이하이거나 기록이 없는 경우의 배합강도

설계기준압축강도 $f_{ck}(MPa)$	배합강도 $f_{cr}(MPa)$
21 미만	$f_{ck} + 7$
21 이상 ~ 35 이하	$f_{ck} + 8.5$
35 초과	$1.1 f_{ck} + 5.5$

※ 콘크리트의 배합 설계 과정

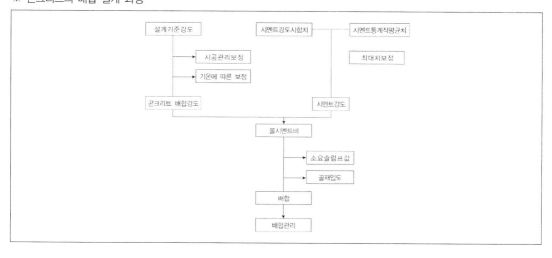

건축구조 6-4. 강도감소계수

부재 또는 하중의 종류	강도감소계수
인장지배단면	0.85
압축지배단면-나선철근부재	0.70
압축지배단면-스터럽 또는 띠철근부재	0.65
전단력과 비틀림모멘트	0.75
콘크리트의 지압력	0.65
포스트텐션 정착구역	0.85
스트럿타이-스트럿, 절점부 및 지압부	0.75
스트럿타이-타이	0.85
무근콘크리트의 휨모멘트, 압축력, 전단력, 지압력	0.55

건축구조 6-5. 철근의 종류와 기계적 강도

종류	용도	항복점(MPa)	인장강도(MPa)
SD300	일반용	300 이상	항복강도 1.15배 이상
SD350		350 이상	항복강도 1.15배 이상
SD400		400 이상	항복강도 1.15배 이상
SD500		500 이상	항복강도 1.08배 이상
SD600		600 이상	항복강도 1.08배 이상
SD700		700 이상	항복강도 1.08배 이상
SD400W	용접용	400 이상	항복강도 1.15배 이상
SD500W		500 이상	항복강도 1.15배 이상
SD400S	특수 내진용	400 이상	항복강도 1.25배 이상
SD500S		500 이상	항복강도 1.25배 이상
SD600S		600 이상	항복강도 1.25배 이상

건축구조 6-6. 등가응력블록

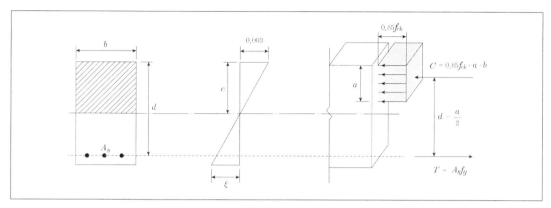

중립축거리(c)와 압축응력 등가블럭깊이(a)의 관계는 $a = \beta_1 C$가 성립하며 등가압축영역계수 β_1은 다음의 표를 따른다.

f_{ck}	등가압축영역계수 β_1
$f_{ck} \leq 28 MPa$	$\beta_1 = 0.85$
$f_{ck} \geq 28 MPa$	$\beta_1 = 0.85 - 0.007(f_{ck} - 28) \geq 0.65$

건축구조 6-7. 철근비 산정식

균형철근비	$\rho_b = \dfrac{0.85 f_{ck} \beta_1}{f_y} \cdot \dfrac{\varepsilon_c}{\varepsilon_c + \varepsilon_y} = \dfrac{0.85 f_{ck} \beta_1}{f_y} \cdot \dfrac{600}{600 + \varepsilon_y}$
최대철근비	$\rho_{max} = \dfrac{(\varepsilon_c + \varepsilon_y)}{(\varepsilon_c + \varepsilon_t)} \rho_b = \dfrac{0.85 f_{ck} \beta_1}{f_y} \cdot \dfrac{\varepsilon_c}{\varepsilon_c + \varepsilon_t}$ (ε_t : 최소허용변형률)
최소철근비	$\rho_{min} = \dfrac{0.25 \sqrt{f_{ck}}}{f_y} \geq \dfrac{1.4}{f_y}$

건축구조 6-8. 인장지배단면과 압축지배단면

• 순인장변형률: $\varepsilon_t = \dfrac{(d_t - c) \cdot \varepsilon_t}{c}$. 공칭강도에서 압축연단으로부터 최외단에 위치하는 인장철근의 변형률

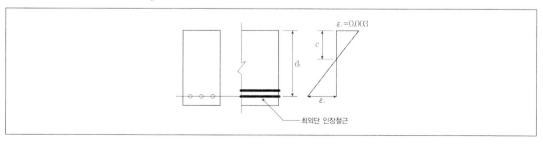

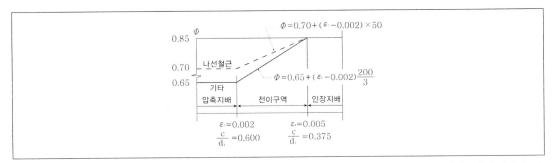

- 압축지배단면: 공칭강도에 압축콘크리트가 가정된 극한변형률 0.003에 도달할 때 최외단 인장철근의 순인장변형률이 압축지배변형률 한계인 철근의 설계기준 항복변형률 0.002 이하인 단면이다.
- 인장지배단면: 압축콘크리트가 가정된 극한변형률 0.003에 도달할 때 최외단 인장철근의 순인장변형률이 일장지배변형률 한계인 0.005 이상인 단면이다.
- 압축지배단면의 강도감소계수가 인장지배 단면의 것보다 작은 이유는 압축지배단면의 연성이 더 작고 콘크리트강도의 변동에 더 민감하며 더 넓은 영역의 하중을 지지하기 때문이다.

건축구조 6-9. T형보의 유효폭

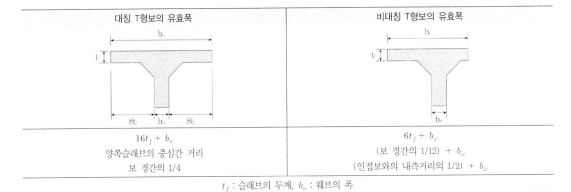

대칭 T형보의 유효폭	비대칭 T형보의 유효폭
$16t_f + b_w$ 양쪽슬래브의 중심간 거리 보 경간의 1/4	$6t_f + b_w$ (보 경간의 1/12) + b_w (인접보와의 내측거리의 1/2) + b_w

t_f : 슬래브의 두께, b_w : 웨브의 폭

건축구조 6-10. 전단경간

전단경간/보의 깊이	전단력에 대한 거동
a/d < 1	높이가 큰 보에 있어서도 전단강도가 사인장균열 강도보다 크기 때문에 전단파괴를 보인다. 깊은 보이며 아치작용이 발생한다. 마찰저항이 작은 경우에는 쪼갬파괴가 되고 그렇지 않은 경우에는 지지부에서의 압축파괴가 발생한다.
a/d = 1 ~ 2.5	높이가 큰 보에 있어서도 전단강도가 사인장균열 강도보다 크기 때문에 전단파괴를 보인다.
a/d = 2.5 ~ 6	보통의 보에서는 전단강도가 사인장균열 강도와 같아서 사인장균열 파괴를 나타낸다.
a/d > 6	경간이 큰 보의 파괴는 전단강도보다 휨강도에 지배된다.

건축구조 6-11. 전단강도 기본산정식

① 설계전단강도 : $V_n = V_c + V_s$

② 콘크리트가 받는 전단강도 : $V_c = \dfrac{1}{6}\sqrt{f_{ck}}\,b_w d$ (원형단면인 경우 $\dfrac{1}{6}\sqrt{f_{ck}}\cdot(0.8D^2)$)

③ 전단보강근의 전단강도 : $V_s = \dfrac{A_c\cdot f_{yt}\cdot d}{s}$

④ 전단철근이 받는 전단강도의 범위 : $\dfrac{1}{3}\sqrt{f_{ck}}\,b_w d < V_s < \dfrac{2}{3}\sqrt{f_{ck}}\,b_w d$

⑤ 전단설계 강도제한 : $\sqrt{f_{ck}}\leq 8.4MPa$, $f_{yt}\leq 400MPa$

건축구조 6-12. 전단철근의 간격 제한

① $V_s \leq \dfrac{1}{3}\sqrt{f_{ck}}\cdot b_w\cdot d$인 경우

   ㉠ 부재축에 직각인 스터럽의 간격 : RC부재일 경우 d/2 이하, PSC부재일 경우 0.75h 이하이어야 하며 어느 경우이든 600mm 이하여야 한다.

   ㉡ 경사스터럽과 굽힘철근은 부재의 중간높이 0.5d에서 반력점 방향으로 주인장철근까지 연장된 45°선과 한 번 이상 교차되도록 배치해야 한다.

② $V_s > \dfrac{1}{3}\sqrt{f_{ck}}\cdot b_w\cdot d$인 경우

   ㉠ 전단철근의 간격을 $V_s \leq \dfrac{1}{3}\sqrt{f_{ck}}\cdot b_w\cdot d$인 경우의 1/2 이내로 한다.

   ㉡ $V_u > \dfrac{\phi V_c}{2}$일 경우 전단철근 최소단면적

$A_{v.min} = 0.0625\sqrt{f_{ck}}\cdot\dfrac{b_w\cdot s}{f_{yt}}\geq 0.35\dfrac{b_w\cdot s}{f_{yt}}$	• b_w : 복부의 폭(mm) • s : 전단철근의 간격 • f_{yt} : 전단철근의 항복강도

소요전단강도	$V_u \leq \dfrac{1}{2}\phi V_c$	$\dfrac{1}{2}<V_u\leq\phi V_c$	$\phi V_c < V_u$	$V_s > \dfrac{2}{3}\sqrt{f_{ck}}\,b_u d$
전단보강 철근배치	콘크리트가 모두 부담할 수 있는 범위로서 계산이 필요없음		계산상 필요량 배치	전단보강 철근의 배치만으로는 부족하며 단면을 늘려야 한다.
	안전상 필요없음	안전상 최소철근량 배치	V_s	
전단보강 철근간격	수직스터럽사용	$d/2$ 이하 600mm 이하	$V_s > \dfrac{1}{3}\sqrt{f_{ck}}\,b_u d$ $d/4$ 이하 400mm 이하	
		일반부재설계 시	내진부재설계 시	

건축구조 6-13. 전단마찰 균열면의 마찰계수

콘크리트의 이음면 상태	균열면의 마찰계수(μ)
일체로 타설된 콘크리트	1.4λ
규정에 따라 일부러 거칠게 만든 굳은 콘크리트면 위에 타설한 콘크리트	1.0λ
거칠게 처리하지 않은 굳은 콘크리트면 위에 타설한 콘크리트	0.6λ
보강스터드나 철근에 의하여 압연 구조강재에 정착된 콘크리트	0.7λ

건축구조 6-14. 장기처짐

① 장기처짐 산정식 : 장기처짐 = 지속하중에 의한 탄성처짐 × λ

② $\lambda = \dfrac{\xi}{1+50\rho'}$ (ξ : 시간경과계수, $\rho' = \dfrac{A_s'}{bd}$: 압축철근비)

시간 경과	3개월	6개월	9개월	12개월
시간경과계수 ξ	1.0	1.2	1.4	2.0

- 장기처짐은 콘크리트의 건조수축과 크리프로 인하여 시간의 경과와 더불어 진행되는 처짐이다.
- 장기처짐은 압축철근을 증가시키면 감소된다.
- 시간당 장기처짐량은 시간이 흐를수록 작아진다.
- 장기처짐량은 탄성처짐량에 비례한다.
- 장기처짐 계산 시에 사용되는 계수 λ는 콘크리트의 재료성질과 압축철근비의 함수로 표시된다.
- 처짐은 고정하중에 의한 추가 장기처짐과 충분한 시간 동안 지속되는 활하중에 의한 장기 추가처짐의 합이다.
- 추가처짐은 온도, 습도, 양생조건, 재하기간, 압축철근의 양, 지속하중의 크기 등의 영향을 받는다.
- 하중작용에 의한 장기처짐은 부재강성에 대한 균열과 철근의 영향을 고려하여 탄성처짐 공식을 사용하여 구한다.
- 복철근으로 설계하면 장기처짐량이 감소한다.
- 균열이 발생하지 않은 단면의 처짐계산에서 사용되는 단면2차모멘트는 철근을 무시한 콘크리트 전체 단면의 중심축에 대한 단면2차모멘트(I_g)를 사용한다.
- 휨부재의 처짐은 사용하중에 대하여 검토한다.
- 총처짐량은 탄성처짐량과 장기처짐량의 합이다.
- 장기처짐량은 단기처짐량에 비례한다.

건축구조 6-15. 처짐을 계산하지 않는 경우의 보 또는 1방향 슬래브의 최소 두께 / 지붕 및 바닥 구조체의 처짐 한계

① 부재의 처짐과 최소두께 : 처짐을 계산하지 않는 경우의 보 또는 1방향 슬래브의 최소두께는 다음과 같다. (L은 경간의 길이)

부재	최소 두께 또는 높이			
	단순지지	일단연속	양단연속	캔틸레버
1방향 슬래브	L/20	L/24	L/28	L/10
보	L/16	L/18.5	L/21	L/8

- 위의 표의 값은 보통콘크리트($m_c = 2,300 kg/m^3$)와 설계기준항복강도 400MPa 철근을 사용한 부재에 대한 값이며 다른 조건에 대해서는 그 값을 다음과 같이 수정해야 한다.

- $1500 \sim 2000\mathrm{kg/m^3}$ 범위의 단위질량을 갖는 구조용 경량콘크리트에 대해서는 계산된 $h_{\min}$ 값에 $(1.65 - 0.00031 \cdot m_c)$를 곱해야 하나 1.09보다 작지 않아야 한다.
- f_y가 400MPa 이외인 경우에는 계산된 $h_{\min}$ 값에 $(0.43 + \dfrac{f_y}{700})$를 곱해야 한다.

② 지붕 및 바닥 구조체의 처짐 한계

부재의 종류	고려해야 할 처짐	처짐한계
과도한 처짐에 의해 손상되기 쉬운 비구조 요소를 지지 또는 부착하지 않은 평지붕구조(외부환경)	활하중 L에 의한 순간처짐	L / 180
과도한 처짐에 의해 손상되기 쉬운 비구조 요소를 지지 또는 부착하지 않은 바닥구조(내부환경)	활하중 L에 의한 순간처짐	L / 360
과도한 처짐에 의해 손상되기 쉬운 비구조 요소를 지지 또는 부착한 지붕 또는 바닥구조	전체 처짐 중에서 비구조 요소가 부착된 후에 발생하는 처짐부분(모든 지속하중에 의한 장기처짐과 추가적인 활하중에 의한 순간처짐의 합	L / 480
과도한 처짐에 의해 손상될 우려가 없는 비구조 요소를 지지 또는 부착한 지붕 또는 바닥구조		L / 240

건축구조 6-16. 철근의 정착 및 이음

① 표준갈고리 정착 길이

㉠ 주철근 표준갈고리
- 90도 표준갈고리는 구부린 끝에서 철근직경의 12배 이상 더 연장
- 180도 표준갈고리는 구부린 반원 끝에서 철근직경의 4배 이상, 또는 60mm 이상 연장

㉡ 스터럽과 띠철근의 표준갈고리(스터럽과 띠철근의 표준갈고리는 D25 이하의 철근에만 적용된다.)
- D16 이하인 경우 90도 표준갈고리는 구부린 반원 끝에서 철근직경의 6배 이상 연장
- D19~25인 경우 90도 표준갈고리는 구부린 반원 끝에서 철근직경의 12배 이상 연장
- D25 이하인 경우 135도 구부린 후 철근직경의 6배 이상 연장

㉢ 내진갈고리 : 철근 지름의 6배 이상 또는 75mm 이상의 최소연장길이를 가진 135도 갈고리로 된 스터럽, 후프철근, 연결철근의 갈고리(단, 원형후프철근의 경우 단부에 최소 90도의 절곡부를 가질 것)

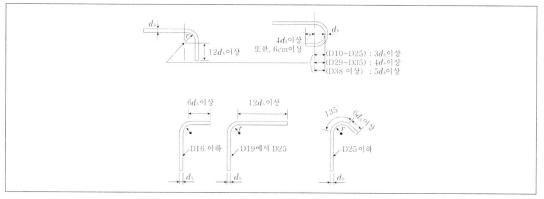

② 철근 구부리기

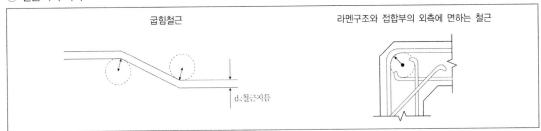

굽힘철근 라멘구조와 접합부의 외측에 면하는 철근

d_b:철근지름

- 철근을 구부릴 때, 구부리는 부분에 손상을 주지 않기 위해 구부림의 최소 내면 반지름을 정해두고 있다.
- 180도 표준갈고리와 90도 표준갈고리는 구부리는 내면 반지름은 아래의 표에 있는 값 이상으로 해야 한다.
- 스터럽이나 띠철근에서 구부리는 내면 반지름은 D16 이하일 때 철근직경의 2배 이상이고 D19 이상일 때는 아래의 표를 따라야 한다.
- 표준갈고리 외의 모든 철근의 구부림 내면 반지름은 아래에 있는 표의 값 이상이어야 한다.

철근의 크기	최소 내면반지름
D10~D25	철근직경의 3배
D29~D35	철근직경의 4배
D38	철근직경의 5배

- 그러나 큰 응력을 받는 곳에서 철근을 구부릴 때에는 구부림 내면 반지름을 더 크게 하여 철근 반지름 내부의 콘크리트가 파쇄되는 것을 방지해야 한다.
- 모든 철근을 상온에서 구부려야 하며 콘크리트 속에 일부가 매립된 철근은 현장에서 구부리지 않는 것이 원칙이다.

※ 철근의 정착길이 산정

철근의 정착길이는 기본정착길이에 보정계수를 곱한 값 이상이어야 한다.

① 인장이형철근의 정착길이
- 인장 이형철근 및 이형철선의 정착길이 l_d는 기본정착길이 l_{db}에 보정계수를 고려하는 방법 또는 정밀식에 의한 방법 중에서 어느 하나를 선택하여 적용할 수 있다. 다만, 이렇게 구한 정착길이 l_d는 항상 300mm 이상이어야 한다.
- 인장 이형철근 및 이형철선의 기본정착길이: $l_{db} = \dfrac{0.6d_b f_y}{\lambda \sqrt{f_{ck}}}$

인장이형철근 정착길이 산정 보정계수

조건	철근지름 D19 이하의 철근과 이형철선	D22 이상의 철근
정착되거나 이어지는 철근의 순간격이 d_b 이상이고, 피복 두께도 d_b 이상이면서 l_d 전 구간에 이 기준에서 규정된 최소 철근량 이상의 스터럽 또는 띠철근을 배치한 경우, 또는 정착되거나 이어지는 철근의 순간격이 $2\,d_b$ 이상이고 피복 두께가 d_b 이상인 경우	$0.8\alpha\beta$	$\alpha\beta$
기타	$1.2\alpha\beta$	$1.5\alpha\beta$

> ⊙ α: 철근배치 위치계수로서 상부철근(정착길이 또는 겹침이음부 아래 300 mm를 초과되게 굳지 않은 콘크리트를 친 수평철
> 근)인 경우 1.3, 기타 철근인 경우 1.0
> ⊙ β: 철근 도막계수
> – 피복두께가 $3d_b$ 미만 또는 순간격이 $6d_b$ 미만인 에폭시도막철근 또는 철선인 경우: 1.5
> – 기타 에폭시 도막철근 또는 철선인 경우 : 1.2
> – 아연도금 철근인 경우: 1.0
> – 도막되지 않은 철근인 경우 : 1.0
> (에폭시 도막철근이 상부철근인 경우에 상부철근의 위치계수 α와 철근 도막계수 β의 곱, $\alpha\beta$가 1.7보다 클 필요는 없다.)
> ⊙ λ: 경량콘크리트계수로서 f_{sp}(쪼갬인장강도)값이 규정되어 있지 않은 경우 전경량콘크리트는 0.75, 모래경량콘크리트는
> 0.85가 된다. (단, 0.75에서 0.85사이의 값은 모래경량콘크리트의 잔골재를 경량잔골재로 치환하는 체적비에 따라 직선보
> 간한다. 0.85에서 1.0 사이의 값은 보통중량콘크리트의 굵은골재를 경량골재로 치환하는 체적비에 따라 직선보간한다.) 또
> 한 f_{sp}(쪼갬인장강도)값이 주어진 경우 $\lambda = f_{sp}/(0.56\sqrt{f_{ck}}) \leq 1.0$이 된다.

• 인장 이형철근 및 이형철선의 정착길이(정밀식): $l_d = \dfrac{0.90 d_b f_y}{\lambda \sqrt{f_{ck}}} \dfrac{\alpha\beta\gamma}{\left(\dfrac{c + K_{tr}}{d_b}\right)}$

> 인장이형철근 정착길이(정밀식) 산정 보정계수
> ⊙ γ : 철근 또는 철선의 크기계수
> D19 이하의 철근과 이형철선인 경우 0.8, D22 이상의 철근인 경우 1.0
> ⊙ c : 철근 간격 또는 피복 두께에 관련된 치수
> 철근 또는 철선의 중심부터 콘크리트 표면까지 최단거리 또는 정착되는 철근 또는 철선의 중심간 거리의 1/2 중 작은 값
> 을 사용하여 mm 단위로 나타낸다.
> ⊙ K_{tr} : 횡방향 철근지수($\dfrac{40 A_{tr}}{sn}$)이며 횡방향 철근이 배치되어 있더라도 설계를 간편하게 하기 위해 $K_{tr} = 0$으로 사용할
> 수 있다. 단, $(c + K_{tr})/d_b$은 2.5 이하이어야 한다.

• 휨부재에 배치된 철근량이 해석에 의해 요구되는 소요철근량을 초과하는 경우는 계산된 정착길이에 $\left(\dfrac{소요 A_s}{배근 A_s}\right)$를
곱하여 정착길이 l_d를 감소시킬 수 있다. 다만, 이때 감소시킨 정착길이 l_d는 300 mm 이상이어야 한다. 또한 f_y를
발휘하도록 정착을 특별히 요구하는 경우에는 이를 적용하지 않는다.
• 설계기준항복강도가 550 MPa을 초과하는 철근은 횡방향 철근을 배치하지 않는 경우에는 c/d_b이 2.5 이상이어야 하
며 횡방향 철근을 배치하는 경우에는 $K_{tr}/d_b \geq 0.25$와 $(c + K_{tr})/d_b \geq 2.25$을 만족하여야 한다.

② 압축 이형철근의 정착길이
• 압축 이형철근의 정착길이 l_d는 기본정착길이 l_{db}에 적용 가능한 모든 보정계수를 곱하여 구하여야 한다. 다만, 이
때 구한 l_d는 항상 200mm 이상이어야 한다.
• 압축이형철근의 기본정착길이 $l_{db} = \dfrac{0.25 d_b f_y}{\lambda \sqrt{f_{ck}}}$ (다만, 이 값은 $0.043 d_b f_y$ 이상이어야 한다.)

> 압축이형철근 정착길이 산정 보정계수
> 해석 결과 요구되는 철근량을 초과하여 배치한 경우 : $\left(\dfrac{소요 A_s}{배근 A_s}\right)$
> 지름이 6 mm 이상이고 나선 간격이 100 mm 이하인 나선철근 또는 중심 간격 100 mm 이하로 KDS 14 20 50(4.4.2(3))의
> 요구 조건에 따라 배치된 D13 띠철근으로 둘러싸인 압축 이형철근 : 0.75

③ 표준갈고리를 갖는 인장 이형철근의 정착
• 단부에 표준갈고리가 있는 인장 이형철근의 정착길이 l_{dh}는 기본정착길이 l_{hb}에 적용 가능한 모든 보정계수를 곱하
여 구하여야 한다. 다만, 이렇게 구한 정착길이 l_{dh}는 항상 $8 d_b$ 이상, 또한 150mm 이상이어야 한다.

- 표준갈고리를 갖는 인장이형철근의 기본정착길이 $l_{hb} = \dfrac{0.24\beta d_b f_y}{\lambda \sqrt{f_{ck}}}$

> 표준갈고리를 갖는 인장 이형철근의 기본정착길이 산정 보정계수
> ㉠ D35 이하 철근에서 갈고리 평면에 수직방향인 측면 피복 두께가 70 mm 이상이며, 90° 갈고리에 대해서는 갈고리를 넘어선 부분의 철근 피복 두께가 50 mm 이상인 경우: 0.7
> ㉡ D35 이하 90° 갈고리 철근에서 정착길이 l_{dh} 구간을 $3d_b$ 이하 간격으로 띠철근 또는 스터럽이 정착되는 철근을 수직으로 둘러싼 경우 또는 갈고리 끝 연장부와 구부림부의 전 구간을 $3d_b$ 이하 간격으로 띠철근 또는 스터럽이 정착되는 철근을 평행하게 둘러싼 경우: 0.8
> ㉢ D35 이하 180° 갈고리 철근에서 정착길이 l_{dh} 구간을 $3d_b$ 이하 간격으로 띠철근 또는 스터럽이 정착되는 철근을 수직으로 둘러싼 경우: 0.8
> ㉣ 전체 f_y를 발휘하도록 정착을 특별히 요구하지 않는 단면에서 휨철근이 소요철근량 이상 배치된 경우: $\left(\dfrac{\text{소요}A_s}{\text{배근}A_s}\right)$
>
>   (다만, 상기 ㉡과 ㉢에서 첫 번째 띠철근 또는 스터럽은 갈고리의 구부러진 부분 바깥면부터 $2d_b$ 이내에서 갈고리의 구부러진 부분을 둘러싸야 한다.)
> ㉤ λ: 경량콘크리트계수로서 f_{sp}(쪼갬인장강도)값이 규정되어 있지 않은 경우 전경량콘크리트는 0.75, 모래경량콘크리트는 0.85가 된다. (단, 0.75에서 0.85 사이의 값은 모래경량콘크리트의 잔골재를 경량잔골재로 치환하는 체적비에 따라 직선보간한다. 0.85에서 1.0 사이의 값은 보통중량콘크리트의 굵은골재를 경량골재로 치환하는 체적비에 따라 직선보간한다.) 또한 f_{sp}(쪼갬인장강도)값이 주어진 경우 $\lambda = f_{sp}/(0.56\sqrt{f_{ck}}) \leq 1.0$이 된다.

- 갈고리는 압축을 받는 경우 철근정착에 유효하지 않은 것으로 보아야 한다.
- 부재의 불연속단에서 갈고리 철근의 양 측면과 상부 또는 하부의 피복 두께가 70 mm 미만으로 표준갈고리에 의해 정착되는 경우에 전 정착길이 l_{dh} 구간에 $3d_b$ 이하 간격으로 띠철근이나 스터럽으로 갈고리 철근을 둘러싸야 한다. 이때 첫 번째 띠철근 또는 스터럽은 갈고리의 구부러진 부분 바깥 면부터 $2d_b$ 이내에서 갈고리의 구부러진 부분을 둘러싸야 한다. 이때 상기의 ㉡과 ㉢의 보정계수 0.8을 적용할 수 없다.
- 설계기준항복강도가 550MPa을 초과하는 철근을 사용하는 경우에는 상기 ③의 ㉡과 ㉢의 보정계수 0.8을 적용할 수 없다.

건축구조 6-17. 확대머리 이형철근

확대머리 이형철근의 인장에 대한 정착 길이는 $0.19\dfrac{\beta f_y d_b}{\sqrt{f_{ck}}}$이며 이 정착 길이는 150mm 이상이고 철근직경의 8배 이상이어야 한다(β는 에폭시 도막철근인 경우 1.2, 그 외의 경우는 1.0).

- 철근의 설계기준항복강도는 400MPa 이하여야 한다.
- 콘크리트의 설계기준항복강도는 40MPa 이하여야 한다.
- 철근의 지름은 35mm 이하여야 한다.
- 보통중량콘크리트를 사용해야 하며 경량콘크리트를 사용해서는 안 된다.
- 확대머리의 순지압면적은 철근면적의 4배 이상이어야 한다(순지압면적은 확대머리 면적에서 철근면적을 제외한 면적이다).
- 순피복두께는 철근직경의 2배 이상이어야 한다.
- 철근의 순간격은 직경의 4배 이상이어야 한다(단, 상하기둥이 있는 보-기둥접합부의 보 주철근으로 사용할 경우 접합부의 횡보강철근이 0.3% 이상이고 확대머리의 뒷면이 횡보강철근 바깥면으로부터 50mm 이내에 위치하면 철근의 순간격은 철근직경의 2.5배 이상으로 할 수 있다).
- 확대머리 이형철근은 압축을 받는 경우 유효하지 않다.
- 철근의 설계기준항복강도가 발휘할 수 있는 어떠한 기계적 정착장치도 정착방법으로 사용할 수 있다(단, 이 경우 기계적 정착장치가 적합함을 보증할 수 있는 시험결과를 책임구조기술자에게 제출해야 한다).
- 철근의 정착은 기계적 정착장치 사이의 묻힘길이의 조합으로 이루어질 수 있다.

건축구조 6-18. 콘크리트의 균열

① 경화 전 : 소성 수축 균열, 침하균열

② 경화 후 : 온도 균열, 건조수축 균열, 화학적 침식에 의한 균열, 온도 응력 균열

③ 소성수축균열 : 콘크리트 표면의 물의 증발속도가 블리딩 속도보다 빠른 경우와 같이 급속한 수분증발이 일어나는 경우에 주로 콘크리트 표면에 발생하는 균열이다.

④ 건조수축균열 : 콘크리트는 경화 과정 중에 혹은 경화 후에 건조에 의하여 체적이 감소하는 현상을 건조수축이라 하는데 이 현상이 외부에 구속되었을 때 인장응력이 유발되어 구조물에 발생하는 균열이다.

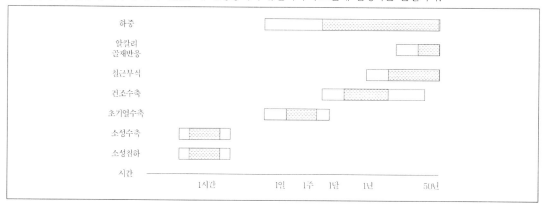

건축구조 6-19. 단주의 설계

① 편심이 없는 순수 축하중을 받는 압축부재의 최대 축하중강도

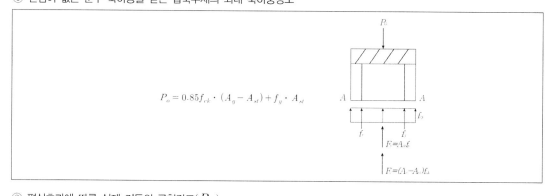

$$P_o = 0.85 f_{ck} \cdot (A_g - A_{st}) + f_y \cdot A_{st}$$

② 편심효과에 따른 실제 기둥의 공칭강도(P_n)

띠 기둥: $P_n = 0.80 \cdot P_o$

나선기둥: $P_n = 0.85 \cdot P_o$

③ 단주의 설계식

띠 기둥 : $\phi P_n = (0.65)(0.80)[0.85 f_{ck}(A_g - A_{st}) + f_y A_{st}]$

나선기둥 : $\phi P_n = (0.70)(0.85)[0.85 f_{ck}(A_g - A_{st}) + f_y A_{st}]$

Advice. 압축재의 설계 축하중은 예측하지 못한 편심응력에 대비하여 순수 압축부재 단면에서의 축하중설계강도를 최대공칭축하중의 80%(띠기둥), 85%(나선기둥)로 저감한다.

건축구조 6-20. P-M 상관도

P-M상관도는 기둥이 받을 수 있는 최대축력과 모멘트를 표시한 그래프이다. 이 선도 안쪽은 안전하나 밖은 파괴가 일어난다. 선도의 직선부는 기둥부재에서 아무리 주의를 기울여도 발생할 수밖에 없는 최소한의 편심을 고려한 것이다.

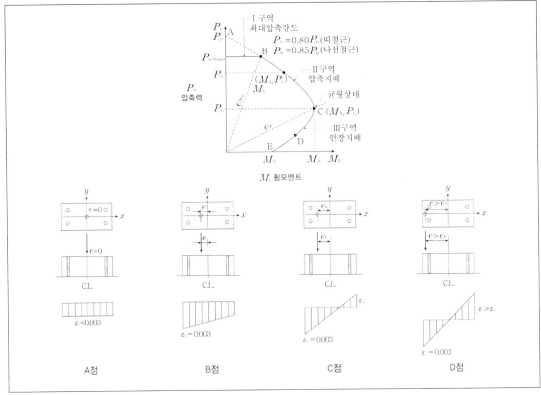

- ㉠ A점 : 최대압축강도 발휘지점. 축하중이 기둥단면 도심에 작용하는 경우로 PM상관도에서 최대압축강도를 발휘하는 영역이다.
- ㉡ B점 : 압축지배구역. 축하중이 기둥단면 도심을 벗어나 편심이 작용하는 경우로 압축측 콘크리트가 파괴변형률 0.003에 도달하는 경우이다. 그러나 여전히 전체 단면은 압축응력이 작용하고 있다.
- ㉢ C점 : 균형상태. 하중이 편심을 계속 증가시키면 인장측 철근이 항복변형률($f_y = 400 MPa$인 경우 0.002)에 도달할 때 압축측 콘크리트가 파괴변형률 0.003에 도달하는 경우로 균형파괴를 유발하는 하중재하위치의 지점이다.
- ㉣ D점 : 인장파괴. 균형파괴를 유발하는 하중작용점을 지나 계속 편심을 증가시키면 인장측 철근은 항복변형률보다 큰 극한변형률에 도달하여 인장측 철근이 파괴되는 형태를 보이는 구간이다. 기둥에 인장이 지배하는 구역이다.
- ㉤ E점 : 순수휨파괴. 축하중은 0이 되고 모든 하중은 휨모멘트에 의해 작용하므로 파괴는 보가 휨만을 받을 때와 동일하게 된다.

건축구조 6-21. 벽체철근의 최소수직철근비, 최소수평철근비

철근의 종류	최소수직철근비	최소수평철근비
f_y ≥400Mpa이고 D16 이하인 이형철근	0.0012	0.0020
기타 이형철근	0.0015	0.0025
지름 16mm 이하의 용접철망	0.0012	0.0020

건축구조 6-22. 슬래브 근사해법, 직접설계법 적용조건 비교표

구분	근사해법	직접설계법
조건	1방향 슬래브	2방향 슬래브
경간	2경간 이상	3경간 이상
경간차이	20% 이하	33% 이하
하중	등분포	등분포
활하중/고정하중	3배 이하	2배 이하
기타	부재단면의 크기가 일정해야 함	기둥이탈은 이탈방향 경간의 10%까지 허용

건축구조 6-23. 플랫슬래브 구조제한

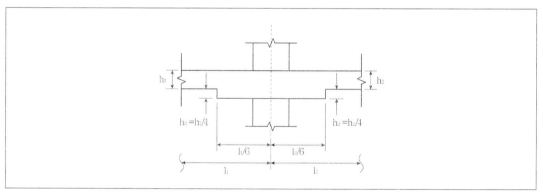

- 지판의 슬래브 아래로 돌출한 두께는 돌출부를 제외한 두께의 1/4 이상이어야 한다.
- 지판은 받침부 중심선에서 각 방향 받침부 중심간 경간의 1/6 이상을 각 방향으로 연장한다.
- 슬래브 두께는 150mm 이상(단, 최상층 슬래브는 일반슬래브 두께 100mm 이상 규정을 따를 수 있다.)
- 지판 부위의 슬래브철근량 계산 시 슬래브 아래로 돌출한 지판의 두께는 지판의 외단부에서 기둥이나 기둥머리면까지 거리의 1/4 이하로 취해야 한다.
- 기둥의 폭: 기둥 중심간 거리의 L/20 이상, 300mm 이상, 층고의 1/15 이상 중 최댓값

건축구조 6-24. 2방향 슬래브의 하중분담

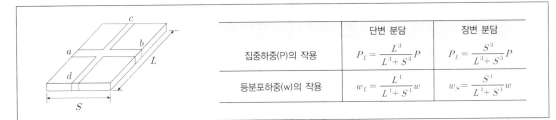

	단변 분담	장변 분담
집중하중(P)의 작용	$P_L = \dfrac{L^3}{L^3+S^3}P$	$P_L = \dfrac{S^3}{L^3+S^3}P$
등분포하중(w)의 작용	$w_L = \dfrac{L^1}{L^1+S^1}w$	$w_S = \dfrac{S^1}{L^1+S^1}w$

건축구조 6-25. 1방향 철근콘크리트 슬래브의 최소 수축온도철근비

콘크리트구조기준(2012)에 따른, 수축 및 온도변화에 대한 변형이 심하게 구속되지 않은 1방향 철근콘크리트 슬래브의 최소 수축온도철근비

㉠ 설계기준항복강도가 400MPa 이하인 이형철근을 사용한 슬래브 : 0.0020

㉡ 0.0035의 항복변형률에서 측정한 철근의 설계기준항복강도가 400MPa를 초과한 슬래브 : $0.0020 \times \dfrac{400}{f_y} \geq 0.0014$

㉢ 요구되는 수축, 온도철근비에 전체 콘크리트 단면적을 곱하여 계산한 수축, 온도철근 단면적을 단위 m당 1800mm²보다 크게 취할 필요는 없다.

건축구조 6-26. 스트럿-타이 해석법

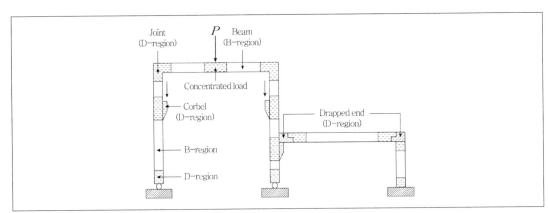

• B영역: 하중작용점에서 d이상 떨어져 있어 응력이 보 이론에 따라 분포되어 있는 영역
• D영역: 하중 작용점 부근과 같이 응력이 교란되는 영역 (집중하중작용점, 부재모서리, 개구부 등의 불연속지점으로부터 양쪽으로 부재 폭만큼 뻗은 부분)

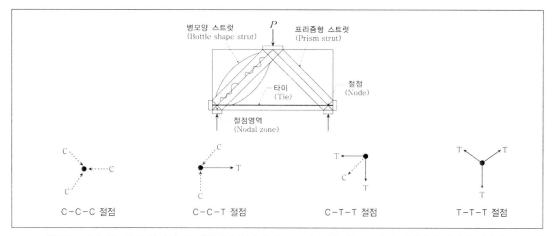

- 철근콘크리트 구조체를 하나의 큰 철근인장재(타이)와 콘크리트압축재(스트럿)가 절점에서 접합된 하나의 큰 트러 스구조물 형상으로 간주하여 해석하는 방법이다.
- 스트럿-타이 모델은 구조물의 일부 또는 구조물의 전체에서 콘크리트에 작용하는 압축력을 받는 '스트럿(Strut)'과 철근에 작용하는 인장력을 나타내는 '타이(Tie)', 그리고 스트럿과 타이가 만나는 '절점영역'으로 구성된다.
- 스트럿-타이 모델에서는 하중의 전달경로가 시각적으로 나타나며, 필요 철근량, 철근의 배근위치, 그리고 응력이 집중되는 곳에서의 콘크리트 응력이 결정된다. 스트럿-타이 모델을 이용한 설계과정은 힘의 전달경로에 대한 이해 를 높이고, 설계자로 하여금 익숙하지 않은 설계조건들을 다루는 능력을 향상시킨다.
- 응력이 교란된 영역(D영역)에서 응력의 흐름에 의해 압축력을 받는 스트럿과 인장력을 받는 타이를 이용하여 가상의 트러 스 형태 구조물을 구성하고 이것을 해석하여 부재의 압축력, 인장력에 의해 철근의 위치, 철근량을 계산하는 방법이다.
- 구조물을 비교란영역인 B영역과 교란영역인 D영역으로 나누는 것이 스트럿-타이 모델 적용 시 첫 번째 과정이고 그 후 B영역은 트러스 모델로, D영역은 스트럿-타이모델을 적용한다.
- 절점에서는 평형조건을 만족하기 위해 적어도 세 개의 힘이 작용해야 한다. 절점은 힘의 작용에 따라 C-C-C, C-C-T, C-T-T, T-T-T로 구별된다(C는 압축부재, T는 인장부재).

건축구조 6-27. 프리텐션, 포스트텐션 공법 비교

구분	프리텐션 공법	포스트텐션 공법
원리	PS강재에 인장력을 주어 긴장해 놓은 채 콘크리트를 치고 콘크리트 경화 후 인장력을 서서히 풀어서 콘크리트에 프리스트레스를 주는 방식	콘크리트가 경화한 후에 PS강재를 긴장하여 그 끝을 콘크리트에 정착함으로써 프리스트레스를 주는 방식
형상		
특성	• 정착장치, 쉬스관 등의 자재가 불필요하다. • 정착구에 균열이 발생하지 않는다. • PS강재를 직선형상으로 배치한다. • 쉬스관이 없으므로 마찰력을 고려하지 않는다. • 공장제작으로 운반이 가능한 길이와 중량에 제약이 따르며 현장적용성이 좋지 않다. • 프리스트레스 도입 시 콘크리트 압축강도는 30MPa 이상이다. • 프리스트레스 도입 후 재령 28일 최소 설계기준압축강도는 35MPa 이상이다.	• 정착장치 및 쉬스관(위의 사진 참조) 등의 자재 요구, 설치 및 시공하기 위한 전문숙련공이 필요하다. • PS강재를 곡선형상으로 배치가 가능하며 장스팬의 대형구조물에 주로 적용된다. • 현장에서 쉽게 프리스트레스 도입이 가능하다. • 정착구에 집중하중이 작용하는 부분에 균열이 발생할 수 있다. • 품질이 대체로 프리텐션에 비해 떨어지며 대량생산이 어렵다. • 프리스트레스 도입 시 콘크리트 압축강도는 25MPa 이상이다. • 프리스트레스 도입 후 재령 28일 최소 설계기준압축강도는 30MPa 이상이다.

건축구조 6-28. PSC(프리스트레스트 콘크리트) 휨부재의 균열등급

PSC 휨부재는 균열발생여부에 따라 그 거동이 달라지며 균열의 정도에 따라 세 가지 등급으로 구분하고 구분된 등급에 따라 응력 및 사용성을 검토하도록 규정하고 있다.

  ㉠ 비균열 등급 : $f_t < 0.63\sqrt{f_{ck}}$ 이므로 균열이 발생하지 않는다.

  ㉡ 부분균열등급 : $0.63\sqrt{f_{ck}} < f_t < 1.0\sqrt{f_{ck}}$ 이므로 사용하중이 작용 시 응력은 총 단면으로 계산하되 처짐은 유효 단면을 사용하여 계산한다.

  ㉢ 완전균열등급 : 사용하중 작용 시 단면응력은 균열환산단면을 사용하여 계산하며 처짐은 유효단면을 사용하여 계산한다.

건축구조 7-1. 재료의 성질(강재변형곡선)

① 연성 : 탄성한계를 넘는 변형이 발생하여도 파괴되지 않고 어느 정도까지 늘어날 수 있는 성질이다.

② 취성 : 탄성한계를 넘어서자마자 바로 파괴가 되어버리는 성질로서 인성에 반대되는 성질이다.

③ 인성 : 재료에 외력이 가해질 때 파괴가 되지 않는 성질로서 인성이 클수록 더 많은 (외부의 하중에 의한) 변형에 너지를 감당할 수 있다.

④ 전성 : 재료를 두드리거나 압착하면 재료가 얇고 넓게 퍼지게 되는 성질이다.

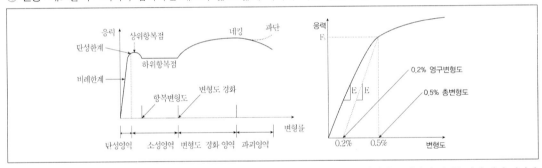

- 변형도경화 : 연성이 있는 강재에서 항복점을 지나 상당한 변형이 진행된 후 항복강도 이상의 저항능력이 다시 나타나는 현상이다.
- 항복점이 분명하지 않은 경우의 항복강도 : 기울기를 0.2%로 오프셋하여 만나는 점을 항복강도로 하거나 0.5%의 총변형도에 해당하는 응력을 항복강도로 정의한다.

건축구조 7-2. 강재의 열처리

담금질	소입 Quenching	• 고온가열 후(오스테나이트 상태) 물이나 기름으로 급냉시켜 마르텐사이트라는 단단한 조직을 얻는다. • 경도, 내마모성이 증가되고 신장율, 수축률은 감소한다.
뜨임질	소려 Tempering	• 변형점 이하(600℃)로 가열한 후 서서히 냉각시켜 안정시킨다. • 담금질한 강의 취성 개선 목적으로 행한다. • 경도와 강도가 감소되고 신장률, 수축률이 증가한다.
풀림	소둔 Annealing	• 고온(800℃)으로 가열하여 노중에서 서서히 냉각하여 강의 조직이 표준화, 균질화되어 내부변형이 제거된다. • 인장강도 저하되고 신율과 점성이 증가된다.
불림	소준 Normalizing	• 변태점이상 가열 후 공기중에서 냉각시킨다. • 연질화되며 항복점 강도가 증가된다.

건축구조 7-3. 주요 구조용 강재의 규격표시

강재	규격표시
일반구조용 압연강재	SS275
용접구조용 압연강재	SM275A, B, C, D, -TMC SM355A, B, C, D, -TMC SM420A, B, C, D, -TMC SM460B, C, -TMC
용접구조용 내후성 열간 압연강재	SMA275AW, AP, BW, BP, CW, CP SMA355AW, AP, BW, BP, CW, CP
건축구조용 압연강재	SN275A, B, C SN355B, C
건축구조용 열간압연 H형강	SHN275, SHN355
건축구조용 고성능 압연강재	HSA650

건축구조 7-4. 주요 구조용 강재의 재료강도 (MPa)

강도	판 두께 \ 강재 기호	SS275	SM275 SMA275	SM355 SMA355	SM420	SM460	SN275	SN355	SHN275	SHN355
F_y	16mm 이하	275	275	355	420	460	275	355	275	355
	16mm 초과 40mm 이하	265	265	345	410	450				
	40mm 초과 75mm 이하	245	255	335	400	430	255	335		
	75mm 초과 100mm 이하		245	325	390	420			−	−
F_u	75mm 이하	410	410	490	520	570	410	490	410	490
	75mm 초과 100mm 이하								−	−

건축구조 7-5. 냉간가공재 및 주강의 재질규격 표시

강재	규격표시
일반구조용 경량형강	SSC275
일반구조용 용접경량H형강	SWH275, L
일반구조용 탄소강관	SPS275
일반구조용 각형강관	SPSR275
강제갑판(데크플레이트)	SDP1, 2, 3
건축구조용 탄소강관	SNT275E, SNT355E, SNT275A, SNT355A
건축구조용 냉간성형 각형강관	SNRT295E, SNRT275A, SNRT 355A

건축구조 7-6. 용접하지 않는 부분에 사용되는 강재의 재질규격표시

강재	규격표시
일반구조용 압연강재	SS315, SS410
일반구조용 탄소강관	SGT275, SGT355
일반구조용 각형강관	SRT275, SRT355
탄소강 단강품	SF490A, SF540A

건축구조 7-7. 강재의 명칭 및 표기법

강재의 명칭 및 표기법	단면형태	표기법 및 주요특성
ㄱ형강: $L - A \times B \times t$		A=B이면 등변 L형강이며 그렇지 않으면 부등변 L형강이다.
I형강: $I - H \times B \times t_1 \times t_2$		폭에 비해 높이가 비교적 높은 형강이며 중간부재에 사용된다.
H형강: $H - H \times B \times t_1 \times t_2$		A : B = 2 : 1~3 : 1인 경우는 주요 보에 사용 A : B = 1 : 1인 경우는 기둥에 사용
ㄷ형강: $H \times B \times t_1 \times t_2$		중요하지 않은 보, 개구부 주위에 사용
T형강: $T - H \times B \times t_1 \times t_2$		H형강, I형강을 절단해서 사용 트러스의 상하현재에 사용
냉간성형강: $C - H \times A \times C \times t$		1.0~4.5mm의 얇은 강판을 냉간압연하여 제조하며 단면2차모멘트가 커서 경제성이 있으나 국부좌굴의 발생 우려가 크며 방청이 어려움
강관: $\circ - D \times t$		좌굴성능이 우수하지만 휨재로서는 사용할 수 없음
강판: $PL - A \times t$		두께 6mm 이상의 판은 후판으로 봄 두께 3mm 이하의 판은 강판이 아닌 평강으로 봄

건축구조 7-8. 탄소당량

탄소와 기타 성분을 등가의 탄소량으로 환산한 것으로 강재의 용접성을 나타내는 지표로 사용된다. 이 값이 클수록 용접성이 저하되므로 용접 시 냉각속도를 완만하게 하는 등의 용접상 주의가 요구된다.

- $C_{eq} = C + \dfrac{Mn}{6} + \dfrac{Si}{24} + \dfrac{Ni}{40} + \dfrac{Cr}{5} + \dfrac{Mo}{4} + \dfrac{V}{14}$

건축구조 7-9. 하중계수 및 하중조합

① 하중의 공칭 값과 실제 하중사이의 불가피한 차이 및 하중을 작용 외력으로 변환시키는 해석상의 불확실성, 환경작용 등의 변동을 고려하기 위한 안전계수
② 하중조합: 구조물 또는 부재에 동시에 작용할 수 있는 각종 하중의 조합
③ 하중계수와 하중조합을 모두 고려

    ㉠ 고정하중 D, 액체하중 F, 연직토압 HV가 작용하는 하중의 하중조합
- $U = 1.4(D + F)$ [단, 지하의 경우 $U = 1.4(D + F + H_v)$ 적용] (식1)

    ㉡ 온도 등의 영향 T, 적설하중 S, 강우하중 R, 풍하중 W가 작용하는 하중조합
- $U = 1.2(D + F + T) + 1.6(L + a_H \cdot H_v + H_h) + 0.5(L_r \text{ or } S \text{ or } R)$ (식2)
- $U = 1.2D + 1.6(L_r \text{ or } S \text{ or } R) + (1.0L \text{ or } 0.65W)$ (식3)
- $U = 1.2D + 1.3W + 1.0L + 0.5(L_r \text{ or } S \text{ or } R)$ (식4)
- $U = 1.2(D + F + T) + 1.6(L + a_H \cdot H_v) + 0.8H_h + 0.5(L_r \text{ or } S \text{ or } R)$ (식5)
- $U = 0.9(D + H_v) + 1.3W + (1.6H_h \text{ or } 0.8H_h)$ (식6)
- $U = 0.9(D + H_v) + 1.3W + (1.6\alpha_H H_v + H_h)$ (식7)

    ㉢ 지진하중 E가 작용하는 하중조합
- $U = 1.2D + 1.0E + 1.0L + 0.2S$ (식8)
- $U = 1.2(D + H_v) + 1.0E + 1.0L + 0.2S + (1.0H_h \text{ or } 0.5H_h)$ (식9)
- $U = 0.9D + 1.0E + 1.6(\alpha_H H_v + H_h)$ (식10)
- $U = 0.9(D + H_v) + 1.0E + (1.0H_h \text{ or } 0.5H_h)$ (식11)

    ㉣ 기본 하중조합
- $U = 1.2D + 1.6L$ (식12)

- U : 계수하중, 또는 이에 의해서 생기는 단면에서 저항하여야 할 소요강도
- D : 고정하중, 또는 이에 의해서 생기는 단면력
- E : 지진하중, 또는 이에 의해서 생기는 단면력
- F : 유체의 밀도를 알 수 있고, 저장 유체의 높이를 조절할 수 있는 유체의 중량 및 압력에 의한 하중 또는 이에 의해서 생기는 단면력
- H_h : 흙, 지하수 또는 기타 재료의 횡압력에 의한 수평방향하중, 또는 이에 의해서 생기는 단면력
- H_v : 흙, 지하수 또는 기타 재료의 자중에 의한 연직방향 하중, 또는 이에 의해서 생기는 단면력
- L : 활하중, 또는 이에 의해서 생기는 단면력
- L_r : 지붕활하중 또는 이에 의해서 생기는 단면력
- R : 강우하중 또는 이에 의해서 생기는 단면력
- S : 적설하중 또는 이에 의해서 생기는 단면력
- T : 온도, 크리프, 건조수축 및 부등침하의 영향 등에 의해서 생기는 단면력
- W : 풍하중, 또는 이에 의해서 생기는 단면력
- α_H : 토피의 두께에 따른 연직방향의 하중 H_v 에 대한 보정계수 ($h \leq 2m$ 에 대해서 $\alpha_H = 1.0$, $h > 2m$ 에 대해서 $\alpha_H = 1.05 - 0.025h \geq 0.875$)

건축구조 7-10. 고장력볼트의 구멍치수

고장력볼트 호칭	표준구멍	대형구멍	단슬롯구멍	장슬롯구멍
M16	18	20	18×22	18×40
M20	22	24	22×26	22×50
M22	24	28	24×30	24×55
M24	27	30	27×32	27×60
M27	30	35	30×37	30×67

건축구조 7-11. 고장력볼트의 설계볼트장력

볼트의 등급	볼트의 호칭	공칭단면적(mm^2)	설계볼트장력(T_o) kN
F8T	M16	201	84
	M20	314	132
	M22	380	160
	M24	453	190
F10T	M16	201	106
	M20	314	165
	M22	380	200
	M24	453	237
F13T	M16	201	137
	M20	314	214
	M22	380	259
	M24	453	308

- F13T에 의하여 수소지연파괴민감도에 대하여 합격된 시험성적표가 첨부된 제품에 한하여 사용하여야 한다.
- 설계볼트장력은 볼트의 인장강도의 0.7배에 볼트의 유효단면적을 곱한 값
- 볼트의 유효단면적은 공칭단면적의 0.75배 값

건축구조 7-12. 볼트의 공칭직경별 연단부 가공법

볼트의 공칭직경(mm)	연단부의 가공방법	
	전단절단, 동가스절단	압연형강, 자동가스절단, 계가공마감
16	28	22
20	34	26
22	35	28
24	42	30
27	48	34

건축구조 7-13. 볼트의 공칭강도

강도 \ 강종		고장력볼트			일반볼트
		F8T	F10T	F13T	4.6
공칭인장강도, F_{nt}		600	750	975	300
지압접합의 공칭전단 강도, F_{nv}	나사부가 전단면에 포함될 경우	320	400	520	160
	나사부가 전단면에 포함되지 않을 경우	400	500	650	

- 고장력볼트 중 F13T는 KS B 1010에 의하여 수소지연파괴민감도에 대하여 합격된 시험성적표가 첨부된 제품에 한하여 사용하여야 한다.
- KS B 1002에 따른 강도 구분에 따른 강종의 강도이다.

건축구조 7-14. 용접방식의 종류

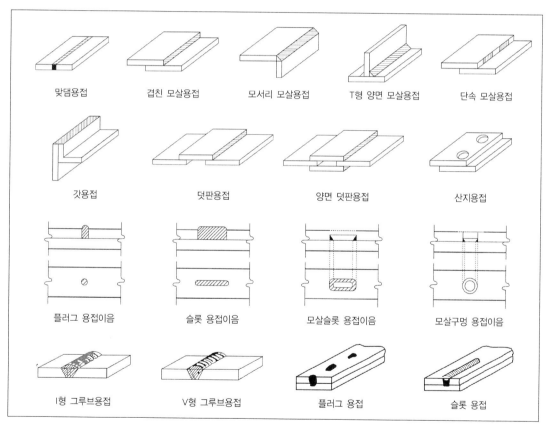

맞댐용접	겹친 모살용접	모서리 모살용접	T형 양면 모살용접	단속 모살용접
갓용접	덧판용접	양면 덧판용접	산지용접	
플러그 용접이음	슬롯 용접이음	모살슬롯 용접이음	모살구멍 용접이음	
I형 그루브용접	V형 그루브용접	플러그 용접	슬롯 용접	

Tip. 맞댐용접은 그루브용접, 모살용접은 필릿용접이라고 한다.

- 플러그용접 : 겹쳐 맞춘 2개의 모재 중 한 모재에 원형으로 구멍을 뚫은 후 이 원형 구멍 속에 용착금속을 채워 용접하는 방법
- 슬롯용접 : 겹쳐 맞춘 2개의 모재 한쪽에 뚫은 가늘고 긴 홈의 부분에 용착금속을 채워 용접하는 방법

건축구조 7-15. 용접부위 표시기호

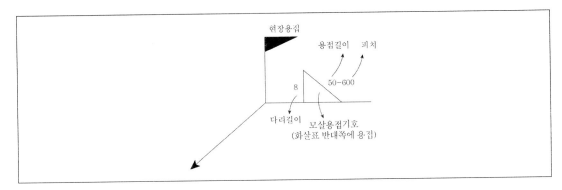

건축구조 7-16. 용접시공법의 종류

융접	아크용접	용극식	피복금속 아크용접
			불활성가스금속 아크용접 (MIG-용접)
			탄산가스 아크용접
			스터드용접
		비용극식	불활성가스 텅스텐 아크용접 (TIG-용접)
			탄소아크용접
			원자수소용접
	가스용접	산소-아세틸렌 용접	
		산소-프로판 용접	
		산소-수소용접	
		공기-아세틸렌용접	
	기타 특수용접	서브머지드 아크용접	
		테르밋용접	
		레이저용접	
		전자빔용접	
		플라스마용접	
		일렉트로슬래그용접	
압접	가열식 (저항) 용접	겹치기 저항용접	점용접
			심용접
			프로젝션용접
		맞대기 저항용접	업셋용접
			플래시버트용접
			방전충격용접
		초음파 용접	
		확산 용접	
		마찰 용접	
		냉간 용접	
납 땜	경납땜		
	연납땜		

- 용극식 용접법(소모성전극) : 용가재인 와이어 자체가 전극이 되어 모재와의 사이에서 아크를 발생시키면서 용접부 위를 채워가는 용접법으로, 이 때 전극의 역할을 하는 와이어는 소모가 된다(서브머지드 아크용접, MIG용접, 이산화탄소용접, 피복금속아크용접 등).
- 비용극성 용접법(비소모성전극) : 전극봉을 사용하여 아크를 발생시키고 이 아크열로 용가재인 용접을 녹이면서 용접하는 방법으로, 이 때 전극은 소모되지 않고 용가재인 와이어(피복금속아크용접의 경우 피복 용접봉)는 소모된다(TIG용접 등).
- MIG용접(불활성가스 금속아크용접, Metal Inert Gas Arc Welding) : 용가재인 전극과 와이어를 연속적으로 보내어 아크를 발생시키는 방법으로 용극식 또는 소모식 불활성가스 아크용접법이라고 불리며 불활성가스로는 주로 아르곤 가스를 사용한다. (inert는 불활성이라는 뜻이다.)
- TIG용접(불활성가스 텅스텐 아크용접) : 불활성 가스실드하에서 텅스텐 등 잘 소모되지 않는 금속을 전극으로 하여 행하는 용접법이다.
- 서브머지드 아크용접 : 용접부위에 미세한 입상의 플럭스를 도포한 뒤 용접선과 나란히 설치된 레일 위를 주행대차가 지나가면서 와이어를 용접부로 공급시키면 플럭스 내부에서 아크가 발생하면서 용접하는 자동용접법이다.
- 피복금속아크용접 : 용접홀더에 피복제로 둘러 싼 용접봉을 접촉시키면 아크가 발생하게 되는데 이 아크열로 따로 떨어진 모재들을 하나로 접합시키는 영구결합법이다. 용접봉 자체가 전극봉과 용가재 역학을 동시에 하는 용극식 용접법이다.
- 가스용접 : 주로 산소-아세틸렌가스를 열원으로 하여 용접부를 용융시키면서 용가재를 공급하여 접합시키는 용접법으로 산소-아세틸렌용접, 산소-수소용접, 산소-프로판용접, 공기-아세틸렌용접 등이 있다.
- 저항용접 : 용접할 2개의 금속면을 상온 혹은 가열상태에서 서로 맞대어 놓고 기계로 적당한 압력을 주면서 전류를 흘려주면 금속의 저항 때문에 접촉면과 그 부근에서 열이 발생하는데 그 순간 큰 압력을 가하여 양면을 밀착시켜 접합시키는 용접법이다.
- 직류아크용접기 : 직류 전원에 의해서 발생하는 아크를 이용하는 아크 용접기이다.
- 교류아크용접기 : 교류 전원에 의해서 발생하는 아크를 이용하는 아크 용접기이다.
- 일렉트로 슬래그용접 : 용융된 슬래그와 용융 금속이 용접부에서 흘러나오지 않도록 둘러싸고, 용융된 슬래그 풀에 용접봉을 연속적으로 공급하여, 주로 용융 슬래그의 저항열에 의하여 용접봉과 모재를 용융시켜 위로 용접을 진행하는 방법이다.
- 이산화탄소 아크용접 : 피복재(Flux)를 사용하여 모재사이에 아크를 발생시켜 모재와 용접봉을 녹여 접합하는 방법으로 용접 시 이산화탄소를 뿌려주어 금속의 변질을 방지하는 방법이다.

건축구조 7-17. 용접결함

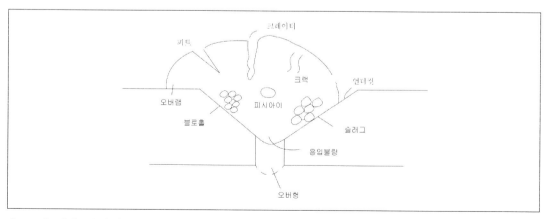

① 블로홀 : 용융금속이 응고할 때 방출되어야 할 가스가 남아서 생긴 빈자리
② 슬래그섞임(감싸들기) : 슬래그의 일부분이 용착금속 내에 혼입된 것

③ 크레이터 : 용즙 끝단에 항아리 모양으로 오목하게 파인 것

④ 피시아이 : 용접작업 시 용착금속 단면에 생기는 작은 은색의 점

⑤ 피트 : 작은 구멍이 용접부 표면에 생긴 것

⑥ 크랙 : 용접 후 급랭되는 경우 생기는 균열

⑦ 언더컷 : 모재가 녹아 용착금속이 채워지지 않고 홈으로 남는 부분

⑧ 오버랩 : 용착금속과 모재가 융합되지 않고 단순히 겹쳐지는 것

⑨ 오버형 : 상향 용접 시 용착금속이 아래로 흘러내리는 현상

⑩ 용입불량 : 용입 깊이가 불량하거나 모재와의 융합이 불량한 것

건축구조 7-18. 용접방식 및 작용하중별 용접부의 공칭강도

하중 유형 및 방향	적용 재료	강도감소 계수	공칭강도 (MPa)	유효면적 (mm^2)	용접재 소요강도
완전용입그루브용접					
용접선에 직교인장	용접조인트 강도는 모재에 의해 제한된다.				매칭용접재가 사용되어야 한다. 뒷댐재가 남아 있는 T조인트와 모서리조인트는 노치인성 용접재를 사용한다(섭씨 4도에서 27J 이상의 CVN 인성값 이상).
용접선에 직교압축	용접조인트 강도는 모재에 의해 제한된다.				매칭용접재 또는 이보다 한단계 낮은 강도의 용접재가 사용될 수 있다.
용접선에 평행한 인장, 압축	용접에 평행하게 접합된 요소들에 작용하는 인장 또는 압축은 그 요소들을 접합하는 용접부 설계에 고려할 필요가 없다.				매칭용접재 또는 이 보다 한단계 낮은 강도의 용접재가 사용될 수 있다.
전단	용접조인트 강도는 모재에 의해 제한된다.				매칭용접재를 사용해야 한다.
부분용입그루브용접 (플레어V그루브용접, 플레어베벨그루브용접 포함)					
용접선에 직교인장	모재	$\phi = 0.75$	F_u	강구조 설계기준(KDS 41 31)의 4.7.4(접합부재의 설계강도) 참조	매칭용접재 또는 이보다 한 단계 낮은 강도의 용접재가 사용될 수 있다.
	용접재	$\phi = 0.80$	$0.60F_w$		
기둥의 이음 및 지압접합기준에 따라 설계된 기둥주각부와 기둥이음부의 압축	해당 용접부 설계에서 압축응력은 고려하지 않아도 된다.				
기둥을 제외한 부재의 지압접합부의 압축	모재	$\phi = 0.90$	F_y	강구조 설계기준(KDS 41 31)의 4.7.4(접합부재의 설계강도) 참조	
	용접재	$\phi = 0.80$	$0.60F_w$		
지압응력을 전달할 수 있도록 마감되지 않은 접합부의 압축	모재	$\phi = 0.90$	F_y		
	용접재	$\phi = 0.80$	$0.90F_w$		
용접선에 평행한 인장, 압축	용접에 평행하게 접합된 요소들에 작용하는 인장 또는 압축은 그 요소들을 접합하는 용접부 설계에 고려할 필요가 없다.				
전단	모재	강구조 설계기준(KDS 41 31)의 4.7.4(접합부재의 설계강도) 참조			
	용접재	$\phi = 0.75$	$0.60F_w$	강구조 설계기준(KDS 41 31)의 4.7.4(접합부재의 설계강도) 참조	

필릿용접 (구멍, 슬롯, 빗방향 T조인트 필릿 포함)				
전단	모재	강구조 설계기준(KDS 41 31)의 4.7.4(접합부재의 설계강도) 참조		매칭용접재 또는 이보다 한 단계 낮은 강도의 용접재가 사용될 수 있다.
	용접재	$\phi = 0.75$ $0.60F_w$	강구조 설계기준(KDS 41 31)의 4.7.4(접합부재의 설계강도) 참조	
용접선에 평행한 인장, 압축	용접에 평행하게 접합된 요소들에 작용하는 인장 또는 압축은 그 요소들을 접합하는 용접부 설계에 고려할 필요가 없다.			
플러그 및 슬롯 용접				
유효면적의 접합면에 평행한 전단	모재	강구조 설계기준(KDS 41 31)의 4.7.4(접합부재의 설계강도) 참조		매칭용접재 또는 이보다 한 단계 낮은 강도의 용접재가 사용될 수 있다.
	용접재	$\phi = 0.75$ $0.60F_w$	강구조 설계기준(KDS 41 31)의 4.7.4(접합부재의 설계강도) 참조	

① F_w는 용접재의 등급강도 곧 용접재의 인장강도이다.

② 원칙적으로 매칭용접재(matching weld metal)는 용접재의 인장강도가 모재의 인장강도와 같거나 거의 동등한 수준을 지칭한다. 일반적으로 용접재와 모재가 동일한 인장강도를 지녀도 용접재의 항복강도가 모재항복강도보다 크므로 보통 모재의 항복이 선행된다. 용접재의 인장강도가 모재의 인장강도를 상회/하회하는 경우 각각 오버매칭(overmatching), 언더매칭(undermatching)이라 칭한다. 용접재에서 '1단계 강도'는 70 MPa의 강도크기를 지칭하며, '1단계 강도'를 상회하는 오버매칭 용접재의 사용은 불필요한 열영향의 증대 등 부작용을 고려하여 권장되지 않는다. 그러나 국내외의 사례에서 보듯이 경험과 실험결과를 바탕으로 종종 오버매칭 용접재가 사용되기도 한다(예를 들어, 인장강도 350~400 MPa급 모재에 대해 인장강도 490 MPa급 용접재가 사용되고 있음).

③ 전단하중을 전달하는 조립단면의 웨브와 플랜지 사이의 그루브용접부 또는 높은 구속이 우려되는 곳의 그루브용접부에는 언더매칭용접재를 사용할 수 있다. 이 방법을 적용할 경우에는 해당 용접부를 지정하여야 하고, 용접부의 설계에서 유효목두께는 모재두께로 하고, 강도저항계수는 $\phi = 0.8$, 공칭강도는 $0.6F_w$를 적용한다.

Tip. 용접부의 공칭강도에 대해 다음 표에 제시된 내용은 확실히 알고 있어야 한다.

용접구분	응력 구분	공칭강도(F_w)
완전 용입용접	유효단면에 직교인장	F_y
	유효단면에 직교압축	F_y
	용접선에 평행한 인장, 압축	
	유효단면에 전단	$0.6F_y$
부분 용입용접	유효단면에 직교압축	$0.6F_y$
	용접선에 평행한 인장, 압축	
	용접선에 평행한 전단	$0.6F_y$
	유효단면에 직교인장	
모살 용접	용접선 평행한 전단	$0.6F_y$
플러그 슬롯용접	유효단면에 평행한 전단	$0.6F_y$

건축구조 7-19. 용접의 최소치수

① 그루브용접(맞댐용접)의 최소치수
- 그루브용접의 유효면적은 용접의 유효길이에 유효목두께를 곱한 것으로 한다.
- 그루브용접의 유효길이는 접합되는 부분의 폭으로 한다.
- 완전용입된 그루브용접의 유효목두께는 접합판 중 얇은 쪽 판두께로 한다.

② 부분용입용접 및 플래어그루브용접
- 부분용입그루브용접의 최소유효목두께는 계산에 의한 응력전달에 필요한 값 이상, 또한 아래의 표에 제시된 값 이상으로 한다(다만, 표에서 t는 접합되는 얇은쪽 판의 두께이다).
- 부분용입용접부의 단면형상에 따른 유효목두께 산정은 아래의 표를 따른다.
- 원형 단면이나 모서리를 90° 원호로 만든 각형강관 등의 용접표면을 직각으로 마감한 플래어그루브용접의 유효목두께는 아래의 표에 따라 계산해야 한다.

접합부의 얇은 쪽 소재 두께 t (mm)	최소 유효목두께(mm)
$t \leq 6$	3
$6 < t \leq 13$	5
$13 < t \leq 19$	6
$19 < t \leq 38$	8
$38 < t \leq 57$	10
$57 < t \leq 150$	13
$t > 150$	16

③ 필릿용접의 최소치수
- 필릿용접의 유효면적은 유효길이에 유효목두께를 곱한 것으로 한다.
- 필릿용접의 유효길이는 필릿용접의 총 길이에서 2배의 필릿사이즈를 공제한 값으로 하여야 한다.
- 필릿용접의 유효목두께는 용접루트로부터 용접표면까지의 최단거리로 한다(단, 이음면이 직각인 경우에는 필릿사이즈의 0.7배로 한다).
- 구멍필릿과 슬롯필릿용접의 유효길이는 목두께의 중심을 잇는 용접중심선의 길이로 한다.

※ 필릿용접의 경우 건설기준코드에서는 건축물 강구조 설계기준에 제시된 조건과 강구조 연결설계기준에서 제시된 값에 차이가 있음에 유의해야 한다.

㉠ KDS 41 31 00 (건축물 강구조 설계기준)

접합부의 얇은 쪽 모재두께 t	필릿용접의 최소 사이즈
$t \leq 6$	3
$6 < t \leq 13$	5
$13 < t \leq 19$	6
$19 < t$	8

Tip. 필릿용접의 최대사이즈는 $t < 6mm$일 때, $s = t$이며 $t \geq 6mm$일 때, $s = t - 2mm$

㉡ KDS 14 31 25 (강구조 연결설계기준 – 하중저항계수 설계법)

접합부의 두꺼운 쪽 소재 두께 t	필릿용접의 최소치수
$t < 6$	3
$6 \leq t < 13$	5
$13 \leq t < 20$	6
$20 \leq t$	8

ⓒ 필릿용접의 최소치수(KDS 14 30 25 강구조 연결설계기준 - 허용응력설계법)

접합부의 두꺼운 쪽 소재 두께 (mm)	필릿용접의 최소 치수 (mm)
$t < 6$	3
$6 \leq t < 12$	5
$12 \leq t < 20$	6
$20 \leq t$	8

건축구조 7-20. 강구조 설계강도를 계산할 때 저항계수의 값

부재력	파괴형태	저항계수
인장력	총단면항복	0.9
	순단면파괴	0.75
압축력	국부좌굴 발생 안될 경우	0.9
휨모멘트	국부좌굴 발생 안될 경우	0.9
전단력	총단면 항복	0.9
	전단파괴	0.75
국부하중	플랜지 휨 항복	0.9
	웨브국부항복	1.0
	웨브크리플링	0.75
	웨브압축좌굴	0.9
고장력볼트	인장파괴	0.75
	전단파괴	0.6

건축구조 7-21. 비구속판 요소와 구속판 요소

① 비구속판 요소: 하중의 방향과 평행하게 한쪽 끝단이 직각방향의 판요소에 의해 연결된 평판요소이다(예: H형강 휨재의 플랜지).
  • 압연 H형강과 ㄷ형강 휨재의 플랜지
  • 2축 또는 I축 대칭인 용접 H형강 휨재의 플랜지
  • 균일 압축을 받는 압연 H형강의 플랜지
  • 균일 압축을 받는 압연 H형강으로부터 돌출된 플레이트
  • 균일 압축을 받는 서로 접한 쌍ㄱ형강의 돌출된 다리
  • 균일 압축을 받는 ㄷ형강의 플랜지
  • 균일 압축을 받는 용접 H형강의 플랜지
  • 균일 압축을 받는 용접 H형강으로부터 돌출된 플레이트와 ㄱ형강 다리
  • 균일 압축을 받는 ㄱ형강의 다리
  • 균일 압축을 받는 깔판을 낀 쌍ㄱ형강의 다리
  • 그 외 모든 한쪽만 지지된 판요소
  • 휨을 받는 ㄱ형강의 다리
  • 휨을 받는 T형강의 플랜지
  • 균일압축을 받는 T형강의 스템

비구속판 요소

압연 H형강과 ㄷ형강 휨재의 플랜지	축 또는 1축 대칭인 용접 H형강 휨재의 플랜지	균일 압축을 받는 - 압연 H형강의 플랜지 - 압연 H형강으로부터 돌출된 플레이트 - 서로 접한 쌍ㄱ형강의 돌출된 다리 - ㄷ형강의 플랜지	균일 압축을 받는 - 용접 H형강의 플랜지 - 용접 H형강으로부터 돌출된 플레이트와 ㄱ형강 다리
균일 압축을 받는 - ㄱ형강의 다리 - 낄판을 낀 쌍ㄱ형강의 다리 - 그 외 모든 한쪽만 지지된 판요소	휨을 받는 ㄱ형강의 다리	휨을 받는 T형강의 플랜지	균일압축을 받는 T형강의 스템

② **구속판 요소**: 하중의 방향과 평행하게 양면이 직각방향의 판요소에 의해 연속된 압축을 받는 평판요소이다.

- 휨을 받는 2축 대칭 H형강의 웨브
- 휨을 받는 ㄷ형강의 웨브
- 균일압축을 받는 2축 대칭 H형강의 웨브
- 휨을 받는 1축대칭 H형강의 웨브
- 휨 또는 균일압축을 받는 각형강관의 플랜지
- 휨 또는 균일압축을 받는 플랜지 커버플레이트
- 휨 또는 균일압축을 받는 파스너 또는 용접선 사이의 다이어프램
- 휨을 받는 각형강관의 웨브
- 균일압축을 받는 그 외 모든 양쪽이 지지된 판요소
- 압축을 받는 원형강관
- 휨을 받는 원형강관

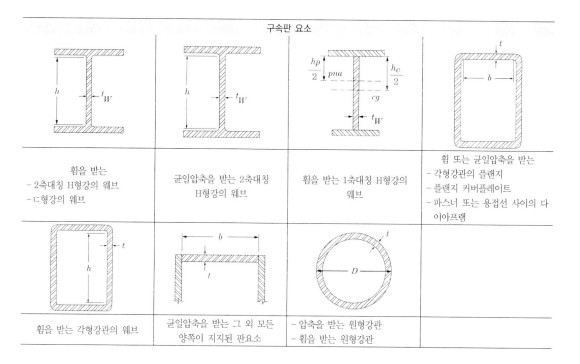

구속판 요소

휨을 받는 - 2축대칭 H형강의 웨브 - ㄷ형강의 웨브	균일압축을 받는 2축대칭 H형강의 웨브	휨을 받는 1축대칭 H형강의 웨브	휨 또는 균일압축을 받는 - 각형강관의 플랜지 - 플랜지 커버플레이트 - 파스너 또는 용접선 사이의 다 이아프램
휨을 받는 각형강관의 웨브	균일압축을 받는 그 외 모든 양쪽이 지지된 판요소	- 압축을 받는 원형강관 - 휨을 받는 원형강관	

건축구조 7-22. 판폭두께비

강재의 단면형상			
판폭두께비	b/t	b/t	b/t	d/t
콤팩트 제한값	–	–	–	–
비콤팩트 제한값	$0.56\sqrt{E/F_y}$	$0.64\sqrt{E/F_y}$	$0.45\sqrt{E/F_y}$	$0.75\sqrt{E/F_y}$

강재의 단면형상			
판폭두께비	h/t_w	b/t	b/t	D/t
콤팩트 제한값	–	$1.12\sqrt{E/F_y}$	–	①: – ②: $0.07E/F_y$
비콤팩트 제한값	$1.49\sqrt{E/F_y}$	$1.40\sqrt{E/F_y}$	$1.49\sqrt{E/F_y}$	①: $0.11\sqrt{E/F_y}$ ②: $0.31\sqrt{E/F_y}$

건축구조 7-23. 휨재 단면의 분류

사례	단면의 형태	플랜지	웨브	한계상태
1		콤팩트	콤팩트	항복 횡좌굴
2		비콤팩트 세장판요소	콤팩트	횡좌굴 플랜지국부좌굴
3		콤팩트 비콤팩트 세장판요소	콤팩트 비콤팩트	항복 횡좌굴 플랜지국부좌굴 인장플랜지항복
4		콤팩트 비콤팩트 세장판요소	세장판요소	항복 횡좌굴 플랜지국부좌굴 인장플랜지항복
5		콤팩트 비콤팩트 세장판요소	–	항복 플랜지국부좌굴
6		콤팩트 비콤팩트 세장판요소	콤팩트 비콤팩트	항복 플랜지국부좌굴 웨브국부좌굴
7		–	–	항복 국부좌굴
8		콤팩트 비콤팩트 세장판요소	–	항복 횡좌굴 플랜지국부좌굴
9		–	–	항복 횡좌굴 플랜지국부좌굴
10		–	–	항복 횡좌굴
11	비대칭단면	–	–	모든 한계상태 포함

건축구조 7-24. 충전형 합성부재 압축강재요소의 판폭두께비 제한

구	판폭두께비	판폭두께비 제한값		사례
		고연성	중간연성	
각형강관	b/t	$1.4\sqrt{\dfrac{E}{F_y}}$	$2.26\sqrt{\dfrac{E}{F_y}}$	
원형강관	D/t	$\dfrac{0.076E}{F_y}$	$\dfrac{0.15E}{F_y}$	

건축구조 7-25. 매입형 합성부재 안에 사용하는 스터드앵커

하중조건	보통콘크리트	경량콘크리트
전단	$h/d \geq 5$	$h/d \geq 7$
인장	$h/d \geq 8$	$h/d \geq 10$
전단과 인장의 조합력	$h/d \geq 8c$	※

- h/d는 스터드앵커의 몸체직경(d)에 대한 전체길이(h) 비이며 경량콘크리트에 묻힌 앵커에 대한 조합력의 작용효과
  는 관련 콘크리트 기준을 따른다.

건축구조 7-26. 철골보의 처짐에 대한 구조 제한

보의 종류		처짐의 한도
일반 보	보통 보	경간(Span)의 1/300 이하
	캔틸레버 보	경간(Span)의 1/250 이하
크레인 거더	수동 크레인	경간(Span)의 1/500 이하
	전동 크레인	경간(Span)의 1/800~1/1,200 이하

건축구조 7-27. 조립압축재

① 조립압축재의 특징
  - 끼판, 띠판, 래티스, 유공 커버플레이트 형식 등이 있다.
  - 단일 압연형강으로는 얻을 수 없는 큰 단면이 제작가능하다.
  - 다른 부재와의 접합이나 시공을 쉽게 할 수 있는 특별한 형태나 크기의 부재를 제작할 수 있다.
  - 단면 2차반경이 큰 부재를 얻을 수 있으며 서로 다른 방향의 단면 2차 반경의 비도 조절할 수 있어 경제성이 높다.
② 조립압축재의 구조제한
  - 압축력을 받는 강구조 부재는 세장비 값이 200을 초과하지 않는 것이 좋다.
  - 두 개 이상의 압연형강으로 구성된 조립압축재는 개재 세장비가 조립압축재의 최대세장비의 3/4배를 초과하지 않
    도록 한다.
  - 덧판을 사용한 조립압축재의 파스너 및 단속용접 최대간격은 가장 얇은 덧판 두께의 $0.75\sqrt{E/F_y}$ 배 또는 300mm
    이하로 한다. 파스너가 엇빗으로 배치될 경우는 위 값의 1.5배로 한다.

- 도장 내후성 강재로 만든 조립 압축재의 긴결간격은 가장 얇은 판두께의 14배 또는 170mm 이하로 한다. 최대연단 거리는 가장 얇은 판두께의 8배 또는 120mm를 초과할 수 없다.
- 단일 래티스 부재의 세장비는 140 이하로 하고, 복래티스의 경우에는 200 이하로 하며, 그 교차점을 접합한다. 부재축에 대한 래티스 부재의 기울기는 단일 래티스 경우는 $60°$ 이상으로 하고 복래티스 경우는 $45°$ 이상으로 한다.

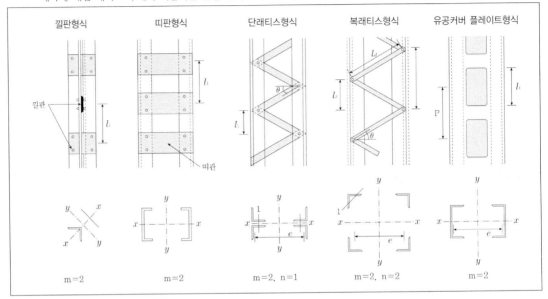

건축구조 7-28. 조립인장재

판재, 형강 등으로 조립인장재를 구성하는 경우 조립재가 일체가 되도록 다음 조건에 맞게 적절하게 조립해야 한다.
  ㉠ 판재와 형강 또는 2개의 판재로 구성되어 연속적으로 접촉되어 있는 조립인장재의 재축방향 긴결 간격은 다음 값 이하로 해야 한다.
   - 도장된 부재 또는 부식의 우려가 없어 도장되지 않은 부재의 경우 얇은 판 두께의 24배 또는 300mm
   - 대기 중 부식에 노출된 도장되지 않은 내후성강재의 경우 얇은 판 두께의 14배 또는 180mm
  ㉡ 끼움판을 사용한 2개 이상의 형강으로 구성된 조립인장재는 개재의 세장비가 가급적 300을 넘지 않도록 한다.
  ㉢ 띠판은 조립인장재의 비충복면에 사용할 수 있으며, 다음 조건에 맞도록 해야 한다.
   - 띠판의 재축방향 길이는 조립부재 개재를 연결시키는 용접이나 파스너 사이 거리의 2/3이상이 되어야 하고 띠판 두께는 열 사이 거리의 1/50 이상 되어야 한다.
   - 띠판에서의 단속용접 또는 파스너의 재축방향 간격은 150mm 이하로 한다.
   - 띠판 간격을 결정할 때 조립부재 개재의 세장비는 가급적 300을 넘지 않도록 한다.

건축구조 8-1. 기본등분포 활하중

① 활하중
   - 활하중은 건축물의 입주자나 사용자와 함께 가구, 사무용기구 및 저장품 등이 건축물 내를 차지하거나 사용함으로써 발생하는 하중이다.
   - 활하중은 등분포활하중과 집중활하중으로 분류하며 2가지 중에서 해당 구조부재에 큰 응력을 발생시키는 경우를 적용한다.
② 공동주택 발코니 : 이삿짐, 화분 등의 적재, 캔틸레버구조의 안전성을 고려해야 한다.

③ 병원의 수술실, 시험실 : 대형장비가 설치되는 곳은 실제 장비하중을 고려하여야 한다.

④ 사무실이나 유사용도의 건축물 : 가동성 경량칸막이벽이 설치될 가능성이 있는 경우에는 칸막이벽 하중으로 최소 1kN/m²를 기본등분포 적재하중에 추가하여야 하지만 기본활하중이 4kN/m² 이상일 경우에는 이를 제외할 수 있다.

⑤ 일반 용도의 사무실 로비, 교실과 해당 복도 : 밀집한 군중 또는 밀집한 학생이 있을 경우를 고려한 값이다.

⑥ 판매장 : 1층 부분의 경우 밀집한 고객이 있을 경우를 고려한 값으로서 창고형 매장의 경우 상품의 적재 및 전시 등을 고려한 값으로 중량상품인 경우는 실제하중을 적용하여야 한다.

⑦ 집회 및 유흥장 로비, 복도, 연회장, 무도장 : 군중이 밀집된 경우를 고려한 값이다.

⑧ 체육관 바닥, 이동식 스탠드 : 군중이 밀집된 경우를 고려한 값이다.

⑨ 창고에서 경량품과 중량품의 적재구분, 경공업공장과 중공업공장의 구분방법
- 최소한의 하중을 적용하는 단순한 경계를 의미하며 6.0kN/m²를 조금만 초과하더라도 중량품의 적재용도로 간주하여 12kN/m²를 적용한다(12kN/m²를 초과하는 경우에는 실제하중을 적용한다).

⑩ 점유 사용하지 않는 지붕 : 일반인의 접근이 곤란한 지붕을 말한다.

⑪ 광장 : 차량접근이 가능하지 않은 옥외광장을 말하며 공사 중의 자재적재 및 공사용 차량진입 등으로 인한 하중 증가가 예상되는 경우 실제하중을 적용한다.

[기본 등분포 활하중(단위 : kN/m²)]

	용도		등분포 활하중
1	주택	주거용 건축물의 거실	2.0
		공동주택의 공용실	5.0
2	병원	병실	2.0
		수술실, 공용실, 실험실	3.0
		1층 외의 모든 층 복도	4.0
3	숙박시설	객실	2.0
		공용실	5.0
4	사무실	일반 사무실	2.5
		특수용도사무실	5.0
		문서보관실	5.0
		1층 외의 모든 층 복도	4.0
5	학교	교실	3.0
		일반 실험실	3.0
		중량물 실험실	5.0
		1층 외의 모든 층 복도	4.0
6	판매장	상점, 백화점(1층)	5.0
		상점, 백화점(2층 이상)	4.0
		창고형 매장	6.0
7	집회 및 유흥장	모든 층 복도	5.0
		무대	7.0
		식당	5.0
		주방	7.0
		극장 및 집회장(고정 좌석)	4.0
		집회장(이동 좌석)	5.0
		연회장, 무도장	5.0

8	체육시설	체육관 바닥, 옥외경기장	5.0
		스탠드(고정 좌석)	4.0
		스탠드(이동 좌석)	5.0
9	도서관	열람실	3.0
		서고	7.5
		1층 외의 모든 층 복도	4.0
10	주차장 및 옥외 차도	총중량 30kN 이하의 차량(옥내)	3.0
		총중량 30kN 이하의 차량(옥외)	5.0
		총중량 30kN 초과 90kN 이하의 차량	6.0
		총중량 90kN 초과 180kN 이하의 차량	12.0
		옥외 차도와 차도 양측의 보도	12.0
11	창고	경량품 저장창고	6.0
		중량품 저장창고	12.0
12	공장	경공업 공장	6.0
		중공업 공장	12.0
13	지붕	점유·사용하지 않는 지붕(지붕활하중)	1.0
		산책로 용도	3.0
		정원 또는 집회 용도	5.0
		출입이 제한된 조경 구역	1.0
		헬리콥터 이착륙장	5.0
14	기계실	공조실, 전기실, 기계실 등	5.0
15	광장	옥외광장	12.0
16	발코니	출입 바닥 활하중의 1.5배(최대 5.0kN/㎡)	
17	로비 및 복도	로비, 1층 복도	5.0
		1층 외의 모든 층 복도(병원, 사무실, 학교, 집회 및 유흥장, 도서관은 별도 규정)	출입 바닥 활하중
18	계단	단독주택 또는 2세대 거주 주택	2.0
		기타의 계단	5.0

[기본 집중 활하중]

	건축물의 용도 또는 부분		집중하중(kN)	2면전단 검토시의 접촉면적(㎡)
1	교실, 도서관		5.0	0.5
2	사무실, 병실, 경공업 공장		10.0	0.5
3	주차장	승용차 전용	10.0	0.013
		트럭, 버스	최대바퀴하중	0.013
4	접근이 곤란한 옥상		1.5	0.5
5	계단 디딤판(디딤판 중앙에 적용)		1.35	0.0025
6	헬리콥터 이착륙장	최대허용이륙하중 20kN 이하	28	0.04
		최대허용이륙하중 60kN 이하	84	0.09

7	집회 및 유흥장	가. 로비, 복도	5.0
		나. 무대	7.0
		다. 식당	5.0
		라. 주방 (영업용)	7.0
		마. 극장 및 집회장 (고정식)	4.0
		바. 집회장 (이동식)	5.0
		사. 연회장, 무도장	5.0
8	체육시설	가. 체육관 바닥, 옥외경기장	5.0
		나. 스탠드 (고정식)	4.0
		다. 스탠드 (이동식)	5.0
9	도서관	가. 열람실과 해당 복도	3.0
		나. 서고	7.5
10	주차장	옥내 주차구역	가. 승용차 전용	3.0
			나. 경량트럭 및 빈 버스 용도	6.0
			다. 총중량 18톤 이하의 중량차량1) 용도	12.0
		옥내 경사차로	가. 승용차 전용	5.0
			나. 경량트럭 및 빈 버스 용도	8.0
			다. 총중량 18톤 이하의 중량차량1) 용도	16.0
		옥외	가. 승용차, 경량트럭 및 빈 버스 용도	8.0
			나. 총중량 18톤 이하의 중량차량1) 용도	16.0
11	창고	가. 경량품 저장창고	6.0
		나. 중량품 저장창고	12.0
12	공장	가. 경공업 공장	6.0
		나. 중공업 공장	12.0
13	지붕	가. 접근이 곤란한 지붕	1.0
		나. 적재물이 거의 없는 지붕	2.0
		다. 정원 및 집회 용도	5.0
		라. 헬리콥터 이착륙장	5.0
14	기계실	공조실, 전기실, 기계실 등	5.0
15	광장	옥외광장	12.0

건축구조 8-2. 활하중 저감

① 활하중 저감계수 : 지붕활하중을 제외한 등분포활하중은 부재의 영향면적이 36m² 이상인 경우 위 표의 최소등분포 활하중에 다음의 활하중저감계수를 곱하여 저감할 수 있다.

$$C = 0.3 + \frac{4.2}{\sqrt{A}} \quad \text{(A는 영향면적)}$$

② 활하중저감계수 적용의 제한사항
- 1개층을 지지하는 부재의 저감계수는 0.5 이상, 2개층 이상을 지지하는 부재의 저감계수는 0.4 이상으로 한다.
- 5kN/m²을 초과하는 활하중은 저감할 수 없으나 2개층 이상을 지지하는 부재의 저감계수는 0.8까지 적용할 수 있다.
- 활하중 5kN/m² 이하의 공중집회용도에 대해서는 활하중을 저감할 수 없다.
- 승용차전용주차장의 활하중은 저감할 수 없으나 2개층 이상을 지지하는 부재의 저감계수는 0.8까지 적용할 수 있다.
- 1방향 슬래브의 영향면적은 슬래브 경간에 슬래브 폭을 곱하여 산정한다. 이 때 슬래브 폭은 슬래브 경간의 1.5배 이하로 한다.

- 지붕, 파라펫, 발코니, 계단 등의 손스침 부분에 최소 수평력을 고려: 주거용 건축물일 때 0.4kN/m, 기타 건축물 일 때 0.8kN/m의 수평등분포하중을 고려해야 한다.
- 건축물 내부에 설치되는 높이 1.8m 이상의 각종 내벽: 벽면에 직각방향으로 작용하는 $0.25kN/m^2$ 이상의 등분포하 중을 적용한다(단, 이동성 경량칸막이벽 및 이와 유사한 것은 제외한다).

건축구조 8-3. 구조시스템의 종류

전단내력벽방식	
전단벽방식	벽체에 구성된 면으로 횡력(수평력)을 저항하도록 하는 구조이다.
내력벽방식	상부에서 내려오는 하중과 횡력(수평력)을 부담하는 방식이다.
모멘트골조방식	
모멘트골조	기둥과 보로 구성하는 라멘골조가 횡력과 수직하중을 저항하는 구조로서 부재와 접합부가 휨모멘트, 전단력, 축력 에 저항하는 골조이다. 보통모멘트골조, 중간모멘트골조, 특수모멘트골조 등으로 분류한다.
보통모멘트골조	연성거동을 확보하기 위한 특별한 상세를 사용하지 않은 모멘트골조
모멘트연성골조	접합부와 부재의 연성을 증가시키며 횡력(수평력)에 대한 저항을 증가시키기 위한 모멘트골조방식이다.
이중골조	횡력의 25% 이상을 부담하는 모멘트연성골조가 가새골조나 전단벽에 조합되는 방식으로써 중력하중에 대해서도 모멘트연성골조가 모두 지지하는 구조이다.
건물골조방식	수직하중은 입체골조가 저항하고, 지진하중은 전단벽이나 가새골조가 저항하는 구조방식
가새골조방식	
가새골조	횡력에 저항하기 위하여 건물골조방식 또는 이중골조방식에서 중심형 또는 편심형의 수직트러스 또는 이와 동등한 구성체
편심가새골조	경사가새가 설치되어 가새부재 양단부의 한쪽 이상이 보-기둥 접합부로부터 약간의 거리만큼 떨어져 보에 연결되어 있는 가새골조
중심가새골조	부재에 주로 축력이 작용하는 가새골조로 동심가새골조라고도 한다.
보통중심가새골조	가새시스템의 모든 부재가 주로 축력을 받는 방식
특수중심가새골조	가새시스템의 모든 부재들이 주로 축력을 받는 대각가새골조 ※ 대각가새 : 골조가 수평하중에 대해 트러스 거동을 통해서 저항할 수 있도록 경사지게 배치된 (주로 축력이 지배적인) 구조부재
X형가새골조	한 쌍의 대각가새들이 가새의 중간 근처에서 교차하는 중심가새골조
V형가새골조	보의 상부 또는 하부에 위치한 한 쌍의 대각선가새가 보의 경간 내의 한 점에 연결되어 있는 중심가새골조로, 대각선가새가 보 아래에 있는 경우는 역V형가새골조라고도 한다.
좌굴방지가새골조	대각선가새골조로서, 가새시스템의 모든 부재가 주로 축력을 받고, 설계층간변위의 2.0배에 상당하는 힘과 변형에 대해서도 가새의 압축좌굴이 발생하지 않는 골조

- 전단벽 – 골조상호작용시스템 : 전단벽과 골조의 상호작용을 고려하여 강성에 비례하여 횡력을 저항하도록 설계되는 전단벽과 골조의 조합구조시스템
- 비가새골조 – 부재 및 접합부의 휨저항으로 수평하중에 저항하는 골조
- 횡구속골조 – 횡방향으로의 층변위가 구속된 골조
- 비구속골조 – 횡방향의 층 변위가 구속되지 않은 골조

건축구조 8-4. 구조시스템별 반응수정계수

	기본 지진력저항시스템	설계계수		
		반응 수정계수	시스템 초과강도계수	변위 증폭계수
	내력벽시스템			
a	철근콘크리트 특수전단벽	5	2.5	5
b	철근콘크리트 보통전단벽	4	2.5	4
c	철근보강 조적전단벽	2.5	2.5	1.5
d	무보강 조적전단벽	1.5	2.5	1.5
	건물골조 시스템			
a	철골 편심가새골조(링크 타단 모멘트저항접합)	8	2	4
b	철골 편심가새골조(링크 타단 비모멘트저항접합)	7	2	4
c	철골 특수중심가새골조	6	2	5
d	철골 보통중심가새골조	3.25	2	3.25
e	합성 편심가새골조	8	2	4
f	합성 특수중심가새골조	5	2	4.5
g	합성 보통중심가새골조	3	2	3
h	합성 강판전단벽	6.5	2.5	5.5
i	합성 특수전단벽	6	2.5	5
j	합성 보통전단벽	5	2.5	4.5
k	철골 특수강판전단벽	7	2	6
l	철골 좌굴방지가새골조(모멘트 저항접합)	8	2.5	5
m	철골 좌굴방지가새골조(비모멘트 저항접합)	7	2	5.5
n	철근콘크리트 특수전단벽	6	2.5	5
o	철근콘크리트 보통전단벽	5	2.5	4.5
p	철근보강 조적전단벽	3	2.5	2
q	무보강 조적전단벽	1.5	2.5	1.5
	모멘트-저항골조 시스템			
a	철골 특수모멘트골조	8	3	5.5
b	철골 중간모멘트골조	4.5	3	4
c	철골 보통모멘트골조	3.5	3	3
d	합성 특수모멘트골조	8	3	5.5
e	합성 중간모멘트골조	5	3	4.5
f	합성 보통모멘트골조	3	3	2.5
g	합성 반강접모멘트골조	6	3	5.5
h	철근콘크리트 특수모멘트골조	8	3	5.5
i	철근콘크리트 중간모멘트골조	5	3	4.5
j	철근콘크리트 보통모멘트골조	3	3	2.5
	특수모멘트골조를 가진 이중골조 시스템			
a	철골 편심가새골조	8	2.5	4
b	철골 특수중심가새골조	7	2.5	5.5
c	합성 편심가새골조	8	2.5	4
d	합성 특수중심가새골조	6	2.5	5

e	합성 강판전단벽	7.5	2.5	6
f	합성 특수전단벽	7	2.5	6
g	합성 보통전단벽	6	2.5	5
h	철골 좌굴방지가새골조	8	2.5	5
i	철골 특수강판전단벽	8	2.5	6.5
j	철근콘크리트 특수전단벽	7	2.5	5.5
k	철근콘크리트 보통전단벽	8	2.5	5
중간모멘트골조를 가진 이중골조 시스템				
a	철골 특수중심가새골조	6	2.5	5
b	철근콘크리트 특수전단벽	6.5	2.5	5
c	철근콘크리트 보통전단벽	5.5	2.5	4.5
d	합성 특수중심가새골조	5.5	2.5	4.5
e	합성 보통중심가새골조	3.5	2.5	3
f	합성 보통전단벽	5	3	4.5
g	철근보강 조적전단벽	3	3	2.5
역추형 시스템				
a	캔틸레버 기둥시스템	2.5	2.0	2.5
b	철골 특수모멘트골조	2.5	2.0	2.5
c	철골 보통모멘트골조	1.25	2.0	2.5
d	철근콘크리트 특수모멘트골조	2.5	2.0	1.25
보통 철근콘크리트 전단벽과 보통 철근콘크리트 골조의 전단벽-골조 상호작용 시스템		4.5	2.25	4
강구조 설계기준의 일반규정만을 만족하는 철골구조시스템		3	3	3
철근콘크리트기준의 일반규정만을 만족하는 철근콘크리트 구조시스템		3	3	3

건축구조 8-5. 건축물의 중요도

건축물의 중요도는 용도 및 규모에 따라 다음과 같이 중요도(특), 중요도(1), 중요도(2) 및 중요도(3)로 분류한다.

- I_S: 건축물의 중요도에 따라 적설하중의 크기를 증감하는 계수
- I_w: 건축물의 중요도에 따라 설계풍속의 크기를 증감하는 계수
- I_E: 건축물의 중요도에 따라 지진응답계수를 증감하는 계수

중요도 분류	I_S	I_w	I_E	용 도
중요도(특)	1.2	1	1.5	• 연면적 1,000㎡ 이상인 위험물 저장 및 처리시설 • 연면적 1,000㎡ 이상인 국가 또는 지방자치단체의 청사 · 외국공관 · 소방서 · 발전소 · 방송국 · 전신전화국 • 종합병원, 수술시설이나 응급시설이 있는 병원 • 지진과 태풍 또는 다른 비상시의 긴급대피수용시설로 지정한 건축물
중요도(1)	1.1	1	1.2	• 연면적 1,000㎡ 미만인 위험물 저장 및 처리시설 • 연면적 1,000㎡ 미만인 국가 또는 지방자치단체의 청사 · 외국공관 · 소방서 · 발전소 · 방송국 · 전신전화국 • 연면적 5,000㎡ 이상인 공연장 · 집회장 · 관람장 · 전시장 · 운동시설 · 판매시설 · 운수시설(화물터미널과 집배송시설은 제외함) • 아동관련시설 · 노인복지시설 · 사회복지시설 · 근로복지시설 • 5층 이상인 숙박시설 · 오피스텔 · 기숙사 · 아파트 • 학교 • 수술시설과 응급시설 모두 없는 병원, 기타 연면적 1,000㎡ 이상인 의료시설로서 중요도(특)에 해당하지 않는 건축물
중요도(2)	1.0	0.95	1.0	• 중요도(특), (1), (3)에 해당하지 않는 건축물
중요도(3)	0.8	0.9	1.0	• 농업시설물, 소규모창고 • 가설구조물

건축구조 8-6. 내진등급별 최소성능목표

내진등급	성능목표	
	성능수준	지진위험도
특	기능수행(또는 즉시거주)	설계스펙트럼가속도의 1.0배
	인명안전 및 붕괴방지	설계스펙트럼가속도의 1.5배
I	인명안전	설계스펙트럼가속도의 1.2배
	붕괴방지	설계스펙트럼가속도의 1.5배
II	인명안전	설계스펙트럼가속도의 1.0배
	붕괴방지	설계스펙트럼가속도의 1.5배

건축구조 8-7. 응답스펙트럼

구조물에 대하여 내진설계를 할 경우에는 일반적으로 구조물의 최대응답을 기준으로 필요한 강도를 결정하므로 시간변화에 따를 구조물의 시간이력거동이 모두 필요하지 않다. 따라서 내진설계를 위하여 간편하고 쉬운 방법으로 구조물의 최대 지진응답을 알아낼 필요가 있으며, 이러한 목적으로 흔히 사용되는 것이 응답스펙트럼이다.

ⓐ 설계응답스펙트럼 : 구조물 설계를 위한 목표 지진에 대한 응답스펙트럼(설계에 사용되는 응답스펙트럼)이다.

ⓑ 표준(설계)응답스펙트럼 : 설계용 표준 스펙트럼으로서 수많은 지진 응답 스펙트럼을 표준화하여 입력파의 레벨과 관련시켜서 나타낸 것이며 설계응답스펙트럼에서 감쇠비를 5%로 설정한 것이다.

ⓒ 유사속도응답스펙트럼 : 감쇠비가 0.2 이하인 경우 감쇠를 0으로 간주($w_d = w_n$)하고 위상각을 무시하여 구한 속도응답스펙트럼이다.

ⓓ 유사변위스펙트럼 : 감쇠비가 0.2 이하인 경우 감쇠비를 0으로 간주($w_d = w_n$)하고 위상각을 무시하여 구한 변위 스펙트럼이다.

건축구조 8-8. 비정형성의 유형

① 평면 비정형성의 유형과 정의

번호	유형	정의	적용내진설계범주
H1	비틀림 비정형	격막이 유연하지 않을 때 고려함. 어떤 축에 직교하는 구조물의 한 단부에서 우발 편심을 고려한 최대 층변위가 그 구조물 양단부 층변위 평균값의 1.2배보다 클 때 비틀림 비정형인 것으로 간주한다.	C, D
			D
			C, D
H2	요철형 평면	돌출한 부분의 치수가 해당하는 방향의 평면치수의 15%를 초과하면 요철형 평면을 갖는 것으로 간주한다.	–
H3	격막의 불연속	격막에서 잘려나간 부분이나 뚫린 부분이 전체 격막 면적의 50%를 초과하거나 인접한 층간 격막 강성의 변화가 50%를 초과하는 급격한 불연속이나 강성의 변화가 있는 격막	–
H4	면외 어긋남	수직부재의 면외 어긋남 등과 같이 횡력전달 경로에 있어서의 불연속성	B, C, D
H5	비평행 시스템	횡력저항 수직요소가 전체 횡력저항 시스템에 직교하는 주축에 평행하지 않거나 대칭이 아닌 경우	C
			D

② 수직비정형성의 유형과 정의

번호	유형	정의	적용내진설계범주
V1	강성 비정형형 – 연층	어떤 층의 횡강성이 인접한 상부층 횡강성의 70% 미만이거나 상부 3개 층 평균 강성의 80% 미만인 연층이 존재하는 경우 강성분포의 비정형이 있는 것으로 간주한다.	D
V2	중량 비정형	어떤 층의 유효중량이 인접층 유효중량의 150%를 초과할 때 중량 분포의 비정형인 것으로 간주한다. 단, 지붕층이 하부층보다 가벼운 경우는 이를 적용하지 않는다.	D
V3	기하학적 비정형	횡력 저항시스템의 수평치수가 인접층 치수의 130%를 초과할 경우 기하학적 비정형이 존재하는 것으로 간주한다.	D
V4	횡력저항 수직 저항요소의 비정형형	횡력 저항요소의 면내 어긋남이 그 요소의 길이보다 크거나, 인접한 하부층 저항요소에 강성감소가 일어나는 경우 수직 저항요소의 면내 불연속에 의한 비정형이 있는 것으로 간주한다.	B, C, D
V5	강도의 불연속 – 약층	임의 층의 횡강도가 직상층 횡강도의 80% 미만인 약층이 존재하는 경우 강도의 불연속에 의한 비정형이 존재하는 것으로 간주한다. 각층의 횡강도는 층 전단력을 부담하는 내진요소들의 저항 방향 강도의 합을 말한다.	B, C, D

건축구조 8-9. 허용층간변위

허용층간변위는 주어진 상 · 하단 질량중심의 수평변위간의 차이이며 허용응력설계의 경우에도 허용층간변위는 지진하중에 하중계수 0.7을 곱하지 않고 산정해야만 한다.

- x층의 변위 : $\delta_x = \dfrac{C_d \cdot \delta_{xe}}{I_E}$

- C_d : 변위증폭계수

- δ_{xe} : 지진력 저항시스템의 탄성해석에 의한 변위

- 허용층간변위($\triangle$) : h_{sx}는 x층의 층고

	내진등급		
	중요도(특)	중요도(1)	중요도(2)
허용층간변위($\triangle$)	$0.010 h_{sx}$	$0.015 h_{sx}$	$0.020 h_{sx}$

건축구조 8-10. 내진설계 의무대상 건축물

건축물을 건축하거나 대수선하는 경우 다음의 내진설계의무대상 건축물들은 착공신고 시 확인서류를 허가권자에게 제출해야 한다. 내진설계의무 대상 건축물은 건축규모(높이, 층수, 면적), 용도, 구조, 공법, 지진구역 등에 따라 다음과 같이 9가지로 규정하고 있다.

- 층수가 3층(대지가 연약하여 건축물의 구조안전을 확보할 필요가 있는 지역으로서 건축조례로 정하는 지역에서는 2층) 이상인 건축물
- 연면적이 500m² 이상인 건축물(단, 창고나 축사, 작물재배사 및 표준설계도서에 따라 건축하는 건축물은 제외한다.)
- 높이가 13m 이상인 건축물
- 처마높이가 9m 이상인 건축물
- 기둥과 기둥 사이의 거리가 10m 이상인 건축물
- 국토교통부령으로 정하는 지진구역 안의 건축물
- 국가적 문화유산으로 보존할 가치가 있는 박물관, 기념관 등으로서 연면적 합계가 5,000m² 이상인 건축물
- 한쪽 끝은 고정되고 다른 끝은 지지되지 아니한 구조로 된 보·차양 등이 외벽의 중심선으로부터 3m 이상 돌출된 건축물
- 특수한 설계·시공·공법 등이 필요한 건축물로서 국토교통부장관이 정하여 고시하는 구조로 된 건축물

건축구조 9-1. 재현기간

재현기간이란 일정규모의 바람이 다시 내습할 때까지의 통계적 기간연수를 말한다. 구조물 설계 시 구조물의 사용연수에 비해 긴 재현기간의 풍속을 설계풍속으로 선택하면 안전하지만 경제적이지는 못하다. 또한 구조물의 사용연수와 동일한 정도의 재현기간의 풍속을 사용하게 되면 구조물의 사용기간 중에 설계풍속을 초과하는 강풍을 받을 수 있기 때문에 안정성의 문제가 된다.

- 중요도가 특인 경우 설계용 재현기간은 300년 이상
- 중요도가 1인 경우 설계용 재현기간은 100년 이상
- 중요도가 2인 경우 설계용 재현기간은 50년 이상
- 중요도가 3인 경우 설계용 재현기간은 10년 이상

건축구조 9-2. 재현기대풍속

재현기대풍속이란 통계분석을 통해 100년 동안 평균풍속을 측정했을 때 가장 큰(극치) 풍속이라 기대할 수 있는 값을 말한다.

㉠ n년 동안에 대한 설계풍속을 초과할 확률 : $P = 1 - (1 - P_a)^n$

　(P_a : 연간 초과될 확률, n : 기간)

㉡ 100년 재현주기의 설계풍속을 적용하고 건물사용기간을 30년으로 고려할 경우 설계풍속을 초과할 확률
　: $P = 1 - (1 - 0.01)^{30}$

건축구조 9-3. 지표면 조도

지표면 조도구분	주변지역의 지표면 상태
A	• 대도시 중심부에서 고층건축물(10층 이상)이 밀집해 있는 지역
B	• 수목·높이 3.5m 정도의 주택과 같은 건축물이 밀집해 있는 지역 • 중층건물(4~9층)이 산재해 있는 지역
C	• 높이 1.5~10m 정도의 장애물이 산재해 있는 지역 • 수목·저층 건축물이 산재해 있는 지역
D	• 장애물이 거의 없고, 주변 장애물의 평균높이가 1.5m 이하인 지역 • 해안, 초원, 비행장

건축구조 9-4. 지역별 기본풍속

지역		V_0 (m/s)
서울특별시 인천광역시 경기도	옹진	30
	인천, 강화, 안산, 시흥, 평택	28
	서울, 김포, 구리, 수원, 군포, 오산, 화성, 의왕, 부천, 고양, 안양, 과천, 광명, 의정부, 동두천, 양주, 파주, 포천, 남양주, 가평, 하남, 성남, 광주, 양평, 용인	26
	안성, 연천, 여주, 이천	24
강원도	속초, 양양, 강릉, 고성	34
	동해, 삼척, 홍천, 정선, 인제	30
	양구	26
	철원, 화천, 춘천, 횡성, 원주, 평창, 영월, 태백	24
대전광역시 충청남북도	서산, 태안	34
	당진	32
	서천, 보령, 홍성, 청주, 청원	30
	예산, 세종, 대전, 공주, 부여	28
	아산, 계룡, 진천	26
	천안, 증평, 청양, 논산, 금산, 음성, 충주, 제천, 단양, 괴산, 보은, 영동, 옥천	24
부산광역시 대구광역시 울산광역시 경상남북도	울릉(독도)	40
	부산	38
	포항, 경주, 기장, 통영, 거제	36
	양산, 김해, 남해, 울산, 울주	34
	영덕, 고성	32
	울진, 창원, 사천, 영천	30
	청송, 대구, 경산, 청도, 밀양, 하동	28
	영양, 군위, 칠곡, 성주, 달성, 함안, 고령, 창녕, 진주	26
	봉화, 영주, 예천, 문경, 상주, 추풍령, 안동, 의성, 구미, 김천, 의령, 거창, 산청, 합천, 함양	24
광주광역시 전라남북도	완도, 해남	36
	진도, 여수, 고흥, 신안, 무안, 장흥	34
	목포, 부안, 영암, 강진	32
	영광, 함평, 나주	30
	익산, 김제, 순천, 고창, 광양	28
	광주, 보성, 완주, 전주, 장성	26
	무주, 진안, 장수, 임실, 정읍, 순창, 남원, 담양, 곡성, 구례	24
제주도	서귀포, 제주	44

서원각 교재와 함께하는 STEP

공무원 학습방법

01 파워특강

공무원 시험을 처음 시작할 때
파워특강으로 핵심이론 파악

02 기출문제 정복하기

기본개념 학습을 했다면
과목별 기출문제 회독하기

03 전과목 총정리

전 과목을 한 권으로 압축한
전과목 총정리로 개념 완성

04 전면돌파 면접

필기합격!
면접 준비는 실제 나온 문제를
기반으로 준비하기

서원각과 함께하는
공무원 합격을 위한
공부법

05 인적성검사 준비하기

중요도가 점점 올라가는
인적성검사, 출제 유형 파악하기

제공도서 : 소방, 교육공무직

• 교재와 함께 병행하는 학습 step3 •

1step 회독하기

최소 3번 이상의
회독으로 문항을 분석

2step 오답노트

☑ YES
☐ NO

틀린 문제 알고 가자!

3step 백지노트

오늘 공부한 내용,
빈 백지에 써보면서 암기

다양한 정보와
이벤트를 확인하세요!

서원각 블로그에서 제공하는 용어를 보면서 알아두면 유용한 시사, 경제, 금융 등 다양한 주제의 용어를 공부해보세요. 또한 블로그를 통해서 진행하는 이벤트를 통해서 다양한 혜택을 받아보세요.

최신상식용어
최신 상식을 사진과 함께 읽어보세요.

시험정보
최근 시험정보를 확인해보세요.

도서이벤트
다양한 교재이벤트에 참여해서 혜택을 받아보세요.

 상식 톡톡   **최신 상식용어 제공 !**

알아두면 좋은 최신 용어를 학습해보세요. 매주 올라오는 용어를 보면서 다양한 용어 학습 !

 학습자료실   **학습 PDF 무료제공**

일부 교재에 보다 풍부한 학습자료를 제공합니다. 홈페이지에서 다양한 학습자료를 확인해보세요.

 도서상담   **교재 관련 상담게시판**

서원각 교재로 학습하면서 궁금하셨던 점을 물어보세요.

 QR코드 찍으시면
서원각 홈페이지(www.goseowon.com)에 빠르게 접속할 수 있습니다.